펭귄들의
세상은
내가 사는 세상이다

펭귄들의
세상은
내가 사는 세상이다

세상 끝에서 경이로운 생명들을
만나 열린 나의 세계

나이라 데 그라시아 지음
제효영 옮김

푸른숲

머나먼 연구 현장에서 일하는
모든 생물학 연구자에게 바칩니다.

차례

3부 늦여름: 무리 짓기에 들어가다

4부 가을: 바다로 나가다

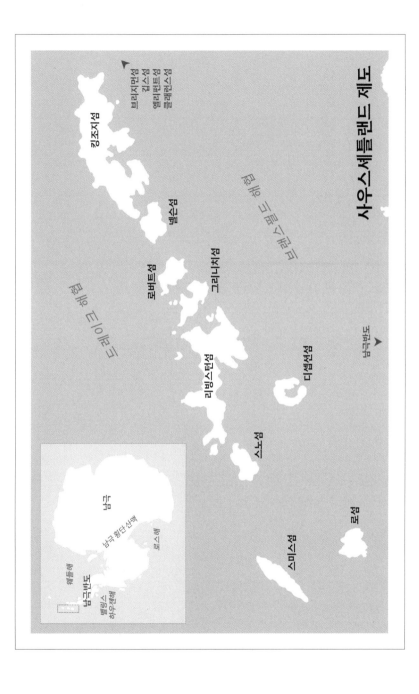

사우스셰틀랜드 제도

브리지먼섬
킹스섬
엘리펀트섬
클래런스섬

킹조지섬

넬슨섬

로버트섬

그리니치섬

브랜스필드 해협

리빙스턴섬

드레이크 해협

디셉션섬

스노섬

남극반도

스미스섬

로섬

남극

웨들해

남극 횡단 산맥

로스해

남극반도

벨링스
하우젠해

리빙스턴섬

제드섬

데슬레이션섬

드레이크 해협

시레프곶

US NOAA 기지(미국 캠프)
닥터 기예르모 만 기지(칠레 캠프)

요안네스 파울루스 II 반도

바이어스반도

브랜스필드 해협

후안 카를로스 I 기지
(스페인 캠프)

세인트 클리멘트 오흐리드 기지
(불가리아 캠프)

맥 산 라그 봉

프롤로그

나는 바위투성이 산등성이에 자리한 턱끈펭귄 군집 속에, 몰아치는 바람을 맞으며 서 있었다. 뒤뚱거리며 돌아다니는 펭귄들, 조약돌로 지은 둥지에 앉아 알을 품고 있는 펭귄들. 주변은 온통 펭귄 천지였다. 티격태격 다투기도 하고, 부드러운 소리로 서로를 부르기도 했다. 잔뜩 흥분해서 양 날개를 아래로 쭉 뻗고 머리는 위로 곧게 든 펭귄이 요란하게 울 때면, 한껏 부푼 가슴팍이 오르락내리락하는 게 보였다. 사방에서 들리는 울음소리에 귀가 먹먹할 지경이었다. 펭귄 군집 안에 있으면, 펭귄들이 내는 불협화음과 코를 찌르는 비린내에 검은색과 흰색이 섞인 아담한 몸들이 쉴 새 없이 움직이는 광경까지 더해져 몸의 모든 감각이 맹공을 받는 기분이 든다.

해마다 실시하는 둥지 수 조사를 할 차례였다. 나는 동료 연구자인 맷과 함께 본격적인 조사를 시작했다. 우리는 둥지를 구분해서 셀 수 있도록 펭귄 둥지 사이를 조심스럽게 지나다니면서 밝은 색깔의 밧줄을 둘러 경계를 표시했다. 둥지에 앉아 알을 품던 펭귄들은 몸을 밖으로 쭉 내밀고 밧줄을 살펴보곤 부리로 잡아당기기도 하고 마구 흔들기도 했다. 밧줄 놓는 작업이 끝날 즈음에는 펭귄 군집 어디에나 있는 배설물로 밧줄이 이미 두툼하게 덮여서 다 비슷비슷한 갈색의 흙투성이 밧줄로 변해 있었다. 우리는 배설물이 묻지 않아 원래 색이 남아 있는 부분을 열심히 찾아서 요요와 크기가 비슷한 낡은 금속 수동 계수기 버튼을 꾹꾹 누르며 둥지 수를 셌다. 지나가던 펭귄 한 마리가 부츠 위로 올라와서 날개로 내 종아리를 사정없이 때리고 소리를 지르며 불쾌감을 드러냈다. 턱끈펭귄다운 호전적인 반응이었다. 그 녀석을 떼어내려고 시선을 돌리면 집중력이 흩어져 둥지를 처음부터 다시 세야 할 것 같아서 어쩔 수 없이 그냥 내버려두었다. 녀석에게 맞은 부위가 얼얼했지만, 그쪽으로 피가 쏠리는 바람에 추위에 시달리느라 갈수록 감각이 없어지던 발가락까지 따뜻해지는 게 느껴졌다.

　이곳에서는 드물게 해가 쨍쨍한 날이었다. 그날은 미국 해양대기청 National Oceanic and Atmospheric Administration, NOAA 이 운영하는 생태계 모니터링 현장 조사 사업에 내가 연구자로 참여한 첫 번째 시즌의 초반이었다. 눈 덮인 지면은 떨어져 내린 햇빛으로 환하게 빛났다. 내가 서 있는 산등성이 꼭대기에서 내려다보면 자그마한 반도인 시레프 곶 Cape Shirreff 과 울룩불룩한 언덕, 구불구불한 해안선이 눈앞에 모두 펼쳐졌다. 산꼭대기마다 쌓여 있던 눈은 내가 도착한 10월부터 녹기 시작했다. 눈이 녹아 검은 흙이 드러난 곳은 불그스름한 이끼가 군데군데 덮여 있고, 회녹색 지의식물도 긴 겨울잠에서 깨어나고 있었다. 바위가 많은 해변 쪽에서 번식기가 한창 진행 중인 남극물개가 바람을 맞으며 숨을 내뿜거나 울부짖는 소리가 들렸다. 몸집이 거대한 수컷 물개가 자신의 하렘(포유류 수컷 한 마리에 암컷 여러 마리가 한 무리를 이룬 번식 집단-옮긴이) 속에 떡하니 자리를 차지한 모습이며 바위마다 매끈하고 날렵한 암컷들이 꼼지락대는 새끼들을 몸으로 감싸고 있는 모습이며 다 내려다보였다. 남쪽으로는 거대한 빙벽의 형태로 육지까지 덮은 앙기타 빙하^{Anguita Glacier}를 통해 우리가 있는 반도와 섬의 나머지 부분이 연결되어 있었다. 그쪽을 제외한 시레프곶의 다른 가장자리는 전부 사방으로 뻗은 남극해와 맞닿아 있다.

시레프곶은 남극 리빙스턴섬^{Livingston Island}에서 엄지처럼 툭 튀어나온 작은 땅이다. 길이는 약 2.4킬로미터, 너비는 그 절반쯤 되는 이곳이 지난 두 달간 내 세상의 전부였다. 나는 맷을 비롯한 다른 현장 연구자 넷과 더불어 남극 대륙의 북쪽 끄트머리, 남극권 바로 바깥에 있는 이곳에서 생활하고 일했다. 남극 대륙 말고 가장 가까운 대륙인 남아메리카는 965킬로미터 정도 떨어져 있고, 남극에 있는 가장 가까운 미국 기지도 약 320킬로미터 거리에 있었다. 우리가 각종 장비, 식량과 함께 배 한 척에 실려 이곳에 온 지도 두 달이 지났다. 돌아가려면 아직 3개월이 남았다. 이 외딴 곳에 있는 인간은 우리 다섯 명이 전부였다.

합판으로 지은 방 한 칸짜리 오두막이 우리의 집이었다. 그 하나의 공간이 거실 겸 주방, 사무실, 침실로 쓰였다. 인터넷도 없고 수돗물도 없었다. 전기는 쓸 수 있었지만 제한적이었다. 눈이 오고, 바람이 불고, 비가 오고, 눈보라가 치고, 돌풍이 불거나 해일이 밀어닥치고, 해가 비추기도 하는 온갖 날씨 속에서 우리는 크리스마스, 새해 첫날, 핼러윈, 주말은 물론 보름달이 뜨는 날에도 초승달이 뜨는 날에도 한결같이 일했다. 매일 밖으로 나가서 동물들을 측정하고, 그 수를 세고, 포획하고, 풀어주고, 추적하고, 기록했다. 내가 해야 하는 일은 기본적으로 관찰이었다.

우리가 사는 행성 지구의 남쪽 생태계는 변화하고 있고, 이 변화를 목격하는 사람은 많지 않다. 서남극에 속한 남극반도는 남극에서 지역별 변화가 가장 크게 일어나는 곳이자 세계에서 지구 온난화가 가장 빠른 속도로 진행 중인 곳이다. 1950년 이후 남극의 겨울철 기온은 7도가 상승했다(전 세계 평균 상승 폭의 다섯 배). 늦가을 무렵 해빙이 처음 형성되는 시점이 해마다 늦어지고 해빙 일수와 얼음의 전체적인 양도 해마다 줄고 있다. 남극의 모든 생명체는 1년 단위로 순환하는 얼음의 주기에 맞춰서 살아간다. 얼음은 남극 생태계 전체가 의존하는 생물인 남극 크릴의 터전이기도 하다. 해빙의 감소로 남극 생태계 전체에 연쇄적인 변화가 일어나고 있고, 그 변화 중 일부가 이제 막 발견되기 시작했다.

시레프곶에서 진행되는 것과 같은 장기적인 모니터링 사업은 그러한 변화가 남극의 최상위 포식 동물들에게 어떤 영향을 주는지를 확인한다. 물개와 펭귄은 지표 생물이다. 즉 이들의 번식 성공률과 개체군에 발생한 변화를 토대로 이 동물들이 먹는 먹이에 어떤 변화가 생겼는지 알 수 있다. 우리가 시레프곶에서 수집하는 정보는 전 세계 크릴 어업에 적용되는 기준을 정하는 국제기구인 남극 해양 생물 자원 보존위원회Commission for the Conservation of Antarctic Marine Living Resources, CCAMLR에 최종 제공된다. NOAA는 남극 모니터링 프로그램을 주어진 권한에 따라 국가 수준에서 관리한다.

남극의 해양 생물에 관한 각종 수치는 모두 어마어마한 시간과 노력에서 나온 결과물이다. 과학자들이 말끔하게 차려입은 외교관들과 정책 담당자들에게 보여주는 그래프의 점 하나하나는 나와 같은 현장 연구자들이 외딴섬에서 펭귄들과 펭귄 배설물, 썩은 새우 냄새에 파묻혀 우리만큼 엉망진창이 된 현장 노트에 일일이 기록한 수치와 조사 결과에서 나온 것이다. 학술지에 실린 논문에 언급된 개체군의 장기적인 동향 또한 가족이나 친구는 물론 인간의 문명에 해당하는 모든 것과 동떨어진 현장에서 생물학자들이 수십 년간 바람과 눈을 맞으며 펭귄이나 물개를 관찰하고 감각이 없어진 손가락으로 계수기를 꾹꾹 눌러서 얻은 결과다. 현장 연구자의 삶은 머물고 있는 곳의 날씨와 계절, 그리고 그곳에 사는 야생 동물들과 하나로 묶여 있다.

화려함과는 거리가 먼 일이다. 세상과 뚝 떨어진 추운 섬에서 낯선 사람들과 함께 각자의 사생활을 보장받지 못한 채 살아야 한다. 몸은 거친 날씨에 시달리고 정신은 해야 할 일의 압박감에 시달리긴 하지만, 생생한 아름다움이 마음을 어루만진다. 이 냉혹한 섬에서 야생의 존재들과 함께 살아가고, 이따금 자신의 냉혹한 본질과 마주한다. 상점도 없고 도로도 없다. 텔레비전도, 누가 먼저 걸어간 자취도 없다. 내 마음을 흩뜨리는 방해 요소는 아무것도 없다. 그저 외로이 서 있는 오두막과 동료들, 바람, 바위, 그리고 펭귄이 있을 뿐이다.

그러니 굳이 시레프곶까지 와서 현장 연구에 뛰어드는 이유는 분명 즐겁기 때문이다. 하지만 개인적인 성취감과 연구비는 별개다. 자신이 연구하는 생물이 이 세상에 존재해야만 하는 정당한 이유를 대야 한다는 건 생물학자에게 내려진 저주와 같다. 정밀한 과학 연구에서 주인공으로 다루어진 생물이 우리 사회에 직접적인 가치가 있다는 증거를 연구비 신청서와 논문 초록, 발표 자료마다 제시해야 한다.

인간이 거의 경험하지 못한 생태계에서는 이 모든 일이 한층 더 복잡해진다. 남극 대륙의 황량한 해안에 인간이 머물기 시작한 건 최근의 일이고, 그마저도 드문드문 흩어져 있다. 인류의 대다수가 평생 한 번도 접할 일이 없는 머나먼 오지의 생태계는 어떤 곳일까? 나는 5개월씩, 총 두 시즌에 걸쳐 남극에 머무르는 동안, 이곳 생물들이 생태계의 광범위한 건강 상태를 파악하는 과학적인 지표 생물로서의 가치를 넘어 인간의 삶에 어떤 가치가 있는지 찾으려고 노력했다. 이렇게 모든 고생을 감수하면서까지 외딴곳에 생물다양성이 유지되도록 애써야 하는 이유는 무엇일까? 펭귄에 이렇게까지 신경을 써야 하는 이유는 정확히 무엇일까?

1부

봄
: 알을 낳기 시작하다

1

10월 중순

2016년 10월 27일 아침, 우리를 태운 소형 고무보트는 차가운 바다를 가르며 리빙스턴섬 북쪽 해안을 향해 달려갔다. 5일 전에 남아메리카 최남단의 섬들을 지나온 뒤로 처음으로 나타나는 육지였다. 조디악 보트('조디악'은 고무보트를 전문적으로 제조하는 프랑스 업체의 이름이다-옮긴이)에는 나와 함께 시레프곶으로 가는 맷과 샘, 휘트니, 마이크와 보트를 운전하기 위해 배에서 내린 운항사 한 명, 그리고 앙베르섬Anvers Island에 있는 남극 파머 기지로 가는 길에 우리 짐을 내리는 작업을 도와주려고 배에서 함께 내린 두 명이 타고 있었다. 다들 밝은 주황색 구명조끼로 몸을 꽁꽁 감싸고 있었다. 나는 고무보트 한쪽에 앉아 젖은 밧줄을 붙잡은 채 보트 아래에서 넘실대는 파도의 움직임을 느꼈다. 섬 해안과 가까워질수록 우리가 타고 온 배의 금속 선체가 점점 작아지는 모습을 바라보았다.

조금 전에는 세계에서 가장 거친 바다로 꼽히는 드레이크 해협을 건넜다. 남아메리카에서 남극 대륙으로 가는 남극해의 최단 경로인 이 해협을 지나 남쪽으로 더 깊이 내려오면, 바다를 가로막거나 남극해의 이동 속도를 떨어뜨리는 큰 땅덩어리는 전혀 없고, 섬 몇 개가 점점이 흩어져 있을 뿐이다. 그래서 남극 순환류는 지구상 어디에서도 볼 수 없는 맹렬한 기세로 남극 주위를 순환한다. 우리를 실은 넓찍한 주황색 고무보트는 흡사 언덕처럼 솟구치는 너울의 꼭대기까지 올랐다가 가파르게 떨어지고, 또 올라갔다 내려오기를 반복하며 앞으로 나아갔다.

5일간의 여정을 마치고 마침내 한적한 해변에 도착했다. 사방이 뿌연 안개에 덮여서 보이는 것이라곤 바위투성이 해안과 거기서 180미터쯤 떨어진 조금 높은 곳에 자리한 우리 캠프 말곤 없었다. 캠프의 오두막들은 꼭 거인의 주머니에 들어 있던 성냥갑이 새하얀 담요 위에 툭 떨어진 것 같은 모습으로 서 있었다. 더 높은 산의 윤곽도 희미하게 보였다. 시레프곶은 전체 면적의 88퍼센트가 빙원에 덮인 리빙스턴섬에서 얼음에 덮이지 않은 두 반도 중 하나다. 남극반도의 최북단과 거의 맞닿아 있는 리빙스턴섬과 약 885킬로미터 떨어진 칠레 최남단 사이에는 탁 트인 바다뿐이다. 과거 모니터링 사업의 본거지이자 상주 인력이 더 많은 킹조지섬^{King George Island}은 리빙스턴섬에서 동쪽으로 80킬로미터쯤 떨어져 있다. 한국, 칠레, 러시아, 아르헨티나, 브라질, 폴란드, 독일 기지도 전부 그곳에 있다. 리빙스턴섬에 있는 기지는 북쪽 반도에 있는 우리 미국 캠프와 오두막 두 채로 이루어진 칠레 캠프, 그리고 섬 남쪽 해안에 특정 시기에만 운영되는 스페인과 불가리아의 소형 기지가 전부였다. 리빙스턴섬의 전체 길이는 약 65킬로미터, 너비는 24킬로미터이지만 내 생활 범위는 섬 북쪽에 손가락처럼 툭 튀어나온 작은 반도로 한정되었다.

나는 구명조끼를 겨우겨우 벗어 던졌다. 살이 얼얼할 만큼 차가운 공기를 들이마시며 지면을 밟자 비로소 느껴지는 안정감을 만끽했다. 그러나 주변이 앞뒤로 요동치는 듯한 느낌은 쉬이 가시지 않았다. 대기 온도는 영하 1도 안팎이었고, 해변에는 커다란 얼음덩어리가 흩어져 있었다. 섬을 덮은 눈은 만조선에서 거의 내 키만큼 쌓여 있었다.

시레프곶의 모니터링팀은 바닷새 연구자 둘과 물개 연구자 둘로 구성되었다. 양쪽 모두 신입 연구자 한 명과 전년도에도 왔던 선배 연구자가 짝을 이룬다. 그리고 CCAMLR이 운영하는 연구 사업의 샌디에이고 본부에서 일하는 NOAA 소속 연구자가 팀 전체의 리더를 맡았다. 모니터링팀 팀원이 되면, 모두 두 시즌에 걸쳐 참여하기로 계약했다. 첫 시즌에는 일을 배우고, 두 번째 시즌에는 다음 타자에게 일을 가르쳐준다. 나와 함께 온 바닷새 연구자 맷과 물개 연구자 휘트니는 이번이 두 번째 시즌이었다. 물개팀의 샘과 나는 이번 해의 신입 연구자였다. NOAA 연구자인 마이크가 전체 팀의 리더로 정해진 것으로 이번 연도의 모니터링팀 구성은 끝났다. 맷과 휘트니는 도착하자마자 가장 먼저 해야 하는 일이 무엇인지 알고 있었다. 바로 바위 위로 벽처럼 높게 쌓인 눈에서 계단을 찾아 파내는 일이었다. 샘과 나는 뭐든 두 사람이 하는 대로 따라 했다. 일단 삽을 들고 열심히 눈을 파내기 시작했다.

　세계에서 가장 춥고 가장 외딴 대륙인 남극은 북반구 중심 세계관의 평면 지도에서는 지도 맨 밑에 텅 빈 하얀 공간으로 그려지지만, 남극을 지도의 중심에 놓고 보면 전체적인 모양은 원에 가깝다. 남극 대륙에서 가장 넓은 동남극(여기서 "동쪽"은 물론 유럽에서 바라봤을 때의 방향이다)은 귀 모양으로 넓게 뻗어 있다. 동남극에는 남극 대륙의 가장 두꺼운 빙붕(육상을 뒤덮은 얼음이 빙하를 타고 흘러내려 주변 바다의 수면 위로 퍼진 다음 평평하게 얼어붙은 거대한 얼음덩어리-옮긴이)과 눈 없이 건조한 평원이 드넓게 펼쳐져 있는데, 두 곳 모두 미생물과 내륙 깊이 들어와서 간간이 돌아다니는 웨들해물범 외에 다른 생물은 없다. 동남극과 서남극을 가르는 경계는 남극 횡단 산맥이다. 태평양과 마주한 서남극에는 좌우 양쪽에 거대한 빙붕이 형성되어 있다. 이 두 곳의 빙붕 사이에 엄지손가락처럼 붙어 있는 휘어진 땅이 남극반도다. 남극 대륙에서 남극권의 북쪽까지 길게 뻗어 있는 유일한 부분이다.

　남극 대륙에 서식하는 생물들은 해안에 몰려 있다. 해양 생물이 육지로 나와서 낮잠을 자거나 번식 활동을 하기도 하지만, 1년 내내 뭍에서 생활하는 육상 동물은 없다. 남극 대륙의 주변 바다에는 물개, 고래, 크릴, 어류, 펭귄과 더불어 하얀 독침이 잔뜩 달린 선홍색 성게, 거대한 갯고사리 같은 기이하고 독특한 해저 생물이 바글바글 모여 있다.

남극의 생물다양성은 대부분 다채롭고 풍성한 남극해에 좌우되지만, 1959년에 체결된 남극 조약에서는 육지만 보호 대상으로 지정되었다. 1882~1883년, 그리고 1932~1933년에 실시된 국제 극지의 해 활동에 참여했던 아르헨티나, 호주, 벨기에, 칠레, 프랑스, 일본, 뉴질랜드, 노르웨이, 남아프리카공화국, 소련, 영국, 미국까지 12개국이 이 조약에 서명했다. 국제 극지의 해는 남극과 남극 상층 대기의 자료 수집을 위해 마련된 합동 조사 사업이었다. 남극 조약이 체결되고 몇 년 후, 이 머나먼 해양 환경에 남극 크릴이라는 방대한 미개발 "자원"이 존재한다는 사실이 뱃사람들을 통해 알려지자 남극해를 향한 상업적인 관심이 증대되었다. 소련이 1970년대부터 크릴 어선을 보내기 시작했고 얼마 지나지 않아 일본, 한국, 중국, 노르웨이 선박도 가담했다.

남극 크릴은 지구상에 존재하는 모든 생물종을 통틀어 생물량(한 지역에 생활하는 생물의 양-옮긴이)이 가장 크다. 남극 크릴의 무게를 모두 합하면 지구에 사는 인간의 무게를 다 합한 것보다 두 배쯤 더 무거울 것으로 추정된다. 또한 남극 크릴은 최대 20여 킬로미터에 달할 만큼 거대한 규모로 떼 지어 생활한다. 세계에서 가장 큰 동물 집합체라는 또 다른 기록을 세울 만큼 엄청난 규모다. 크릴 떼는 포식 동물을 피할 수 있도록 남극해 전체에 광범위하게 흩어져 있다. 차갑고 냉혹한 바다에 뿌옇게 내려앉은 먼지처럼 수면을 떠다니며 거대하고 단일한 생물 집합체로 살아가는 크릴만큼 '풍성하다'

는 말의 의미를 생생하게 보여주는 존재는 없을 것이다. 크릴은 남극 생태계의 모든 생물로 이루어진 먹이사슬에서 핵심 생물이다. 물개와 펭귄, 고래, 수많은 어류의 생존이 직접적으로나 간접적으로 크릴에 달려 있다.

크릴 어업에 뛰어드는 국가가 늘기 시작하자, 남극 조약으로 조직된 과학위원회는 크릴 어업이 남극 생태계 전반에 영향을 줄 수 있다는 우려를 밝혔다. 이에 따라 남극 조약에 서명한 국가들이 모인 1972년 당사국 회의에서 남극해에 관한 과학적인 연구와 남극해 보호를 위한 시스템 구축에 투자한다는 결의안이 채택되었다. 실무단이 꾸려지고, 수년에 걸쳐 "남극 해양 생물 자원"을 보존하기 위한 체계가 개발되는 한편 남극해 생태계의 기본 정보를 파악하기 위한 대규모 연구 사업이 추진되었다. 1982년에 출범한 CCAMLR, 즉 남극 해양 생물 자원 보존위원회는 이러한 노력의 산물이다. 미국을 비롯한 CCAMLR의 25개 회원국은 위원회에 예산을 지원하고 매년 각국 대표가 참석하는 회의를 열어 필요한 사항들을 결정하면서 남극 연구에 참여한다.

남극 조약 체제The Antarctic Treaty System는 남극 대륙의 연구와 규제를 담당하는 국제 사회의 관리 체계로, 남극 전담 UN이라고 할 수 있다. 이 조약 체제의 한 부분인 CCAMLR은 남극 주변 해양 생물의 보존이라는 세부 목표를 위해 조직된 협의체다. CCAMLR은 생태계 중심 방식으로 크릴 어업을 관리한다. 조약에 서명한 당사국들이 남극 대륙 전체에서 장기적인 생태계 모니터링 프로그램을 마련하고 운영하는 것도 그러한 관리의 일환이다. 미국도 CCAMLR의 당사국으로서 생태계 모니터링 연구에 참여하게 됐고, 1984년 의회가 〈남극 해양 생물 자원 협약법〉에 따라 위임을 지시한 NOAA가 운영을 맡고 있다.

CCAMLR에서 실시하는 생태계 모니터링 프로그램의 목표는 두 가지다. 남극 주변 해양 생태계의 변화를 파악하고 기록하는 것, 그리고 어업으로 생긴 변화와 환경 변화로 생긴 변화를 구분하는 것이다. 어업 규제를 조사 목표로 정하면 표적 생물만 조사하게 된다. 즉 크릴의 개체 수와 성장률, 개체 수의 큰 감소를 막을 수 있는 어획량 정도만 파악하게 된다. 이와 달리, 생태계 중심의 모니터링은 남극해의 해양 생태계에서 크릴이 하는 역할을 고려하여 크릴 어획으로 인해 남극에 사는 다른 생물들에게 심각한 영향이 발생하지 않는 범위 내로 어획 한도를 설정한다.

어획만 남극의 먹이사슬에 영향을 주는 건 아니다. 기후 변화 또한 남극해 생태계를 크게 좌우하는 해빙의 연간 주기에 상당한 영향을 준다. 장기 모니터링 프로그램은 어업의 영향을 판단하기 위해 시작됐지만, 이제는 기후 변화가 CCAMLR의 생태계 모니터링에서 주요한 주제가 되었다.

남극해에 영향을 주는 여러 요소 중에 지구 온난화의 영향과 상업적인 어획의 영향은 어떻게 구분할 수 있을까? 기후 변화는 남극해의 크릴 개체군에 전반적으로 어떤 영향을 줄까? 기온이 겨우 몇 도쯤 달라지는 게 이곳 생태계에 왜 그렇게 중요할까? 그 정도 변화로 얼마나 큰 영향이 발생할까? CCAMLR은 기후 변화의 영향과 어업의 영향을 전부 고려해서 예방 차원의 어획 기준을 어떻게 설정할까? 남극 대륙과 주변 해역에 설치된 모니터링 기지마다 이런 의문을 풀기 위해 데이터를 수집하고 있다.

우리가 시레프곶에서 보낸 5개월은 연구 대상 생물인 턱끈펭귄과 젠투펭귄, 남극물개의 여름철 번식기였다. 연구는 대부분 CCAMLR이 여러 연구 사업에서 수집된 데이터를 한꺼번에 비교할 수 있도록 개발한 생태계 모니터링 표준 프로토콜에 따라 진행되었다. 펭귄 모니터링에는 둥지 수와 성체의 생존율, 성체의 체중, 알의 무게, 산란일, 새끼 펭귄의 부화일, 새끼 펭귄의 성장률과 생존율, 펭귄의 식생활 조성을 조사해서 기록하는 일이 포함되었다. 또한 펭귄의 몸에 데이터 기록 장치를 부착해서 먹이 사냥에 걸리는 시간과 바다에서 펭귄이 먹이를 찾기 위해 잠수하는 수심, 먹이를 찾는 위치도 조사했다. 펭귄 번식기에 펭귄의 알과 새끼를 먹이로 삼는 포식 바닷새인 도둑갈매기의 번식 성공률도 우리가 남극에 머무는 동안 함께 조사했다. 샘과 휘트니는 남극물개의 번식 과정을 추적하고 물 밖으로 나온 모든 물개를 면밀히 조사했다.

새끼 펭귄들의 홀로서기가 끝나고, 새끼 물개가 엄마 젖을 떼고 긴 겨울을 보내기 위해 거친 바다로 들어갈 준비를 마치는 3월이 되면 남아메리카 최남단에서 이곳까지 타고 온 배가 다시 우리를 데리러 올 것이다.

조디악 보트 두 대가 배와 해변을 오가며 우리가 다섯 달 동안 이곳에서 생활하는 데 필요한 식량과 장비, 그 밖에 여러 물품이 담긴 개인 가방까지 모든 짐을 실어 날랐다. 해변에 장비를 잔뜩 쌓아두기도 했고 어떤 장비는 플라스틱 상자에 담아 눈에 파묻어두기도 했다. 이렇게 상자 안에 보관하면 해변에 두어도 안전하게 보존된다. 비닐이나 방수 가방에 담긴 짐들을 끌어서 육지 쪽으로 옮겨둔 다음, 샘과 나는 식량이 가득 담긴 상자를 안고 처음으로 캠프를 찾아갔다. 가는 길에 어딘가로 향하던 펭귄 한 마리와 마주쳤다. 나중에야 그 길이 펭귄들이 캠프 남쪽 해변과 펭귄 군집지를 오가는 오랜 경로라는 사실을 알게 되었다.

우리는 펭귄을 가리키며 신나게 소리를 질렀다. "저기 좀 봐요! 펭귄이에요!" 아직 남극에 관해서는 아는 게 거의 없던 때라 무슨 펭귄인지도 몰랐다. 주근깨 많은 얼굴에 연한 적갈색 수염이 덥수룩하게 자란 맷이 옆을 지나가면서 젠투펭귄이라고 알려주었다. 샘과 나는 놀라서 휘둥그레진 눈으로 펭귄을 응시했다.

샘과는 이곳에서 처음 만났고, 맷과는 3년 전 알래스카와 시베리아 사이 베링해에 있는 어느 섬에서 처음 만났다. 바람이 거칠던 그 섬에서, 맷은 가파른 절벽에서 바다오리를 붙잡는 법, 버둥대는 오리 몸에 식별 밴드를 부착하는 법과 더불어 바닷새를 잡고 다루려면 꼭 필요한 요건인 끈질긴 인내심과 험한 날씨나 극도로 불편한 조건 속에서도 해야 할 일을 반드시 해내는 투지를 가르쳐주었다. 호기심과 날카로운 유머, 모험심이 더해진 그 가르침을 받으면서 우리는 절친한 친구가 되었다. 서른다섯 살인 맷은 여러 현장에서 일한 경력이 나보다 10년 이상 더 많았다. 현장 연구자로 일을 시작한 직후에 맷을 알게 된 나는 그가 10여 년 동안 여러 섬을 돌면서 새를 연구했다는 사실에 경탄했다. 그가 해온 일들이 앞으로 내가 하고 싶은 일이었다. 이 섬, 저 섬을 오가며 이층침대나 텐트에서 생활하고 사람보다 새가 훨씬 많은 외딴곳에서 하루 대부분을 밖에서 일하는 그런 삶.

나도 다른 연구자들처럼 동료들을 통해 시레프곶의 연구 프로그램을 처음 접했다. 현장에서 만나는 동료들이 현장 연구의 세계와 문화의 한 부분임을 내가 처음 경험한 건, 대학 시절 여름방학에 알래스카에서 바닷새 모니터링에 참여했을 때였다. 이 일을 처음으로 깊이 알게 된 계기는 메인주 북부의 섬에서 연구자로 일했을 때였다. 바닷새가 둥지를 짓고 생활하는 메인주의 그 섬에서 10일을 보내는 동안 나는 현장 연구에 완전히 매료되었다. 그래서 연방 어류·야생 동물 관리국이 운영하는 재학생 프로그램 중 한 시즌 내내 현장 연구자로 일할 수 있는 자리에 지원했다.

그렇게 찾아온 내 두 번째 현장 연구지는 알래스카 남동쪽, 바다제비가 북적이는 온난한 기후의 강우림이었다. 나는 그곳에서 리빙스턴섬과 가까운 킹조지섬에서 현장 연구를 처음 시작했다는 연구자와 함께 일하면서 그가 꽁꽁 언 손으로 남극에서 했던 일들과 거센 폭풍, 펭귄들의 생활 터전인 남극해 한가운데 어느 바위에 관한 이야기를 들었다. 학교로 돌아온 뒤에는 킹조지섬에 몇 년간 머무른 적이 있는 교수님 밑에서 일하며 아주 강렬하고 지독한 냄새가 난다는 펭귄 이야기를 더 많이 접했다. 현장 연구를 하고 싶은 열망은 더욱 뜨거워졌고 시선은 남극으로 향하기 시작했다.

현장 연구자들에게 남극은 궁극의 연구 장소다. 가장 먼 곳, 최후까지 살아남은 생물들이 있는 곳, 연구에 깊이 몰두할 수 있는 곳이다. 나는 남극 이야기를 처음 들은 순간부터 꼭 가보고 싶었다. 남극 연구에 지원하려면 친구나 동료를 통해 그곳에서 연구 중인 수석 연구자에게 연락해야 한다. 남극에서 일할 연구자는 공고로 선발하지 않았다. 기회가 왔을 때 자격을 보증해줄 사람이 있어야, 다시 말해 현장에서 함께 일한 적이 있는 사람의 추천이 있어야만 남극에서 일할 가능성이 높아진다. 나는 자리가 났을 때 필요한 자격을 다 갖춘 상태였지만, 무엇보다도 가장 오래 함께 일한 동료인 맷이 보증해준 것이 큰 도움이 되었다.

맷과 알게 된 지 2년이 되던 해에는 그가 새로 이사한 알래스카까지 미국 서부 해안을 따라 차로 함께 여행했다. 알래스카 주노까지 같이 갔다가 나는 비행기를 타고 캘리포니아로 돌아왔다. 대학을 졸업한 직후였는데, 그 후로 1년간은 모교에서 농장 관리자로 일했다. 그사이 현장 연구가 너무 그리웠기에 계약된 기간인 1년을 채우자마자 얼른 낯선 섬으로 떠났다. 캘리포니아와 일본 사이, 태평양 한가운데에 점처럼 콕 박혀 있는 미드웨이 환초였다. 그곳에서 지내는 동안 나는 섬의 곳곳을 발 디딜 틈 없이 빼곡하게 채운 앨버트로스와 처음 본 자생 식물들, 그리고 모래로 이루어진 자연 서식지의 복구에 관해 쓴 긴 이메일을 맷에게 보냈다. 그때 시레프곶에서 일하고 있었던 맷은 그곳의 오두막과 바람, 풍경, 펭귄의 독특한 특징들이 담긴 회신을 보내왔다.

시레프곶에 도착해 앞으로 다섯 달을 보내게 될 작은 캠프로 향하는 길에, 현장 연구의 성패는 항상 함께 일하는 동료들에게 달려 있다는 생각을 떠올렸다. 이곳에는 내가 믿고 의지할 수 있는 맷이 있다는 사실에 잔뜩 긴장했던 마음이 한결 차분해졌다. 맷은 거센 강물 한가운데에 우뚝 버티고 선 바위 같은 사람이었다. 쉴 새 없이 앞만 보고 달리는 나와는 다르게, 그는 찬찬하고 사려 깊은 편이었다. 이런 차이점은 우리가 좋은 팀이 될 수 있는 여러 이유 중 하나였다.

샘, 맷과 함께 캠프에 도착했다. 눈 덮인 오두막이 여러 채 서 있었다. 우리는 앞으로 우리의 주된 생활 공간이 될 가장 큰 오두막의 문부터 열어야 했다. 마이크와 휘트니는 외벽을 따라 쭉 돌면서 눈으로 뒤덮인 문의 위치와 프로판가스통을 연결해야 하는 부분을 파악하곤 부지런히 눈을 파헤쳤다. 마침내 문이 모습을 드러내자 쌓인 눈을 치우고 문 덮개도 벗겨냈다. 휘트니가 문을 잡아당겨 열고 안으로 들어갔다.

우리의 침실이자 부엌, 식당, 사무실, 거실이 될 큰 오두막은 어둡고 휑했다. 흰색 페인트가 칠해진 벽은 선반과 지도, 사진, 각종 장비 들로 빽빽하게 덮여 있었다. 모든 게 지난 3월에 이곳을 떠난 사람들이 겨우내 곰팡이가 슬지 않도록 전부 비닐로 꽁꽁 싸둔 상태 그대로 남아 있었다. 비유가 아니라, 접이식 의자부터 주방용품, 식품, 전자기기, 접시, 프라이팬까지 정말로 모든 생활용품이 비닐에 쌓여 있었다. 1년 내내 사람이 상주하는 파머 기지와 달리 시레프곶의 모니터링 캠프는 야생 동물의 번식기인 여름철을 중심으로 몇 개월 동안만 운영된다.

곰팡이 핀 나무 패널과 비닐에 담긴 물건들이 꽉 들어찬 공간에서 안락함이나 살 만하다는 느낌 같은 건 조금도 느낄 수 없었다. 어린 시절에 나는 어떤 공간에 처음 들어서면 앞으로 몇 년을 머무를지는 알 수 없어도 그곳이 내게 어떤 집이 될지 상상해보곤 했다. 빈 벽 위로 내 모습을 투영해서 앞으로 어떤 미래가 펼쳐질지 그려보거나 휑뎅그렁한 그 공간에서 앞으로 어떻게 생활하게 될지를 떠올려보았다. 큰 오두막에는 이층침대들과 탁자 하나, 주방, 데이터를 정리할 수 있는 책상 등 보통 현장 캠프라면 갖추고 있을 것들이 모두 마련되어 있었다.

마이크가 현장에서 수십 년을 일하며 축적해온 이야기들을 곁들이면서 캠프의 오두막을 비롯한 구석구석을 우리에게 설명해주었다. 시레프곶의 현장 연구는 하나부터 열까지 마이크가 관여하지 않은 일이 거의 없을 정도라 오랜 세월에 걸쳐 전해오는 재밌는 이야기를 들을 수 있었다. 마이크는 시레프곶에서 일하기 전인 1986년부터 1992년까지 남극과 가까운 작은 바위섬인 실섬에서 소규모 물개 개체군을 조사했다. 그러다 1995년, NOAA의 남극 생태계 연구부 책임자가 마이크를 불렀다. 시레프곶에서 장기 모니터링을 시작하려고 하니 CCAMLR 연구 계획에 맞춰 연구 프로그램을 짜보라는 요청이었다. 시레프곶은 칠레 연구자들이 1991년부터 물개 개체 수를 조사하기 위해 오가기 시작한 곳이었고, 물개와 펭귄이 모두 번식하는 곳이라 생태계 모니터링 캠프를 운영하기에 이상적이었다. 법으로 제정된 CCAMLR 모니터링 프로그램의 연구 목적은 어업 규정에 참고할 수 있는 지표 생물의 추적 조사였다. 그러나 대기 중 온실가스 농도가 경계할 만한 수준으로 높아지고 있다는 사실이 알려지면서 마이크는 이 프로그램을 주도하던 동료 바닷새 연구자 웨인 트리벨피스Wayne Trivelpiece와 함께 기후 변화가 이 머나먼 남극 생태계에 끼치는 영향이 연구의 중요한 부분이 되어야 한다고 확신했다.

캠프의 기본 골격은 1996년에서 1997년으로 넘어가던 남반구의 여름, 북반구는 겨울이던 기간에 만들어졌다. 캠프에 필요한 물리적인 구조물은 전부 고무보트에 실어서 바위가 가득한 해변으로 옮겼다. 이루 말할 수 없이 힘든 작업이었다. 남극반도의 기후는 이미 변화하고 있었으므로, 마이크와 웨인은 다른 직원들과 함께 앞으로 진행될 변화와 비교할 수 있는 기준점부터 서둘러 정했다.

캠프에는 큰 오두막 외에도 작업실과 물개 배설물, 혈액 같은 검체를 처리하고 분류할 수 있는 작은 실험실이 딸려 있었다. 실험실에는 약 1.4미터 길이의 짧은 실험대와 유리병, 시험관, 검체 채취 장비가 진열된 선반이 여러 개 달려 있었고, 구석에는 현미경 한 대가 보였다. 큰 오두막과 붙어 있는 방 한 칸은 원래 물기를 말리는 공간으로 쓰다가 이제는 샤워와 빨래를 할 때 주로 쓰이기에 "습한 방"으로 불렸다. 큰 오두막과 몇 미터 떨어진 곳에 있는 창고 오두막은 식료품 저장실이었다. 마이크 같은 연구팀 리더는 그 뒤에 붙어 있는 작은 공간에서 혼자 따로 자는 행복을 누렸다(그래서 그 공간은 "노인네 방"이라고도 불렸다). 목재로 지어진 옥외 화장실도 있었고(변기 2개와 양동이 2개가 놓여 있다. 하나는 대변용, 하나는 소변용이다). 그 곁에는 다목적 임무 차량UTV이 보관된 작은 차고가 있었다. 휘트니와 마이크는 이미 눈길용 타이어가 달린 UTV의 시동을 켰고 맷이 해변으로 몰고 가서 캠프와 오가며 썰매에 짐을 한가득 실어 날랐다. 맷은 내게 "신선 식품 보관실" 정리를 맡겼다. 큰 오두막 옆에 붙어 있는 그 작은 공간은 채소가 담긴 나무 상자와 소형 냉동고, 그 밖에 냉장 보관해야 하는 식품을 두는 곳이었다. 남극에서 냉장 보관이란 난방을 하지 않는 곳에 둔다는 의미다. 팀원들이 채소와 신선 식품이 담긴 상자를 전부 그쪽으로 옮겨 오자 나는 고추와 양배추, 감자는 나무 상자에 담고, 치즈는 선반에 쌓고, 해산물과 고기, 그 밖에 냉동식품은 냉동고에 넣었다. 플러그를 꽂지 않고도 대기 온도만으로 꽁꽁 언 상태가 유지되므로 냉동고는 그저 일부 식재료를 분리해서 보관하는 용도로 쓰였다.

　건물과 건물 사이 빈터와 캠프 뒤쪽과 앞쪽, 덱의 존재를 알 수 없을 만큼 높게 쌓인 눈 위에도 전부 짐이 가득 쌓였다. 식량, 검체 처리 장비, 오두막의 물리적인 구조를 유지하기 위한 자재들, 동물 포획 장비, 옷가지까지 잔뜩 쌓인 짐 더미를 보고 있자니 정리가 마무리되는 날은 절대로 오지 않을 것만 같았다. 고무보트가 배와 해변 사이를 계속 오가고서 마이크가 겨우내 잠들어 있던 오두막의 무선 장치를 켜자 배에서 첫 무전을 보내왔다. 배는 캠프의 통신 장치가 제대로 가동되는지 확인한 후에야 떠났다. 캠프에 도착한 첫날, 컴퓨터 한 대로 모두가 함께 쓰는 위성 전화와 위성 이메일 서비스도 사용할 준비를 완전히 마쳤다.

나는 모든 게 다 괜찮다는 사실이 확인된 후에 서서히 멀어지는 로런스 M. 굴드호를 지켜보았다. 나와 세상을 잇는 마지막 연결 고리가 사라져갔다. 섬을 감도는 고요함이 내게도 조용히 내려앉는 듯했다. 숨을 깊이 들이마셨다. 이제 우리 다섯 명만 남았다. 긴장되기도 하고 너무 지쳐서 정신 나간 사람처럼 자꾸 웃음이 났다.

이 새하얀 대륙의 해안에 마침내 당도하고 나니, 지금부터 연구 시즌이 끝나는 내년 3월 사이에 커다랗고 깊은 구멍이 나 있고, 나는 그 가장자리에 서 있는 기분이었다. 앞으로 겪게 될 불편함과 거친 바람, 잡다한 일거리들, 현장 조사 등 나를 기다리고 있는 모든 것들을 얼른 경험해보고 싶었다. 아직은 상상도 할 수 없을 앞으로의 모든 일들을 다 느끼고 겪을 준비는 끝났다고 생각했다. 다른 섬들에서 현장 연구자로 일하는 동안 습하고 춥고 바람이 거센 환경에서 장시간 대부분 홀로 일하는 소규모 연구자들 사이에서 발전한 사회적, 문화적 세계를 몸소 겪으며 현장 연구에 대한 내 예상이 완전히 뒤집히기도 했다. 그중에서도 남극만큼이나 멀고 외딴곳은 처음이었다. 우리가 해야 할 연구의 지침은 명확해도 우리가 일하는 환경은 전혀 예측할 수가 없었다. 우리가 하는 모든 일이 변덕스러운 날씨와 변덕스러운 야생 동물에 달려 있었다. 언제든 예상치 못한 일이 일어날 수 있었다.

눈 사이를 뚫고 몇 시간이나 짐을 부지런히 옮겼다. 저녁이 되자 식량과 필수품이 담긴 상자는 정리가 끝났다. 해변에 둔 짐은 전부 단단히 고정해두는 것으로 일단 정리를 마쳤다. 캠프의 중요한 입구도 모두 뚫었다. 우리는 모두 오두막에 모였다. 진동하는 퀴퀴한 냄새로 기나긴 겨울 동안 오두막 내부에 습하고 차가운 공기가 꽉 차 있었음을 감지할 수 있었다. 청소용품은 전부 꽁꽁 얼어서 쓸 수가 없었다. 바깥에서는 눈이 거의 수평으로 세차게 내리고 있었지만, 몸을 하도 많이 움직여서 추운 줄도 몰랐다.

맷, 샘, 휘트니와 나는 큰 오두막에 있는 이층침대에서 자고 마이크는 창고 오두막 뒤에 있는 방에서 자기로 했다. 맷과 휘트니에게 침대를 먼저 고를 수 있는 우선권이 주어졌다. 둘은 지난해에 사용했던 침대로 곧장 달려갔다. 샘과 나는 남은 침대를 하나씩 골랐고, 나는 2층에서 지내게 되었다. 잘 곳을 정한 다음에는 캠프에서의 첫 번째 저녁 식사를 다 같이 준비했다.

캠프를 여는 날은 푼타아레나스에서 사 온 엠파나다(밀가루 반죽 속에 채소나 고기를 넣고 구운 요리. 아르헨티나, 칠레 등 남아메리카 지역에서 많이 먹는다-옮긴이)를 오븐에 데워 먹는 것이 오랜 전통이었다.

일정의 첫날부터 저녁을 준비하느라 주방 도구를 다 풀어야 하는 부담을 덜기 위해서였다. 마이크가 오븐을 작동해보려고 했지만 돌아가질 않아서 모두 탁자에 접이식 의자를 갖다 놓고 차가운 엠파나다를 먹었다. 방수 가방은 바닥에 널브러져 있고 주방에는 풀다 만 짐 더미가, 밖에는 장비들이 쌓여 있었다. 휘트니가 막 꺼내 온 프로판 난로를 켜자 1.9톤 용량의 거대한 파란색 물탱크 속에서 긴 겨울잠을 자던 얼음이 깨어났다. 7개월 만에 다시금 오두막 안이 훈훈해지면서 물탱크 안에서 얼음이 쉭, 딱딱, 으르렁 소리와 함께 깨지고 녹기 시작했다. 마치 통 속에 뭔가가 갇혀 있는 것 같아서 다들 배를 잡고 웃어댔다. 너무 피곤하고 한껏 들뜬 상태라 설령 얼음이 아무 소리를 내지 않았더라도 그렇게 웃었을 것이다.

마이크와 맷, 휘트니는 전년도에 시레프곶에서 함께 일했고, 샘을 제외한 모두가 여러 해 동안 여기저기서 바닷새와 물개를 관찰하는 현장 연구를 해본 경험이 있었다. 생태계 장기 모니터링 연구에는 외딴곳에 있는 현장 캠프에서 생활하면서 연구하려는 생물의 개체군과 번식의 성공 여부를 직접 기록할 사람들이 꼭 필요하다. 생태계를 중심으로 생물학을 연구하는 사람들은 대부분 생물학, 생태학, 천연자원 관리, 야생 동물 관련 학위를 취득하고, 연구자나 자연 자원 관리자로 일하기 전에 연구 경험을 쌓으려고 현장을 찾는다. 그래서 현장 연구팀은 다양한 사람들로 구성된다. 딱히 경로가 정해진 건 아니지만, 보통은 현장 연구자로 활동하다가 팀 리더가 되고, 대학원에 진학하고, 최종적으로는 연구 관리자나 캠프

감독이 된다. 드물게 박사 학위를 따고 더 높은 자리에 올라서 캠프 여러 곳을 관리하거나 연구 프로그램 전체를 통솔하는 안정적인 길로 나아가는 사람도 있다. 현장 연구자 중 일부는 차근차근 더 높은 자리로 올라가는 것에는 관심이 없고 마음에 드는 집을 찾아다니는 소라게처럼 시즌마다 다른 장소에서 연구 데이터를 수집하며 살아가기도 한다.

　대학 시절, 내가 현장 연구를 처음 시작한 무렵에 이 분야에서 꽤 오랜 경력을 쌓은 지도교수님은 내게 현장 연구자로 일하다 보면, 다른 사람이 설계한 연구의 데이터를 모으는 일 말고 직접 질문을 던지고 연구를 설계하고 싶어질 때가 올 거라고 했다. 언젠가는 대학원에 진학해서 내 연구를 계획하고, 어쩌면 박사까지 따서 생태계 모니터링 프로그램의 연구자로 일하다가 나중에는 내가 일한 현장 캠프와 같은 곳들을 운영하는 건 내 오랜 꿈이었다. 하지만 현장 연구를 시작하고 5년이 흐른 뒤에도 나는 다른 사람이 설계한 연구를 현장에서 대신 실행에 옮기는 일이 여전히 즐거웠다. 어쩌면 이게 책임자가 짊어져야 하는 부담은 덜면서 이 일을 즐기는 방법일지 모른다는 생각도 들었다.

　저녁이 되자 오두막의 먼지도 많이 가라앉았다. 나는 새로운 집이 된 공간을 자세히 살펴보며 눈에 익혔다. 프로판 난로 옆에 서서 양손을 뻗어 온기를 느끼며 창밖에 흩날리는 눈과 해변, 그 너머의 너른 바다를 응시했다. 거대한 선박과 소형보트, UTV, 국경선을 넘어선 방대한 네트워크를 통한 협치와 규정까지, 이곳에 당도하기까지 정말 많은 기술이 필요했지만, 일단 도착하고 난 뒤의 생활은 지극히 원시적이었다. 먼 옛날 인류의 선조들이 그랬듯 우리도 불 옆에 옹기종기 모였으니 말이다.

서구 사회의 세계관에서 남극은 야생과 모든 외딴곳을 대표한다. 대학을 졸업한 지 2년이 지나 남극에서 다섯 번째 현장 연구를 시작하기 전까지 나는 계속 더 멀리 있는 섬을 찾아다녔다. 암석이 가득한 해변과 새들 사이에서 지금껏 제대로 다잡은 적이 단 한 번도 없었던 내 타고난 부산함을 마음껏 쏟아낼 수 있는 생활을 즐겼다. 알래스카에서 일할 때부터 나는 사회적, 경제적 패러다임이 나와 내 주변 생태계 사이에 형성되는 친밀한 관계에 어떤 영향을 주는지 궁금했다. 그리고 남극에 오기 전에 일했던 섬은 내 종잡을 수 없는 생각들을 펼쳐볼 수 있는 비옥한 토양이 되어 주었다. 남극은 내게 최후의 시험장이었다. 마지막 목적지는 아니지만, 매번 다음 섬에서 찾을 수 있을지 모른다고 생각해온 존재론적 깨달음을 남극에서는 마침내 얻게 될지도 몰랐다. 생태계를 이해하려는 노력은 다른 모든 걸 이해하는 통로가 될 수 있다. 어쩌면 스스로 나 자신을 이해하게 될지도 모른다.

남극의 동료들에게도 "어디 출신이에요?"라는 질문을 들을 때마다 늘어놓는 장광설을 이미 마쳤다. 내 부모님은 두 분 다 언론인이다. 어머니는 미국인이지만 그녀의 가족이 2대에 걸쳐 살아온 멕시코에서 나고 자랐다. 아버지는 스페인 출신이다(내 집안 내력 중에 유일하게 복잡하지 않은 부분이다). 부모님은 파나마에서 만났고 나는 캘리포니아에서 태어났다. 우리 가족은 스페인, 멕시코, 칠레, 아르헨티나, 남아프리카공화국, 이집트를 옮겨 다니며 살았고 나는 대학에 진학하기 위해 캘리포니아로 갔다. 어릴 때부터 장거리 이동을 자주 해서 그런지 어딜 가든 외국인으로 여겨지는 일이 내 삶의 일부가 되었다. 세상 어디에서든 그런 거리감을 느낄 때가 많았다. 그러다 외딴섬에서 일을 시작하자 멀리 떠나온 거리만큼 다른 세상과 거리를 둘 수 있었다. 잠시 사회는 뒤로한 채 자연과 더 깊고 가까운 관계를 맺고 그 속에서 전에 없던 친밀감을 경험했다. 나와 자연 사이의 거리는 점점 줄어서 가느다란 틈 정도만 남아 있거나 때로는 아예 그 틈조차도 없어진 듯했다.

메인주에서 알래스카로, 다시 하와이로 여러 섬을 찾아다니면서도 내가 가는 이 길이 나를 어디로 데려갈지 확신이 들지는 않았다. 수년 뒤에 무엇이 내 삶의 중요한 기점이 될지, 그런 때가 오기는 할 것인지 온통 신기루처럼 뿌옇기만 했다. 먼저 이 길을 걸어간 사람들이 남긴 자취를 보며 내 미래를 그려보기도 했지만, 남들의 길은 내 것이 아니고 내 마음이 진심으로 바라는 길도 아니었다. 다만, 난롯불에 손을 덥히며 쌓인 눈 위로 일렁이는 불빛을 바라보던 그 시간만큼은 앞으로 나의 새집이 될 이곳에서 어떤 일들이 펼쳐질지 상상하며 남극에 푹 빠졌다.

2

10월 말

며칠 후 캠프가 어느 정도 정리되자, 맷은 우리 두 사람이 이번 시즌 내내 매일 일하게 될 북쪽의 펭귄 군집에 가볼 때가 됐다고 했다. 남극의 봄이 끝자락에 이르면 풍경은 서서히 여름의 모습으로 바뀌어 가고 해안에서 지낼 바다 생물들이 대거 돌아온다. 남극의 여름은 빛이 풍부하지만 따뜻하지는 않다. 평균 기온은 섭씨 0도, 한여름에도 영상 1~2도 정도에 머무른다. 지난해 여름 날씨가 이례적으로 혹독했다는 이야기를 이미 맷으로부터 많이 들은 터라, 나는 바람과 폭풍에 철저히 대비했다.

시레프곶에서 물개는 해변에서만 무리 지어 지내고, 펭귄은 곶 북쪽 끄트머리의 특정 지역에 군집을 이루고 번식한다. 캠프 바로 가까이에 있는 오르막길을 지나자 그 뒤로 경사지가 나타났다. 완만한 언덕이었지만 밟을 때마다 눈에 푹푹 파묻히는 부츠를 뽑아올리느라 연신 숨을 헐떡거리며 걸어갔다. 시레프곶은 전체가 나지막한 산들과 짙은 색 암석이 가득한 해변으로 이루어져 있다. 우리는 내리막길을 따라 물개들이 마구 싸우고 있는 해변 쪽으로 내려갔다가 다시 오르막길에 접어들었다. 그러곤 또 다른 해변과 만나는 산등성이를 지나 다른 곳보다 조금 높은 곳에 자리한 펭귄 군집 쪽으로 꺾었다.

해안 쪽으로 경사진 땅이 나타났고 쌓인 눈 위에 콕콕 점을 찍은 것처럼 까만 펭귄들이 보였다. 펭귄이 무리 지은 곳 주변 땅마다 밝은 분홍색 배설물이 길게 띠처럼 새겨져 있었다. 공기를 가득 메운 펭귄들의 울음소리와 냄새 속에서, 나는 한껏 들뜬 마음으로 가만히 지켜보았다.

바다와 군집 사이를 뒤뚱뒤뚱 오가던 펭귄들이 키가 유난히 큰 낯선 펭귄들을 발견한 것처럼 우리를 쳐다보았다. 성질이 사납고 몸이 다부진 쪽이 턱끈펭귄으로, 이름처럼 얼굴 아래쪽에 까만 줄이 있다. 젠투펭귄과 턱끈펭귄의 번식지는 모두 우리 캠프에서 북쪽으로 약 1.6킬로미터 떨어진 곳, 섬 북쪽의 해변과 섬 가장자리 근처에 형성된 여러 노두(암석이나 지층이 지표에 드러난 부분-옮긴이)에 자리하고 있었다. 다른 곳보다 조금 높은 곳에 형성된 이런 군집은 총 20곳인데, 시레프곶의 번식지 전체 면적의 약 3분의 1을 차지했다. 군집마다 적게는 20쌍, 많게는 500쌍의 번식 쌍으로 구성되었다. 젠투펭귄만 있는 군집이 네 곳, 턱끈펭귄만 있는 군집이 열 곳이었고 나머지 여섯 곳에는 두 펭귄의 둥지가 섞여 있었다.

젠투펭귄은 큰 몸집과 밝은 주황색 부리, 머리의 우아한 흰 띠로 구분할 수 있었다. 제 짝과 서로 깍듯하게 인사하는 모습도 보이고, 조약돌을 모아서 둥그렇게 둥지를 만들고 있는 펭귄들도 간혹 있었다. 남극에는 둥지 재료로 쓸 만한 식물이 없다. 여기저기 흩어져 자라는 이끼가 전부고, 남극의 냉혹한 환경을 견디는 강인한 풀은 드문드문 보일 뿐이다. 하지만 조약돌은 어디에나 있으므로 펭귄은 이 돌을 모아서 튼튼하면서도 배수가 잘되는 둥지를 짓는다. 남극처럼 습하고 바람이 거센 곳에 있는 보금자리라면 반드시 갖춰야 하는 특징이다.

두 펭귄 모두 분류상으로는 "붓꼬리 펭귄"으로도 불리는 젠투펭귄속Pygoscelis이다. 이 분류에 해당하는 세 종류의 펭귄 중 나머지 하나인 아델리펭귄은 시레프곶에 살지 않고 킹조지섬을 포함해 가까운 다른 섬에 서식한다. 바다에서 겨울을 나고 온 턱끈펭귄들은 정신없고 비좁은 군집 생활이 영 못마땅해 보였다. 앨버트로스를 비롯한 바다오리, 세가락갈매기, 코뿔바다오리, 슴새류, 작은바다오리 등 육지와 먼바다에 사는 다른 바닷새들처럼 턱끈펭귄도 수면 위에 오리처럼 앉아서 출렁이는 파도와 함께 떠다니다가 겨울이 되면 남극 대륙붕을 따라 서쪽으로 멀리 이동한다. 얼음은 좋아하지 않고 탁 트인 바다를 좋아해서 대체로 해빙 쪽으로는 가지 않는다. 젠투펭귄은 이들과 달리 철새가 아니며 겨울에도 한 지역에 머무르는 경향이 있다. 이들은 겨울이 되면 번식지와 가까운 바다에서 지내다가 가끔 육지로 온다. 아델리펭귄은 얼음을 좋아해서, 해안에서부터 바다 쪽으로 점점 확장되는 총빙(바다에 떠다니던 얼음이 하나로 붙어서 형성되는 거대한 덩어리-옮긴이)에서 쉬기도 하고 사냥도 하며 겨울을 보낸다.

내 주변에 옹기종기 모여든 건 어두컴컴한 남극의 겨울을 잘 보내고 살아남아 해안으로 돌아온 펭귄들이었다. 모두 짝짓기 할 짝을 찾았고, 벌써부터 둥지를 지을 장소를 지키느라 분주히 움직였다. 짝을 부드럽게 부르는 펭귄들도 보였다. 맷은 번식 쌍을 보면 성별을 구분할 수 있었고 번식기 중 어느 단계인지도 알았다. 하지만 내 눈에는 그저 많고 많은 펭귄 무리 중 하나였다. 시즌 초반에는 모든 펭귄이 다 똑같아 보였다.

펭귄들의 땅에서 우리가 해야 할 첫 번째 과제는 '도둑갈매기 오두막'을 여는 일이었다. 펭귄 군집 위를 쉴 새 없이 날아다니는 포식 바닷새인 도둑갈매기의 이름을 딴 그 작은 오두막은, 매년 5개월간 그곳에 머무르는 단 두 명의 펭귄 연구자가 하는 모든 일의 본거지다. 눈 덮인 산비탈에서 길고도 외로운 겨울을 또 한 번 버틴 오두막의 벽에는 거친 날씨의 흔적이 고스란히 남아 있었다. 오두막은 눈과 동물의 배설물을 피할 수 있도록 단 위에 세워져 있었다. 그곳은 펭귄 연구가 이루어지는 본부이면서 캠프에 화재가 발생하거나 다른 재난이 생기면 연구자들이 몸을 피할 수 있는 비상 대피소이기도 했다. 시레프곶에 세워진 건물들 대부분이 그렇듯 극심한 습기와 바람 때문에 그곳 역시 외벽에 칠한 페인트가 거의 다 벗겨진 상태였고, 서쪽 벽은 색이 전혀 남아 있지 않았다. 오두막이 세워진 단 주변에는 약 50센티미터 간격으로 못에 박힌 물개 머리뼈가 일종의 경고 혹은 증거물처럼 오두막을 빙 두르고 있었다. 맷이 오두막 문 덮개 주변에 얼어붙은 얼음을 곡괭이로 찍어서 부수는 동안 나는 창문 덮개를 고정시킨 윙너트를 풀었다. 얼음을 다 제거한 다음, 합판으로 된 문 덮개를 끽끽거리며 떼어내고 안으로 들어갔다.

오두막 안은 캠프 안과 비슷한 냄새가 났다. 곰팡이, 진흙, 물기 머금은 나무 냄새였다. 하지만 확연히 도드라지는 진한 비린내도 느껴졌다. 문 위쪽에 도둑갈매기의 날개 2개가 못으로 고정되어 있었다. 벽을 따라 나무 침대 2개가 나란히 놓여 있고 그 옆으로 소박한 조리대가 보였다. 반대쪽에는 나란히 이어지는 창문과 작업대, 나무 탁자와 사무용 의자 2개가 있었다. 지난 연구 시즌이 끝난 7개월 전 이후로 아무도 온 적이 없어서, 의자의 푸른색 합성섬유에는 습기 가득한 공기 속에서 피어난 곰팡이와 초록색의 가느다란 균사가 두껍게 깔려 있었다. 그만큼 두드러지진 않아도 흐릿하게 녹색 곰팡이가 보이는 곳마다 전부 다 닦아냈다.

작업대 아래에는 버너가 2개 달린 캠핑용 난로가 있고 프로판가스가 공급되는 밸브가 달려 있었다. 이 밸브는 지난 시즌이 끝날 무렵 오두막 바깥에 가져다 놓은 프로판가스통과 연결되어 있었다. 맷은 밸브를 열곤 태양 전지판을 켜는 커다란 빨간 버튼이 어디에 있는지 알려주었다. 도둑갈매기 오두막에서 노트북으로 데이터 정리를 하는 동안 필요한 전기는 오두막 창문 아래에 설치된 5개의 태양 전지판에서 얻는다. 나는 겨우내 오두막에 보관되어 있던 간식

(몇 개월간 꽁꽁 얼어 있다가 최근에 녹은 그래놀라바와 견과류, 오래된 크래커)을 꺼내 들고 의자에 털썩 앉아서 얼마나 편한지 느껴보았다. 창밖으로 그곳에서 지내는 동안 내게 특별한 일상이 될 풍경이 처음으로 눈에 들어왔다. 육지 위의 펭귄 군집들과 그 바로 뒤에 펼쳐진 해변, 그 사이에 좁고 뾰족하게 솟아난 노두와 그 양쪽으로 나뉘어 있는 듯한 바다까지 훤히 보였다. 곧 익숙해지겠구나, 하는 생각이 들었다.

"편안하십니까?" 맷이 물었다.

"네, 편하네요." 숨을 몰아쉬며 대답했다.

"잘됐네. 이제 그 의자에서 아주 많은 시간을 보내게 될 테니까 말이야."

창문 위쪽에는 매 시즌 이곳에 머물렀던 두 명의 펭귄 연구자가 펭귄들 사이에 서 있는 사진들이 한 줄로 쭉 붙어 있었다. 맨 앞에 있는 사진은 1996년 것이고 마지막 사진은 2000년대 초에 찍은 것이었는데, 그 뒤로는 그렇게 매년 사진을 남기는 전통이 사라진 모양이었다. 아무래도 벽에 더 이상 사진을 걸 공간이 남지 않아서가 아니었을까. 사진 속의 사람들은 맷과 내가 입고 있는 것과 똑같은 작업복과 장비를 착용한 차림으로 다들 세찬 바람에 반들반들해진 코를 드러내고 우리가 수 세대째 조사하고 있는 펭귄들에 둘러싸여 있었다. 주변의 바위나 펭귄, 오두막까지도 시간이 멈춘 듯 똑같아 보였다. 도둑갈매기 오두막에 비치된 설비는 아주 기본적인 것들이라 20년 전에도 지금과 크게 다르지 않았을 것이다. 4개의 벽과 버너가 2개 달린 캠핑용 난로는 바깥세상의 변화가 미치지 않은 이곳에서 아무런 영향도 받지 않고 견고하게 남아 여전히 제 기능을 다하고 있었다. 나는 시간이 멈춘 것처럼 벽에 걸려 있는 그 사진 속 연구자들이 어떻게 됐을지 궁금했다. 여기서 일한 다음에는 어떤 일을 했을까? 지금은 어디에 있을까?

장기 모니터링 연구의 긴 역사를 느낄 때마다 늘 겸허해진다. 시레프곶에서 처음으로 1년 내내 펭귄 모니터링이 시작된 1997년에 나는 다섯 살이었고, 지금 내가 앉아 있는 이 오두막에 있었을 두 명의 연구자와는 수천 킬로미터 떨어진 칠레 산티아고에서 필기체 쓰는 법을 열심히 배우고 있었다. 그 두 명의 연구자는 내가 지금 가방에 챙겨 온 것과 비슷한 노트를 들고 식별 밴드가 부착된 펭귄을 찾아다녔으리라. 내가 여덟 살이 되어 아르헨티나에서 처음으로 짤막한 책을 읽기 시작하고 한 가지 색 옷만 입겠다고 고집을 부리던 2000년에 사진 속 두 연구자는 바람이 휘몰아치는 와중에 펭귄의 꼬리를 들어 올리며 두 번째 알이 태어났는지 확인하려 했을 것이다. 내가 이집트 카이로에서 고등학교 마지막 해를 보내던 2010년, 생물학 현장 연구라는 게 존재한다는 사실조차 알지 못했고 섬에서 일을 할 수도 있다는 것도 몰랐던 그때에 이곳에 온 또 다른 두 명의 현장 연구자는 부츠에 묻은 눈을 툭툭 털어내고 이 오두막에 들어왔을 것이다. 내가 먼지 가득한 사막 도시에서 귀가 전 마지막 맥주잔을 비우고 있을 때도 누군가는 이곳에서 펭귄 포획하는 법을 배우고 있었을 것이다.

맷과 나는 오래전에 수립된 연구 계획에 따라 그들과 똑같이 일할 예정이었다. 즉 펭귄들이 조약돌을 작은 무더기로 쌓아서 둥지를 짓는 단계부터 새끼 펭귄이 홀로서기를 끝낼 때까지, 번식기전 기간에 걸쳐 펭귄 둥지를 세부 분류별로 관찰하고 방수 처리가 된 작은 노트에 중요한 날짜를 전부 기록하면서 펭귄을 추적 조사하기로 말이다. 우리가 기록하는 건 펭귄이 낳는 알의 개수와 알을 낳은 날짜, 부화한 새끼의 수와 부화한 날짜, 새끼의 성장 과정, 성체가 되어 바다로 떠나는 홀로서기까지 마친 새끼 펭귄의 수다. 장기 데이터가 축적되고 특정한 동향을 파악하기 위해서는 데이터의 수집 방식이 일정하게 유지되어야 한다. 펭귄의 알이 최초로 나타난 시점과 새끼 펭귄의 성장률, 성체 펭귄이 먹이를 찾으러 다녀오는 시간, 새끼의 생존율과 같은 데이터 하나하나가 변화의 양상을 나타내는 큰 그림의 퍼즐 조각이 된다.

우리만 이런 일을 하는 건 아니었다. 시레프곶은 CCAMLR이 생태계 모니터링을 실시하는 32곳 중 하나이자 그중 미국이 운영하는 두 곳 중 하나였다. 미국의 또 다른 조사지는 킹조지섬이고 그곳에도 캠프가 마련되어 있었다. 펭귄 연구를 총괄하는 제퍼슨은 샌디에이고에서 일하다가 2년 주기로 킹조지섬에 몇 주간 머물면서 펭귄의 식생활 표본을 채취하고 필요한 모니터링 장치를 펭귄에게 부착하는 등 시레프곶의 모니터링 프로그램을 축소한 버전으로 연구를 수행했다. 아르헨티나, 호주, 우루과이, 우크라이나, 뉴질랜드, 한국 등 다른 CCAMLR 체결국이 운영하는 생태계 모니터링 시설도 남극 곳곳에 있었다. 1년에 한 번, 체결국 전체가 호주 호바트시에 모여서 중요한 조사 결과를 공유하고 남극해의 어업 규정에 중대한 변경 사항이 생긴 경우 함께 논의한다.

현장 연구는 기본적으로 직업이라기보다는 특정한 생활 방식이라는 표현이 더 어울린다. 생태계를 가만히 들여다보고 어떻게 돌아가는지 이해하는 일을 하기 위해 필수적으로 갖춰야 할 요건은 인내심인데, 나는 현장 연구를 하면서 인내심을 익혔다.

학부 2학년 과정을 마치고 알래스카 남동부에 있는 세인트라자리아섬에서 일한 적 있다. 그곳은 나무딸기의 일종인 새먼베리와 싯카 가문비나무가 지표를 뒤덮은, 화산암으로 된 섬이었다. 나는 절벽 끄트머리에 앉아서 바다오리들이 둥지를 짓고 사는 다른 절벽 끄트머리를 망원경으로 관찰하며 하루하루를 보냈다. 어른 새가 알에 꼭 붙어 있어서, 몇 시간씩 지켜봐야 새가 몸을 움직일 때 알이나 새끼를 겨우 확인할 수 있었다. 이 나라에서 저 나라로, 이 일에서 저 일로, 이 책에서 저 책으로 늘 빨리빨리 옮겨 다니던 나 같은 사람에게는 전혀 없을 줄 알았던 인내심을 어떻게든 발휘해야만 하는 일이었다. 어쩔 수 없이 속도를 늦춰야 했고, 집중해서 봐야 했다.

가끔은 새 둥지에서 눈을 떼고 둥지를 볼 때처럼 집중해서 주변을 둘러보았다. 갈매기가 바람을 타고 절벽 위로 날아오르며 날개를 활짝 펼치는 모습이 눈에 들어왔다. 새는 쉴 새 없이 후려치는 거센 바람에도 아무렇지 않게 날아올라 바람에 몸을 싣고 우아하게 날아갔다. 바위에 붙어 있는 이끼의 섬세하고 투명한 막처럼 얇은 조직, 물살에 춤추듯 흔들리는 해초도 그렇게 바라보았다.

더욱 생생한 장관이 펼쳐진 순간들도 있었다. 시즌 초반의 어느 저녁, 다른 연구원 한 명과 함께 바다제비가 섬으로 돌아오는 모습을 보러 갔을 때였다. 땅에 굴을 파고 사는 바다제비는 낮 동안엔 밖에서 사냥을 하고 밤이 되면 돌아온다. 그래서 그곳에서 일하는 연구자들은 새들이 돌아올 때 방향을 잃지 않도록 저녁이 되면 전등을 다 끄고 잠자리에 드는데, 그날만은 밖에 나가서 축축한 땅에 앉아 몇 시간 동안 새들을 기다렸다. 해가 지고 섬이 고요해지자 나는 꾸벅꾸벅 졸기 시작했다. 그러다 문득 눈을 떴는데, 하늘에는 수천 쌍의 퍼덕이는 날개가 가득했다. 떼 지어 뭍에 도착한 바다제비는 배고픈 새끼들에게 먹이를 주려고 굴 쪽으로 종종거리며 갔다. 공중에서, 땅 위에서, 그리고 땅 밑에서 새들이 서로 불러대는 소리가 울려 퍼졌다. 우리는 바다제비들에게 완전히 포위된 상태였다. 새들은 우리의 다리나 손을 마치 땅에 떨어진 나뭇가지를 밟듯 아무렇지 않게 밟고 넘어갔다. 굴속에서 새들이 한꺼번에 큰 소리로 울어대기 시작하자 꼭 땅 전체가 잠에서 깨어나서 위로 둥실 떠오를 것만 같았다.

펭귄 군집이나 암수 물개들의 무리, 구름처럼 떼 지어 이동하는 바다제비를 즐겁게 구경하는 것과 몇 달 동안 매일 펭귄 군집을 찾아가서 한 마리 한 마리를 자세히 들여다보는 건 전혀 다른 일이다. 마이크와 같은 과학자들은 야생 동물이 살아가는 생태계가 어떻게 변화하는지 파악하기 위해 해마다 그런 방식으로 모니터링을 해왔다. 자연의 경이로움은 내가 아는 수많은 훌륭한 과학자들에게 열정을 지핀 불씨이자 무수한 직감과 연구 아이디어, 연구 계획이 나온 토대가 되었다. 과학은 전적으로 객관적이지도 않고 정치와 무관하지도 않지만, 과학 연구가 이루어지는 생태계만큼 멋진 면이 분명히 있다. 학계의 허세와 알쏭달쏭한 과학 용어의 바탕에는 지구에서 살아가는 소박한 기쁨과 우리가 살아가는 이곳을 더 자세히 알고 싶은 욕구가 있다. 나 역시 마음속에 경이로움의 씨앗이 자리를 잡은 건 어린 시절 나무를 타고, 꽃을 유심히 살펴보고, 새들을 관찰할 때였다. 생태계 모니터링 캠프의 일원이 되고 내가 생활하는 주변의 자연을 자세히, 아주 자세히 지켜보는 일을 시작하자 그 씨앗은 움터 무럭무럭 자라났다.

맷과 나, 그리고 도둑갈매기 오두막 벽의 사진 속 현장 연구자들은 이곳에 잠시 머무르고 떠나지만, 마이크와 같은 수석 연구자들은 오랜 세월을 이 연구 프로그램에 헌신했다. 일반적으로 현장 캠프마다 이렇게 장기간 프로그램에 몸담고 매 시즌 연구를 계획하고 연구자들이 수집하는 데이터를 관리하는 연구자들이 있다. 이들은 조사 시즌이 끝나면 수집된 데이터를 분석해서 생태계를 어떻게 해야 더 확실하게 보호할 수 있는지를 보여주는 증거를 모아 연구 결과를 발표한다. 내가 시레프곶에서 일한 기간에는 이런 수석 연구자들이 시즌 내내 머무르진 않았지만, 함께 지낸 기간만큼은 늘 다양한 이야기를 들을 수 있었고 그 이야기를 들으며 다들 캠프의 역사 속에 깊이 빠져볼 수도 있었다.

캠프의 리더인 수석 연구자들에게 현장 캠프는 곧 집이고 험난한 세상의 닻과 같은 곳이었다. 나는 현장 캠프 한곳을 5년, 10년씩 내리 관리하면서 캠프가 처음 지어지고, 발전하고, 낡아가는 과정을 다 지켜본 사람이 느끼는 캠프와의 유대감, 그리고 그 캠프에서 오랫동안 유심히 관찰하고 조사해온 생태계에 느끼는 친밀감을 상상해보았다. 마이크는 이 섬과 오랜 세월 관계를 맺었고, 이제 그 시간은 끝나가고 있었다. 은퇴할 날이 다가오고 있었기 때문이다. 내게도 과연 그런 날이 올까 싶었다. 캠프 운영에 내 마음과 영혼을 모두 바치고, 생활의 절반은 사람들로 북적이는 곳에서 살고 절반은 외딴섬에서 지내며 양쪽 세상을 계속해서 오가는 인생. 그 둘 사이에서 계속해서 조화를 찾는 그런 삶을 나도 살게 될까. 한쪽의 삶을 살기 위해서는 다른 쪽 삶에서 사라져야만 하는 인생. 나는 마이크가 마지막으로 고무보트에 올라 이 섬을 뒤로하고 영원히 작별하는 순간을 그려보았다. 그가 떠나더라도 마이크의 일부는 이곳 해안의 얼음과 눈 위에 늘 남아 있으리라.

✳

리빙스턴섬에 사람이 찾아든 역사는 시레프곶에 캠프가 들어서고 도둑갈매기 오두막 벽에 걸린 사진 속 현장 연구자들이 활동하던 때보다 훨씬 오래전으로 거슬러 올라간다. 남극의 사우스셰틀랜드 제도, 그중에서도 리빙스턴섬은 남극에 인간이 최초로 발을 디딘 땅 중 하나다.

　남극 탐험의 첫 시작은 유럽인들이 남극 대륙의 바위투성이 해안에 처음 도달한 이야기로 가장 많이 알려졌지만, 그게 사실인지는 의견이 분분하다. 유럽인들이 남극 대륙으로 시선을 돌린 때로부터 1천 년 전에 폴리네시아인들이 그들의 문화에서 개발된 정교한 항해 장치를 활용해서 태평양 전체를 가로질러 남극에 닿았다는 증거가 있다. 2021년에는 마오리족 공동체와 부족의 이야기꾼들 사이에서 수백 년 동안 전해 내려온 소위 "회색 문헌", 즉 일반적인 학문 영역에 속하지 않는 증거 자료를 분석하는 연구가 진행되었다. 마오리족의 구전 역사와 새겨져서 남은 기록을 토대로 인류와 남극 대륙의 첫 만남이 어떻게 이루어졌는지 파악하는 것이 목적이었다. 이 연구에서 다루어진 증거 중에는 7세기에 테 이위 오 아테아[Te Iwi o Atea] 호로 남극까지 항해한 후이 테 랑이오라[Hui Te Rangiora]와 그의 선원들에 관한 이야기가 있었다. 이 항해에서 돌아온 후이 테 랑이오라는 자신이 본 얼어붙은 바다를 '테 타이 우카 아피아[Te tai-uka-a-pia]'라고 표현했다. 타이[tai]는 '바다', 우카[uka]는 '얼음', 아피아[a-pia]는 '칡'과 비슷하다는 뜻이다. 칡과 비슷하다는 건 칡을 긁을 때 나오는 가루가 눈과 비슷하다는 의미다.

　유럽인들이 '미지의 남방 대륙'이라 불렀던 (당시에는 이론에 그치는 줄만 알았던) 거대한 남극 대륙을 "발견"하러 나선 유럽의 항해사들은 남극 순환류라는 거친 산을 넘어야 했다. 1773년, 영국의 유능한 항해사였던 제임스 쿡[James Cook]은 남쪽으로 멀리 떨어진 곳에 땅이 있는지 확인하라는 임무를 받았다. 쿡 선장은 1768년부터 1771년까지 태평양을 항해하며 뉴질랜드를 "발견"해서 영국 땅이라 주장하고 이어 호주 동부 해안을 발견하자 마찬가지로 영국 땅이라고 주장하며 패기를 입증한 바 있다. 쿡 선장에게 남쪽 먼 곳까지 조사해보라는 지시가 내려진 이유는, 좀처럼 만족을 모르던 대영제국의 곳간을 더 가득 채워 넣을 자원을 찾아내기 위해서였다.

쿡은 '남방 대륙'을 찾아내서 (그 목적은 다들 예상하겠지만) 영국 소유라고 주장하기 위한 탐험에 나섰고, 1773년 남극 대륙을 둘러싼 남극권을 가로지른 최초의 탐험가로 인정받는다. 그는 이 항해에서 남극과 인접한 새로운 섬 몇 곳을 보았다. 하지만 총빙과 날씨의 방해로, 남극 대륙을 두 눈으로 직접 볼 수 있을 만큼 가까이 가지는 못했다. 영국에 돌아온 쿡은 남쪽 대륙은 미신으로 전해오는 땅일 뿐이며 존재하지 않는 곳이라는 결론을 내렸다. 워낙 명성이 높은 인물이 한 말인 만큼 권력자 대다수가 그의 말을 굳게 믿었고, 이후 남극을 찾으려는 시도는 50년 가까이 침체기에 접어들었다.

1819년, 제정 러시아 황제 알렉산드르 1세는 남극해를 항해하고 그곳에 대륙이 있는지 확인하는 탐험에 나설 배 두 척을 승인했다. 이 탐험을 이끌 책임자로는 파비안 고틀리프 폰 벨링스하우젠Fabian Gottlieb von Bellingshausen이 임명되었다. 발트해 연안 독일인 혈통으로 러시아 제국 해군에서 해군 사령관을 맡고 있던 벨링스하우젠은 제임스 쿡의 탐험과 성취에 크게 매료되어 큰 관심을 쏟고 있었다. 황제의 지시에 따라 탐험에 나선 벨링스하우젠은 2년간 남극 주변을 항해했고 유럽의 역사서에 남극 대륙을 처음 목격한 사람으로 기록되었다.

그 시기에 남극을 항해한 사람은 벨링스하우젠만이 아니었다. 1819년에 영국의 상인이자 선원 윌리엄 스미스$^{William Smith}$가 탄 배가 남아메리카 최남단을 항해하다가 폭풍을 만나 남쪽으로 멀리 밀려 갔고, 남극반도의 북쪽 끄트머리와 맞닿은 리빙스턴섬을 발견했다. 섬의 정확한 위치를 알아내지는 못했는데, 항로를 칠레 발파라이소 쪽으로 어떻게든 돌리려고 안간힘을 쓰고 있었을 테니 그럴 만도 하다. 칠레로 돌아온 후 영국 태평양 해군 함장이던 윌리엄 시레프$^{William Shirreff}$에게 남극권 남쪽에 육지가 있었다고 보고하자, 함장은 처음에 영 미심쩍게 생각하는 듯했다. 하지만 다시 가서 확인해볼 필요가 있다고 판단하고 탐험대를 보내기로 했다. 에드워드 브랜스필드$^{Edward Bransfield}$가 탐험대의 선장을 맡고 윌리엄 스미스도 키잡이로 함께 갔다.

1820년 1월, 두 사람은 리빙스턴섬에서 툭 튀어나온 작은 곶을 두 눈으로 목격했다. 자신의 주장이 사실임을 증명하게 된 스미스는, 섬의 존재를 반신반의했던 함장의 이름을 따서 그곳에 '시레프 곶'이라는 이름을 붙였다. 그가 얼마나 득의양양했을지 눈에 선하다. 리빙스턴섬을 포함한 그 일대의 섬들은 스코틀랜드 북쪽에 있는 셰틀랜드 제도의 이름을 따서 '사우스셰틀랜드 제도'로 부르게 되었다. 사우스셰틀랜드 제도와 남극반도 사이 바다는 에드워드 브랜스필드의 이름을 따 '브랜스필드 해협'으로 명명되었다.

미지의 남방 대륙이 실제로 존재하는 땅이라는 사실이 입증되자, 식민지를 넓혀나가던 강대국들은 1800년대 초부터 남극해와 남극 대륙을 향해 무수한 탐험에 나섰다. 탐사가 성공하면 대부분 탐험대 지휘관에게 공이 돌아갔으므로 벨링스하우젠, 쿡, 브랜스필드, 파머, 웨델, 로스 같은 이름이 현대 남극 지도에 지명으로 고스란히 남아 있다. 공식 탐험 기록도 모두 지휘관의 관점에서 작성됐는데, 대부분 탐험이 한 인간으로서의 의무감 내지 나라를 위한 사명감에 기인했음이 글 전체적으로 녹아 있다. 탐험대의 일원이던 선원이 기록을 남기면 항해가 끝난 뒤 사적인 일기까지 포함해서 전부 제출하도록 한 선장들도 많았다. 공식 기록이 하나만 남도록 하기 위해서였다. 그렇다면 당시 남극 탐험에 함께한 선원들은 어떤 사람들이었을까?

18세기 중반 영국은 제국의 확장세와 식민지 무역로를 유지하기 위해 해군을 크게 키웠다. 토지 사유화와 산업화, 농업의 기계화로 수많은 노동자가 일자리를 잃거나 실직 위기에 처한 이 시기에 수많은 임금 노동자가 결국 일자리를 잃고 늘 인력이 부족하던 선원 일에 뛰어들어 바다로 나가는 경우가 점점 많아졌다. 하지만 이런 절박한 상황에서도 아직 실체가 다 밝혀지지 않은, 지구상에서 가장 추운 바다로 나가서 몇 년씩 일해야 하는 조건은 그리 매력적이지 않았으므로 남극 탐험을 준비하는 장교들은 선원을 모집하고 인력을 유지하느라 항상 진땀을 뺐다. 항해에 꼭 필요한 인원을 채우기 위해 선원들이 일반적으로 버는 돈의 여덟 배까지 올려서 쳐주는 경우도 많았다.

선원들에게는 이러한 탐험이 인류와 국가를 위한 위대한 임무라기보다는 그저 돈 버는 일에 불과했다. 탐험 과정에서 가장 고생스럽고 힘든 일을 도맡아야 했던 선원들이 선장의 고매한 목표에 공감하는 경우는 별로 없었다. 특히 남극해 항해는 매일 긴 시간 춥고 불편한 환경에서 지내야 하는 일이라, 다른 일자리를 찾을 수 없어서 생전 처음 선원 일에 나선 초보들이 대부분이었다.

선원들은 영하의 기온 속에서 곳곳에 물이 새는 나무배에 올라 수시로 몰아치는 맹렬한 폭풍에 앞이 제대로 보이지도 않는 상태로 항해했다. 갑판에 눈이 쌓이면 삽으로 퍼내고, 녹은 물을 퍼내는 일은 물론, 가까스로 유지하고 있던 몸의 온기를 꽁꽁 언 밧줄을 녹이는 데 다 써야만 했다. 배 위로 바닷물이 끊임없이 흩뿌려져 돛대와 갑판에 두툼하게 어는 바람에 이것도 자주 제거해야 했다.

또한 선원들은 물기 하나 없는 따뜻한 상갑판에 앉은 지휘관이 따로 지시하지 않아도 시시각각 바뀌는 상황에 대응할 줄 아는 기술과 판단력을 필수적으로 갖춰야 했다. 그들이 생활하는 선실은 갑판 아래에 있었는데, 비좁고 지저분하고 늘 축축했다. 그래도 서로 단결력을 발휘하여 열악한 조건에서도 놀라운 성과를 거두었다. 다 함께 노래하거나 구호를 외치며 단합할 때도 많았다(장교들은 그걸 듣고 선원들이 활기가 넘친다고 오해했다). 훗날 발견된 선원들의 일기에는 이런 상황에 대한 불만이 고스란히 담겨 있다. 쿡 선장은 항해 중간에 타히티에 잠시 머무르는 동안 선원들이 뱃일을 버리고 그 열대 섬에서 눌러살려는 낌새를 알아챈 적이 여러 번이라, 정박 중에 예고 없이 출항을 명령하기도 했다. 나는 쿡의 선원들이 무슨 심정이었을지 이해가 간다.

영국의 선원들은 근로 조건에 항의하기 위해 단체로 저항했다. 이러한 선원 단체 중 일부는 18세기 말에 등장한 모든 노동자 단체를 통틀어 가장 맹활약한 무장 단체가 되었다. 오늘날 모든 산업 분야에서 업무를 중단하는 행위를 가리키는 표현으로 쓰이는 '파업strike'은 선원들이 처음 시도한 건 아니었지만, 이 말의 어원은 당시 선원들이 자주 활용하던 저항 방식인 배의 돛을 내리치는striking (또는 끌어내리는) 행위에서 비롯되었다. 그들은 요구를 들어줄 때까지 일하지 않겠다는 뜻을 보여주기 위해 이와 같은 행위를 하곤 했는데, 요구의 내용은 보통 배에서 지낼 수 있는 공간을 더 많이 만들어달라는 것, 일요일에는 (기본적인 뱃일 외에) 쉬게 해달라는 것, 먹을 것을 달라는 것과 같은 기본적인 권리였다. 탐험대를 지휘하는 선장은 항해와 관련된 결정을 내릴 때마다 선원들이 "꿍얼대는 소리"에 유심히 귀를 기울여야 했고, 이들의 반응에 따라 항로나 계획을 바꿀 때도 많았다. 배는 계층이 확실하게 나뉜 작은 사회와 같았고 미묘한 정치 활동이 수시로 벌어졌다. 선원들은 집단적으로 윗선과 협상할 수는 있었지만, 극 지역의 바다를 항해할 때 겪는 물리적인 환경은 개선할 방법이 거의 없었다.

19세기에 남극해를 항해하던 선원들의 생활은 바다의 상태에 좌우되었다. 즉 바다의 변화에 따라서 얼음이 얼면 자르거나 녹이고, 얼음을 뚫고 나아가고, 눈이 쌓이면 치우고, 물을 퍼내고, 젖은 몸과 옷을 말려가면서 쉼 없이 항해했다. 항해는 곧 온갖 형태로 변화무쌍하게 나타나는 날씨와 맞서는 일이었다. 날씨는 선원들의 하루하루를 결정하는 강력한 요소였다.

이제는 남극으로 떠나는 여정이 크게 달라졌다. 무엇보다 오늘날의 선박은 방수 기능이 과거의 것보다 훨씬 우수하다. 나는 남극으로 향하던 여정 중 드레이크 해협을 지나느라 심하게 울렁대던 배 위에서 잠들지 못하는 밤이면 갑판으로 나와서 신선한 공기를 마셨다. 그리고 하늘이 변하는 모습을 바라보곤 했다. 구름은 생선 비늘 같았다가 나뭇잎이 되고, 다시 붓으로 살짝 칠한 듯한 모습으로 변했다. 남반구에 사는 앨버트로스가 갑자기 나타나서 전속력으로 하강하며 바람에 몸을 싣고 배 뒤를 쫓더니 다시 안개 속으로 사라지기도 했다. 남극의 척박한 해안에 첫발을 디디기 전부터 나는 그 땅을 밟았던 모든 이들을 떠올리며 어떻게, 왜 그곳으로 향했을까 짐작해보려 했다. 그리고 그들과 나란히 서 있는 나를 떠올리며 생각했다. 우리 모두를 이어주는 연결 고리는 무엇일지.

3
11월 초

맷과 나는 펭귄들 세상에 적응하면서 번식기 조사를 준비하느라 바쁘게 지냈다. 현장 기록 노트에 표를 그려 넣고, 도둑갈매기 오두막에 식량과 장비를 가져다 놓고, 모니터링 연구 계획도 검토했다. 펭귄 군집들도 부산했다. 서로 짝을 찾고, 둥지를 만들 장소를 정하고, 조약돌을 모으고, 다가올 몇 달을 준비하느라 다들 바빴다. 펭귄은 알을 낳고 나면 새끼가 부화할 때까지 한 달 동안 알을 품는다. 알에서 나온 새끼는 보송보송한 털에 덮인 채 부모가 먹여주는 먹이를 먹고 둥지 주변을 돌아다니며 성장한다. 부모가 된 펭귄은 짝과 번갈아 바다로 나가서 배를 채우고 새끼에게 줄 먹이를 구해 온다. 이 무렵 새끼 펭귄은 하루가 다르게 자라고, 부모가 보호해주지 않아도 스스로 체온을 조절할 수 있을 만큼 크면 부모 없이 군집에 남겨진다. 부모 펭귄은 새끼 펭귄의 몸에 수영하려면 꼭 필요한 깃털이 자랄 때까지 몇 주간 더 먹이를 제공한 다음 새끼와 헤어지고 털갈이를 준비하기 위해 먹이 사냥을 떠난다. 다 자란 새끼들이 바다로 뛰어들어 "홀로서기"를 하는 동안 어른 펭귄들은 육지에 머물면서 낡은 깃털을 벗고 새로운 털이 자라나면 다시 바다로 돌아가 길고 어두컴컴한 겨울을 보낸다.

도둑갈매기 오두막과 가까운 펭귄 군집에는 현장 연구가 진행되지 않는 겨울 동안 이곳의 모습을 기록할 수 있도록 야생 동물용 카메라 두 대가 설치되어 있었다. 맷은 카메라의 얼어붙은 플라스틱 뚜껑을 겨우 열고 메모리카드를 꺼냈다. 오두막으로 돌아와서 나는 그 SD카드를 오두막에 설치된 노트북과 연결하고 사진을 열어보았다. 컴컴하고 고요한 세상의 으스스한 풍경이 담겨 있었다. 연구자들이 겨울이 오기 전에 모두 떠나고 한 달이 지난 4월에도 젠투펭귄과 턱끈펭귄 몇 마리는 육지에 남아 바위 위에서 털갈이를 마무리하고 있었다. 젠투펭귄은 턱끈펭귄보다 번식기가 길고 털갈이도 그만큼 더 늦게 끝나므로 바위에 여러 주 더 오래 머물렀다. 5월과 6월에는 펭귄이 전부 떠났다. 눈보라가 휘몰아쳐서 카메라에도 눈이 쌓여 그 무엇도 제대로 찍히지 않는 날이 많았다. 7월에는 쌓인 눈 외에는, 펭귄은 물론 살아 있는 건 아무것도 보이지 않았다. 얼음이 해안가에서부터 딱딱한 층을 이루며 점점 넓어졌다. 캠프에 설치된 온도계로는 8월 20일에 기온이 영하 15.6도까지 떨어져서 1년 중 가장 추운 날로 기록되었다. 8월에 찍힌 사진에도 모든 게 눈에 덮여 있어서 식별할 수 있는 게 아무것도 없었다. 10월이 되어서야 기온이 0도를 넘어섰고 3월까지 비슷한 기온이 유지되었다. 그이상 크게 오르지는 않았다.

남극반도의 온난화는 겨울철에 더욱 두드러지며 얼음 형성에 큰 영향을 준다. 얼음은 생명이 없는 것처럼 보이지만, 실제로는 생태계가 돌아가는 중심축이다. 아직 덜 자란 크릴은 겨울 동안 해빙 아래에 숨어 그 밑에서 자라는 조류를 먹고 얼음의 울퉁불퉁한 표면에 생겨난 공간에 숨어서 포식자를 피한다. 얼음 자체에도 영양소가 풍부하다. 빙하가 육지를 뚫고 들어올 때 육지에 있던 바위가 부서지고 잘게 갈리면서 빙하와 섞인다. 그래서 빙하가 녹은 물에는 퇴적물이 많고, 철과 다른 미량 영양소도 가득하다. 이처럼 여러 물질이 풍부하게 섞여 있는 물은 바닷물과 섞이면 대부분 해수면 가까이에 남아 있다가 겨울이 되면 그대로 언다. 봄이 되어 얼음이 녹고 햇빛이 해수면을 비추면 조류가 대거 증식해서 크릴과 바다의 다른 미세 생물들의 영양 공급원이 된다. 크릴의 "가입량", 즉 번식해서 기존 개체군에 새로 추가되는 크릴의 최대량은 전년도 겨울에 형성된 해빙의 양과 밀접한 관계가 있다.

1979년 이래로 서남극 반도 전역에서 해빙이 유지되는 기간은 100일가량, 면적으로는 47퍼센트가 감소했다. 바다에 해빙층이 생기지 않으면 바닷물의 움직임이 더 커지고, 해수면에 머무르던 영양소가 풍부한 해빙수는 빛이 부족해 식물성 플랑크톤이 자랄 수 없는 바다 깊은 곳으로 확산된다. 리빙스턴섬 주변 지역의 기록을 보면 1970년대 이후 이 지역의 플랑크톤은 12퍼센트가 감소했다.

식물성 플랑크톤이 줄어든다는 건 곧 크릴의 먹이가 줄어든다는 뜻이다. 크릴은 먹이사슬의 최상위 포식자 중 온혈동물로는 지구상에서 가장 큰 규모로 무리 지어 살아가는 물개와 펭귄, 고래의 먹이이므로 크릴이 준다는 건 이 동물들의 먹이가 부족해진다는 것과 같다. 게다가 해안가 해수면에 얼음층이 형성되지 않으면 바닷물이 태양열을 그대로 흡수해서 그 지역의 온난화가 더 심각해지는 연쇄반응이 순차적으로 일어난다.

9월에 촬영된 사진에서도 빛은 흐릿하고 넓게 퍼져 있었다. 그리고 모든 것이 얼어 있었다. 고요하고 평온한 풍경 사진 중에는 모든 걸 덮고 누구의 손길도 닿지 않은 눈 위로 구름 뒤에서 내리쬐는 햇볕이 만들어낸 멋진 풍경도 있었다. 9월 말이 되어서야 얼음이 쪼개져서 바다 위에 떠다니기 시작했다. 해변의 눈도 둔덕처럼 높이 쌓인 부분만 남았다. 10월 초에는 군집으로 돌아오는 펭귄이 드문드문 나타났고, 10월 말에는 크릴을 먹은 펭귄들의 배설물로 펭귄 군집마다 불그스름한 색이 보였다. 내가 남극에 도착해서 처음으로 만난 펭귄들은 눈이 녹기를 기다리는 이 펭귄들이었다.

✱

펭귄 둥지가 비어 있는 기간에는 재관찰을 진행했다. 재관찰은 바다에서 돌아오는 펭귄 중 몸에 식별 밴드가 부착된 펭귄들을 찾는 작업이다. 펭귄들이 이곳에 오는 바닷새 연구자가 두 명임을 미리

다 알고 준비나 해둔 것처럼 펭귄 군집들은 뾰족하게 높이 솟은 봉우리 하나를 기준으로 크게 두 군데로 나뉘었다. 해마다 두 연구자가 그 봉우리를 하나씩 도맡아 각자 조사할 곳을 나누었듯이 우리도 그렇게 했다. 나는 턱끈펭귄이 대다수인 쪽을 맡았고, 맷은 젠투펭귄이 대다수인 쪽을 맡기로 했다. 양쪽 조사지에 있는 모든 군집이 모니터링 대상이었다.

조류의 식별 밴드는 대부분 다리에 끼우지만, 펭귄은 고유 번호가 새겨진 폭이 좁은 타원형 금속 밴드를 왼쪽 날개 겨드랑이에 끼운다. 뭍으로 돌아온 펭귄 중 식별 밴드가 있는 개체 수를 기록하면 성체 개체군의 생존율을 파악할 수 있다. 예전에 밴드를 달아둔 펭귄이 겨울을 무사히 이겨냈다면 번식을 위해 육지로 돌아오기 때문에 군집에서 다시 연구자들에게 발견된다. 다시 나타나지 않는다면 죽었을 확률이 높다. 펭귄은 포식자에게 잡아먹히지만 않으면 수명이 15~20년인데, 사실상 열 살이 넘은 펭귄은 거의 찾아볼 수 없었다.

내가 맡은 조사지에 머무르면서 식별 밴드가 있는 개체를 찾고 펭귄들이 둥지 만드는 과정을 지켜보며 보내는 시간이 점점 길어졌다. 펭귄들은 아몬드보다는 크고(효율성이 좋기에) 테니스공보다는 작은(운반하기 쉬워야 하므로), 자신들의 둥지를 만들기에 완벽한 모양의 조약돌을 쉬지 않고 찾아다녔다. 이미 다른 펭귄들이 다 골라가서 땅 위에 더 이상 가져갈 만한 게 없으면, 진흙이 가득한 웅덩이에 머리를 박고 부리로 바닥을 쿡쿡 찔러보기도 한다. 그럴 때면 구슬 같은 두 눈알이 땅에 바짝 닿을 만큼 등을 잔뜩 구부리고 양쪽 날개는 살짝 위로 들어서 몸의 균형을 잡는다. 마음에 드는 조약돌을 찾으면 조심스럽게 진흙 속에서 뽑아낸 다음 부리로 꼭 물곤 둥지로 신나게 뒤뚱뒤뚱 가져간다. 둥지에 도착하면 양 날개를 들고 가슴은 쭉 펴고서 자기 짝에게 돌을 보여주곤 아직 미완성인 둥지 한쪽에 돌을 살짝 내려놓는다. 조약돌을 물고 둥지로 돌아온 펭귄은 둥지에 있던 짝과 만나면, 마주 보고 머리를 앞뒤로 흔들기도 하고 꾸벅 절을 하면서 서로를 향해 울음소리를 낸다. 둥지에 있던 펭귄은 짝이 물고 와서 한쪽에 조심스럽게 내려놓은 돌을 다시 적당한 자리에 배치한다. 턱끈펭귄과 젠투펭귄 모두 둥지를 지을 돌을 집을 때나 둥지에서 알맞은 위치에 놓을 때 아주 천천히, 신중하게 움직인다. 그런 턱끈펭귄의 모습은 평소의 사나운 모습과는 달라 재미있는 대조를 이룬다.

펭귄 군집에서 조약돌의 인기는 대단했다. 이웃 펭귄이 다른 곳을 보고 있는 틈을 타 그 둥지의 조약돌을 몰래 훔치는 경우도 많았고, 서로 마음에 드는 조약돌을 차지하려고 싸움이 벌어지는 일도 부지기수였다. 특히 턱끈펭귄은 둥지를 조약돌로 촘촘하게 만드는 편인 데다 공격성이 강해서 싸움이 나면 포악하게 덤벼들었다. 반드시 쓰러뜨리겠다고 마음먹기라도 하면 상대방의 등 깃털을 부리가 꽉 차도록 물고 양 날개로 흠씬 두들겨 팼다. 얼마나 빠른 속도로 때려대는지, 찰싹찰싹 치는 소리가 온 사방에 울릴 정도였다. 얻어맞는 펭귄은 공격을 피하거나 달아나려고 애쓰다가 공격을 가하는 펭귄이 등에 계속 붙어 있는 채로 맞아가면서 얼음 위로 줄행랑을 치며 반격할 기회를 노렸다. 그러다 등 깃털을 물고 있던 쪽이 잠시 힘을 잃으면 얼른 돌아서서 서로 먼저 우위를 점하려고 우당탕 넘어지고 온 군집지를 뛰어다니며 난리를 피웠다. 이 시끄러운 소동은 양쪽이 이만하면 됐다고 판단하거나 둘 다 지치면, 또는 어느 한쪽이 다른 일에 정신이 팔리거나 모든 걸 감싸주는 바다의 품으로 달아나면 그제야 끝이 났다.

둥지가 차차 형태를 잡아가고 새끼를 낳을 짝이 다 정해지자, 맷과 나는 둥지를 5개씩 묶어서 스프레이 페인트로 표본 구획을 표시했다. 표본 구획은 군집마다 최소한 1개, 군집이 큰 곳에서는 4~5개까지 지정되었다. 구획을 정하는 방법은 이렇다. 전년도에 표본 구획으로 지정된 곳과 되도록 멀리 떨어진 쪽으로 가서 소란스러운 펭귄들 사이에 분홍색 돌 하나를 무작위로 떨어뜨렸다. 그리고 돌이 떨어진 곳과 가장 가까이에 있는 둥지 5개를 표본 구획으로 지정했다. 정해지고 나면 노트에 지도를 그리고 돌을 떨어뜨린 위치를 표시한 다음 표본 구획에 속한 둥지 5개를 표시했다. 그리고 둥지마다 번호를 매겼다. 같은 방법으로 파란색 돌을 떨어뜨려서 나이 조사 둥지도 정한 다음 그 위치도 함께 표시했다. 나이 조사 둥지 또한 표본 구획과 함께 내가 매일 찾아가서 살펴볼 곳이다. 나이 조사 둥지에서 태어난 펭귄은 새끼일 때부터 식별 밴드를 끼운다. 원래 펭귄의 식별 밴드는 대부분 성체가 되면 끼우지만, 이렇게 새끼 때 밴드를 끼우면 나이를 정확하게 알 수 있다. 그때부터 우리는 매일 모든 펭귄 군집에 찾아가서 새로 밴드를 끼운 펭귄을 살펴보고, 표본 구획마다 펭귄들이 그토록 세심하게 신경 써서 만든 둥지 안에 알이 생겼는지 확인했다.

✳

맷과 내가 캠프 북쪽의 펭귄들에게 몰두하는 동안, 남극물개 하렘이 중심이 되는 샘과 휘트니의 조사도 본격적으로 시작되었다. 마이크는 캠프 운영자이자 물개 연구팀의 리더로서 물개 현장 조사에도 힘을 보탰다. 남극 대륙 전체에 물개보다 펭귄이 더 많아서, CCAMLR이 수립한 연구 계획은 대체로 펭귄 모니터링에 초점이 맞춰져 있다. 남극물개 연구 계획의 대부분은 마이크가 직접 개발했다.

남극물개는 그 모습이 바다사자와 비슷하다. 몸 바깥으로 귀가 발달한 남극물개는 웨들해물범이나 남방코끼리물범 등 남극에 사는 물범과 동물과는 진화적으로 다른 분류인 물갯과에 속한다. 물범보다 땅에서 훨씬 더 활발히 움직이며 앞발로 몸을 지탱하고 몸 윗부분을 들어 올릴 수 있다는 것도 물범과는 다른 물개의 특징이다. 또한 물범은 체온이 몸의 지방층으로 유지되지만, 물개는 털이 많은 털가죽이 있다. 시레프곶에 온 뒤로 우리는 해변에서 자기 영역을 지키며 바다에 나간 암컷이 돌아오기를 기다리는 물개 수컷밖에 보지 못했다. 남극물개 암컷이 해안에 나타나면 샘과 휘트니, 마이크는 맷과 내가 펭귄을 구획별로 모니터링하는 것과 같은 방식으로 물개 하렘을 매일 모니터링할 예정이었다. 물개팀도 시즌 초반에는 지난해에 식별 밴드를 달아둔 물개 중에 같은 해변으로 다시 돌아온 물개가 있는지 확인하는 재관찰을 진행했다. 물개에는 숫자가 적힌 작은 플라스틱 식별 태그를 앞발의 물갈퀴에 펀치로 뚫어서 고정한다.

연구 시즌 초반에 남극물개 수컷의 몸 상태는 절정에 이르렀다. 거대하게 부푼 근육에서 넘쳐나는 테스토스테론의 영향이 뚜렷하게 느껴졌다. 거대한 앞니와 생식 활동을 위해 180킬로그램에 이르는 몸무게로 밀어붙이는 공격성은 오로지 자신에게 대적하는 물개를 물어뜯기 위해 발달한 특징이다. 물개 수컷은 일단 자기 영역을 정하고 나면 총 4개월에 이르는 번식기 동안 해변에만 머무르며 단 한 번도 먹이를 먹으러 가거나 바다에 다녀오지 않고 자신의 영역만을 지킨다. 조사 시즌이 끝날 무렵이 되면 지친 기색이 역력하고 몸도 작아졌지만, 조사가 시작되는 10월 말에서 11월에는 활력이 넘쳐흘렀다. 물개의 모든 생애가 후대에 유전자를 전달하고 해변의 자기 영역과 몇 주간 자기 영역에 머무를 암컷을 지키기 위해 경쟁자들과 싸우는 이 가장 중요한 시기에 맞춰진 것 같았다. 수컷 한 마리와 함께 지내는 암컷의 수는 수컷이 해변에서 차지하는 물리적인 면적과 영역을 지키는 수컷의 능력에 따라 한 마리부터 최대 15마리에 이른다.

물개의 영역은 경계가 확실했다. 다른 물개가 접근하면 그곳을 지키던 수컷은 숨을 거칠게 내뱉으며 당장 달려들 기세를 보이고 때로는 정말로 맞붙어서 상대의 살갗을 물어뜯었다. 투지와 공격성이 그대로 드러나는 끔찍한 광경이었다. 피부가 찢겨 몸의 근육과 지방이 다 드러난 상태의 물개 수컷들도 해변 곳곳에 보였다. 심지어 상처의 길이가 30센티미터 넘게 벌어져 있고, 코가 뜯겨 나간 수컷도 있었다. 해변에 있는 수컷 대부분이 몸 어딘가에 피를 흘리고 있었지만, 넘치는 호르몬 때문인지 상처가 생긴 줄도 모르는 것 같았다. 맷과 내가 펭귄 군집으로 가는 길에 어쩌다 싸움이 한창인 물개들 곁을 지날 때도 있었는데, 슬쩍 쳐다보기만 할 뿐 우리에게 큰 관심을 보이지는 않았다. 우리 같은 존재(깡마르고 위로만 길쭉한 두 인간)는 자신들의 경쟁자가 아니라고 생각한 게 분명해 보였다. 그래서 물개들끼리 서로 살벌하게 노려보고 있어도 우리는 대체로 별문제 없이 바위 해변을 지나갈 수 있었다.

시레프곶의 물개 개체 수는 한때 가죽 무역이 물개의 씨를 말릴 만큼 잔혹하게 성행할 때 크게 줄었다. 1819년, 뱃사람이자 물개 사냥꾼이었던 윌리엄 스미스의 목격담으로 당시 발견된 지 얼마 안 된 남극의 사우스셰틀랜드 제도가 풍요로운 "물개 번식지(물개 개체군이 모여 있는 지리적 장소)"라는 사실이 알려지자 영국과 미국의 물개 사냥꾼들이 곧바로 찾아들기 시작했다. 1750년대부터 1900년대까지 이어진 남극 탐험의 초창기 수십 년은 과학과 상업이 밀접하게 얽혀 있었다. "최초"로 기록된 업적의 상당수는 생가죽을 더 많이 얻으려고 물개를 찾아다니던 사냥꾼들 손에서 나왔고, 남극의 환경 데이터도 그 목적을 위해 남극을 방문한 사냥꾼에게서 나왔다. 1800년대 초반까지 물개 사냥이 산업적인 규모로 이루어져 남대서양의 사우스조지아섬을 포함한 남극 인근 섬의 물개 번식지는 빠른 속도로 사라졌다.

1820년부터 1823년에는 남극물개 가죽으로 큰 수익을 올리려는 물개 사냥꾼이 특히 많이 몰렸다. 1890년대의 알래스카 골드러시나 19세기 성행했던 들소 사냥에 비유할 수 있을 정도였다. 역사학자들은 이 시기에 무려 170만 마리의 남극물개가 목숨을 잃었을 것으로 추정한다. 물개의 생가죽은 유럽과 미국으로 옮겨져 사치스러운 가죽 코트로 만들어졌다.

1823년 이후 물개 개체군이 크게 줄고 그만큼 사냥으로 얻는 성과도 급격히 줄자, 장사꾼들의 시선은 고래로 향하기 시작했다. 노르웨이와 영국의 고래잡이 어선들은 1700년대 중반부터 북극에서 활동해왔고, 19세기 후반에 이르자 과도한 사냥으로 북극의 고래 개체군은 거의 사라진 상황이었다. 때마침 남극해가 수익성 좋은 대안으로 떠올랐다. 열대 지역을 겨울철 번식지로 삼는 수염고래는 해마다 남쪽으로 내려와서 남극의 풍부한 크릴로 배를 채웠다. 1800년대 중반에 발명된 증기선과 증기로 작동하는 작살은 전 세계적인 고래 사냥의 필수품이 되어, 1900년부터 1970년까지 남극해에서 도륙된 고래는 180만 마리로 추정된다.

고래 사냥의 여파로 먹이사슬의 구조가 바뀌기 전의 남극해 생태계는 과학적으로 밝혀진 내용이 별로 없지만, 크릴 잉여 가설이라는 이론이 등장했다. 남극에 고래 개체 수가 대거 감소하자, 1961년부터 발효된 남극 조약으로 보호 대상이 된 야생 동물이 먹을 크릴이 갑자기 대폭 늘어났다는 것이 이 가설의 내용이다. 물개 사냥이 기승이던 시기에 가까스로 살아남은 몇 안 되는 남극물개들이 과거 번식지로 돌아와서 개체 수가 회복되기 시작했다. 고래 사냥 시기에는 펭귄 개체 수도 늘어났다.

　　남극해에서 고래 사냥은 그야말로 마구잡이로 이루어졌다. 그러다 군 소속 연구자이자 음향 기사였던 프랭크 워틀링턴Frank Watlington이 수중에서 다이너마이트 폭발음을 녹음하다가 우연히 고래 노랫소리를 포착했다. 워틀링턴은 1966년에 자신이 녹음한 고래 소리를 로저 페인Roger Payne이라는 생물학자에게 넘겼고, 고래 노래에 크게 감동한 페인은 세상에 널리 알리기로 마음먹었다. 페인이 고래의 노래들을 모아서 만든 앨범은 엄청난 인기를 얻었다. 천상의 소리처럼 마음을 홀리는 노랫소리를 들은 사람들은 고래가 복잡하고 지각력이 있는 존재, 언어와 음악을 아는 생물임을 알게 됐고 이는 광범위한 문화 운동의 싹이 되었다. 주디 콜린스Judy Collins는 〈타르와티여, 안녕Farewell to Tarwathie〉이라는 곡을 작곡하면서 고래 노랫소리를 넣기도 했다. 당시에 조직된 지 얼마 안 된 환경보호 단체였던 그린피스Greenpeace는 이러한 문화적 순간을 놓치지 않고 '고래를 구하라'라는 첫 번째 캠페인을 시작했다. 결국 1986년에 국제 포경위원회가 상업적인 고래 사냥을 모두 중단시킨 것으로 남극해의 고래 사냥도 끝이 났다. 현재 남극해의 고래 개체 수는 회복되는 조짐이 나타나고 있다. 특히 혹등고래는 포경 이전 수준의 93퍼센트까지 회복되었다.

남극반도의 생태계도 수십 년간 이어진 직접적인 사냥의 여파에서 빠르게 회복되었다. 거의 멸종 수준이던 리빙스턴섬의 물개 개체군은 1980년대 말부터 늘어나기 시작해 2000년대 초에는 정점에 이르렀다. 물개가 북적이던 그 시기에 시레프곶에서 생활하고 일했던 마이크는 해변에 물개가 가득하던 시절, 물개들이 내륙으로도 올라오고 언덕 위에도 물개가 있었던 때를 기억하고 있었다. 수적으로 우세해서 겁날 게 없었던 새끼 물개들은 마음껏 섬을 누볐고 심지어 우리 캠프의 큰 오두막 안까지 들어오기도 했다. 시레프곶에 물개가 가장 많던 시기에는 새끼 수가 6,200마리에 이르렀다.

생태계는 복잡하고 서로 긴밀하게 얽힌 관계로 이루어진다. 생태계 자체의 회복력은 분명히 있지만, 회복하는 데에도 한계가 있다. 기후 변화는 생태계의 회복력을 시험하는 가장 큰 시련이 될 것이며, 어떤 결과가 초래될 것인지는 불확실하다. 물개 무역이나 고래 사냥이 횡행하던 시기에 생태계가 대대적으로 파괴된 것과 달리, 기후 변화는 해마다 남극에 미세한 변화를 일으키며 영향력을 드러내고 있다. 그러한 변화는 수십 년에 걸쳐 축적된 데이터로만 뒤늦게 파악할 수 있다.

남극물개의 개체 수는 2000년대 초부터 줄어들기 시작했다. 기후 변화로 인한 환경 변화, 그리고 고래 개체 수의 회복과 크릴 어업의 성행으로 크릴을 얻기 위한 경쟁이 심해진 것이 주된 원인이다. 최근 몇 년간 시레프곶에서 태어난 새끼 물개의 수는 연간 1,000마리에도 미치지 못했다. 마이크는 물개가 번성하던 시절에는 물개들이 먹이를 잘 먹고 사교성도 좋았으며, 새끼들도 보다 대담하고 호기심이 더 많고 명랑했다고 이야기했다. 하지만 개체 수가 줄자 다들 에너지를 아끼는 게 느껴졌다고 했다. 동물에게 쓸 수 있는 에너지가 한정되면 가장 먼저 사라지는 행동이 놀이다.

✱

11월 6일, 맷이 맡은 펭귄 군집에서 젠투펭귄의 알이 처음 발견되었다. 우리가 남극에 온 지 10일이 지났을 때였다. 다른 펭귄 둥지들보다 꽤 일찍 나타난 알이었다. 이후 며칠이 더 지나자 다른 젠투펭귄 둥지에서도 알이 발견되기 시작했다. 맷과 나는 바위를 옮기고, 조사 구획을 정하고, 현장 기록 노트에 조사 구획을 지도로 그려 넣고, 부화일과 둥지에 머무르는 성체 펭귄을 매일 기록할 수 있도록 표를 그려 넣는 작업을 막 끝냈다. 턱끈펭귄의 수가 젠투펭귄보다 훨씬 많았으므로(한 둥지에서 지내는 암수 쌍으로 비교하면 턱끈펭귄이 3,500쌍, 젠투펭귄은 900쌍이었다), 연구 계획에 따라 우리가 모니터링해야 하는 둥지는 턱끈펭귄 둥지 100곳, 젠투펭귄 둥지 50곳으로 정해졌다.

맷과 나는 한 권씩 마련한 "번식" 노트에 각자 맡은 군집들의 번식 상태를 추적해서 기록했다. 한 권으로 함께 쓰는 "펭귄 전체 조사" 노트도 따로 있었다. 개체 수, 알의 무게, 태어난 새끼의 수, 식생활 표본, 장비 배치 현황 등 조사지 전체에서 우리 두 사람이 함께 조사하는 내용은 이 공동 노트에 기록했다. 현장에서 쓰는 이런 노트는 노란색이고 방수 처리가 되어 있으며 두께는 일반적인 책 한 권과 비슷하게 두툼했다. 우리에게는 이루 말할 수 없이 귀중한 물건이었다. 그 안에 기록된 날짜와 숫자에 이 연구를 하는 모든 목적이 담겨 있었다. 또한 모든 기록이 수십 명의 사람과 수십만 달러의 연방 기금으로 축적된 결과였다. 돌풍에 노트가 날아가거나 바다에 떨어뜨리기라도 하면 모든 게 헛수고가 된다. 그러니 노트를 조심히 다루고 안전하게 보관하는 게 당연한 일이었지만, 실제로는 펭귄 배설물이 묻고, 눈 속에 떨어뜨리고, 물에 젖고, 내던져지고, 다른 짐들 틈에 끼어 짓눌리고, 음식물에 오염되고, 프로판 난로 앞에 펼쳐놓고 말리는 등 노트에 담긴 엄청난 가치와는 전혀 어울리지 않는 대우를 받았다. 샌디에이고의 연구 본부에는 각 시즌에 작성된 펭귄 모니터링 현장 노트가 책장 하나에 꽂혀 있다. 바닷새 연구 프로그램 책임자가 보관하고 있는 그곳에는 너덜너덜해진 노란색 책등이 벽 하나를 꽉 채우고 있는데, 가까이 가면 펭귄의 비릿한 냄새가 희미하게 느껴진다.

펭귄 알이 처음 나타난 후부터 매일 군집에 갈 때마다 발견되는 알이 계속 늘어났다. 갈색 점이 박힌, 초록빛과 푸른빛이 도는 길쭉하고 둥근 알이 젠투펭귄의 둥지에서 매끈하고 환하게 빛나는 보물처럼 모습을 드러냈다. 펭귄 한 쌍이 둥지 한곳에 낳는 알은 2개인데, 두 번째 알은 첫 번째 알을 낳고 4일 후에 낳는다. 암컷은 알 2개를 낳고 나면 영양을 보충하기 위해 바다로 간다. 그러면 수컷이 암컷의 뒤를 이어 알을 품는다. 알을 낳은 후 이 첫 번째 교대로부터 다음번 교대까지가 가장 긴 시간이 걸린다. 수컷은 암컷이 기운을 충분히 회복하고 돌아올 때까지 둥지에서 계속 기다린다.

부모 펭귄은 모아둔 조약돌을 알 밑에 정교하게 쌓아서 알이 진흙과 눈에 닿지 않도록 보호했다. 펭귄은 알을 품고 있는 동안에도 둥지 가운데 부분의 조약돌을 발로 파내서 중심을 더 깊게 파고 파낸 돌은 부리로 물어 양옆에 쌓아서 더욱 안전한 은신처로 만들었다. 조약돌을 성처럼 높이 쌓아 올린 둥지도 있었는데, 얼마나 높게 쌓았는지 그 안에 사는 펭귄들이 낑낑대며 겨우 돌의 요새를 넘나들었다. 반대로 거의 평평한 둥지도 있었다. 그런 곳은 벽이라고 할 만한 게 없고 펭귄이 발톱으로 땅을 파낸 가운데만 움푹 들어가 있었다.

모든 동물 중에서 유일하게 인간만이 개개인의 특징이 전부 달라서, 100만 명이 있으면 100만 명 모두가 제각기 다르다고 생각하기 쉽다. 우리 눈에는 얼핏 펭귄은 다 똑같아 보인다. 그러나 가까이에서 자세히 살펴보면 펭귄도 인간만큼 개성이 다양하다는 사실을 깨닫게 된다. 다채로운 펭귄들의 개성이 눈에 들어오자, 나는 성취욕이 강한 펭귄부터 뭐든 마음대로 해야 직성이 풀리는 펭귄, 예술적인 혼돈을 좋아하는 펭귄, 실수투성이 펭귄처럼 펭귄들에게 인간의 특징을 부여하기 시작했다. 젊은 펭귄 부부 중에는 둥지가 채 준비되기도 전에 알을 낳아서 이웃 펭귄들에게 다급히 얻어온 조약돌 몇 개를 겨우 깔고 알을 품기 시작하는 쌍도 있었다(맷과 나는 그런 알을 '속도위반' 알이라고 불렀다). 일단 알을 낳고 나면 다들 얼마나 철썩 붙어서 보호하는지 알의 모습은 거의 볼 수가 없을 정도였다.

번식기가 시작되면 둥지에서 알을 품을 때 알과 닿는 펭귄의 복부 아래쪽 피부에서 털이 빠지고 맨살이 드러난다. '포란반'이라 불리는 이 부위는 혈관이 다른 곳보다 더 촘촘하게 형성되어 알에 더 많은 온기를 전달할 수 있다. 알을 품던 펭귄이 일어나면 포란반은 주변 털에 묻혀서 가려진다. 펭귄들은 둥지에서 알을 품을 때 모든 면이 골고루 따뜻해지도록 알의 방향을 수시로 바꾼다.

우리가 조사하는 두 종류의 펭귄은 알을 보호하는 습성은 비슷해도 생활사에는 차이가 있었다. 젠투펭귄은 번식기의 각 단계를 턱끈펭귄보다 유연하게 조정했고 필요에 따라 알 낳는 시기도 며칠에서 몇 주까지 바꾸기도 했다. 예를 들어 눈이 적게 내린 해에는 맨 땅이 드러나자마자 번식을 시작하고, 눈이 많이 내린 해에는 더 기다렸다가 번식을 시작한다. 또한 젠투펭귄은 개체 전체가 동시적으로 알을 낳는 일은 거의 없었다. 즉 모든 개체가 같은 시기에 알을 낳지 않으므로 번식기의 위험성이 개체군 전체에 분산된다.

이와 달리 턱끈펭귄은 알 낳는 시기가 일정한 기간에서 거의 벗어나지 않고 개체 전체가 비슷한 시기에 알을 낳는다. 그래서 폭설로 군집에 쌓인 눈이 잘 녹지 않은 해에는 아예 그 해의 번식을 건너뛰기도 한다. 어렵사리 눈 위에 둥지를 짓고 번식을 시도하지만 알이 눈이나 물과 맞닿는 시간이 너무 길어지면 알의 온도가 내려가 부화에 실패할 수 있다. 학자들은 이처럼 턱끈펭귄은 날씨 패턴이 바뀔 때 적응력이 떨어지므로 기후 변화의 영향에도 더 취약할 수 있다고 우려한다.

알을 낳고 나면 길고 긴 알 품기가 시작된다. 펭귄들은 주변에서 조약돌을 더 찾고 모으면서 그 긴 시간을 보내보려고 하지만 둥지에 앉은 자세로는 수색 반경이 부리가 닿는 범위 정도로 대폭 축소된다. 이따금 앉아 있는 곳과 좀 멀리 떨어진 조약돌에서 시선을 떼지 못하는 펭귄이 눈에 띄곤 했다. 이웃 펭귄이 모아둔 돌무더기에서 떨어져 나온 듯한 그 돌 하나를 집으려고 목을 최대한 길게 뽑아보기도 하고 발톱을 쭉 뻗어보기도 하면서 애를 쓰는데, 그러다 휙 낚아챌 때도 있고 끝내 집지 못할 때도 있었다. 결과가 어떻든 펭귄은 할 수 있는 한 최선을 다했다.

배를 채우러 바다에 나갔던 짝이 둥지로 돌아오면, 두 펭귄은 서로를 향해 소리 내어 울면서 꾸벅 절을 하고 반긴다. 알을 품느라 굶주리고 부스스해진 펭귄은 자리에서 일어나 옆으로 비킨다. 그러면 막 도착한 펭귄이 조심스럽게 둥지 가장자리로 가서 소중한 자손이 자라고 있는 알 바로 옆에 자기 발을 놓는다. 그리고 몸을 굽혀 부리로 알을 굴려서 발 위로 올린 다음, 가슴을 위로 번쩍 들어 올렸다가 알이 포란반에 쏙 들어가 털로 감쌀 수 있도록 위치를 잘 잡고 자리에 앉는다. 옆으로 비켜난 펭귄은 몇 분간 주변을 돌아다니며 알을 품느라 집을 수 없었던 돌을 집어 오기도 하면서 잠시 둥지를 정비한 뒤 바다로 향한다. 나는 둥지를 지키던 펭귄이 마침내 바다로 들어가 그간 온몸에 쌓인 때를 다 씻어내고 맛있는 먹이를 먹으며 즐기는 휴식이 얼마나 달콤할지 상상해보았다.

나는 젠투펭귄 군집의 조사 구획 여섯 곳과 턱끈펭귄 군집의 조사 구획 아홉 곳, 나이 조사 둥지 38개까지 포함된 총 113개의 둥지를 매일 관찰했다. 암컷이 알 2개를 모두 낳은 둥지에서는 알이 잘 있는지 확인하기 위해 주변에 몇 분간 머물면서 알을 품던 펭귄이 잠시 몸을 펼 때를 기다렸다. 이 방법으로 알의 상태를 확인하지 못한 경우에는 4일 주기로 펭귄의 꼬리를 직접 들어 올려서, 즉 꼬리털을 손으로 붙잡고 안쪽이 보일 정도로만 펭귄 엉덩이를 들어 올려서 알이 잘 있는지 확인했다. 내가 맡은 조사 구획 중 네 곳은 "방해 금지" 구획으로 지정해서 꼬리를 인위적으로 들어 올리지 않고 모니터링했다. 이 경우 알을 확인하는 일은 곧 둥지와 몇 미터 떨어진 군집 가장자리에서 가만히 지켜봐야 하는 인내심 싸움이었다. 그러거나 말거나 동상처럼 꼼짝도 하지 않는 펭귄이 있는가 하면 계속 꼼지락거리는 펭귄도 있고 잔뜩 경계하며 나를 쳐다보는 펭귄도 있었다. 이 게임에서 이기려면 펭귄이 털 아래에 감춰진 알을 내가 볼 수 있을 정도만 몸을 움직여주길 바라면서 펭귄보다 더 강한 인내심을 발휘해야 했다.

나는 펭귄을 지켜보는 그 시간을 사랑했다. 과학이라는 고결한 목적은 숨긴 채, 그날그날 내가 맡은 구획의 조사를 마치고 나서도 펭귄 군집 곁을 떠나지 않고 호기심을 채웠다. 내가 현장 연구에 처음 마음을 빼앗긴 계기도 각종 전자기기 화면과 소음으로 가득한 현대 사회와 동떨어진 곳에서는 주변 세상에 더 생생히 집중할 수 있다는 사실을 깨달은 순간이었다.

내가 현장 연구의 진가를 처음 느낀 건 미국 어류·야생 동물 관리국의 여름 인턴 프로그램에 참여했을 때였다. 생태계 복원 사업의 하나로 연어 서식지인 메인주 북부 삼림 지대의 강을 조사하는 프로그램이었다. 자연에서 일하고 싶은 마음도 있었고, 어릴 때 읽은 책들의 영향으로 내게 메인주는 온갖 나무와 동물로 가득한 이미지로 남아 있었기에 그곳에서 꼭 일해보고 싶었다(이런 기대는 실망감으로 돌아오지 않았다). 여름이 끝날 무렵에는 바닷새가 사는 이스턴 에그 록Eastern Egg Rock이라는 섬에서 지냈다. 5분이면 전체를 다 돌 수 있을 만큼 작은 섬이었다. 잠은 바위 위 평평한 플랫폼 위에 설치된 텐트에서 자고, 식사와 요리, 데이터 정리, 모임은 전부 중앙에 있는 통나무집에서 해결했다. 그곳에서 나는 섬에 재도입된(멸종되거나 개체 수가 줄어든 생물을 보존, 복원하기 위해 인위적으로 이주시키거나 방사하는 조치─옮긴이) 코뿔바다오리의 번식과 식생활을 모니터링하고 그 외 딴섬까지 찾아온 다른 생물들도 전체적으로 관찰했다. 섬 생활은 단순했다. 채소는 플랫폼 아래 서늘한 곳에 보관하고 설거지는 바닷물로 했다. 통나무집 옥상은 공동 휴게실로 썼다. 해 질 무렵이면 하늘과 바다가 폭발하듯 붉게 물들었다. 나는 이런 일을 하면서 먹고살 수 있다는 사실이 믿기지 않았다.

시레프곶처럼 이스턴 에그 록의 생태계 역사에도 인간이 큰 영향을 끼쳤다. 1800년대 말, 에그 록과 인근 섬에 살던 코뿔바다오리는 사냥꾼들 손에 거의 전멸되었다. 번식기 바다오리 개체군이 회복된 건 스티븐 W. 크레스^{Stephen W. Kress} 박사가 오랫동안 노력해서 얻은 성과였다. 크레스 박사는 1973년부터 코뿔바다오리를 유인하는 장치와 녹음해둔 다른 바다오리 울음소리를 활용해서 두 섬에 아직 남아 있던 코뿔바다오리들이 경계심을 풀고 다른 섬들로 이동하도록 유도했다. 이 '오듀본 코뿔바다오리 사업'으로 메인주 연안에 있는 섬 세 곳에 1,000쌍의 코뿔바다오리가 자리를 잡게 되었다. 현재는 쌍안경 너머로 그들을 끊임없이 관찰하는 열정적인 현장 연구자 외에는 아무런 방해꾼도 없는 평화로운 생활을 즐기고 있다.

오후가 되면 모니터링 연구자들은 섬 곳곳에 지정된 잠복 장소로 흩어져서 부리 가득 물고기를 물고 바다에서 돌아오는 코뿔바다오리를 관찰했다. 우리가 해야 하는 일은 바다오리가 회색 바위 사이에 있는 자기 굴로 사라지기 전, 입에 물고 있는 물고기의 양과 종류를 얼른 기록하는 일이었다. 이 식생활 연구와 함께 코뿔바다오리 굴 내부에 새끼가 있는지를 꾸준히 추적해서 번식에 성공했는지도 확인했다. 섬 생태계를 더 광범위하게 파악할 수 있도록 섬에 사는 다른 생물들의 데이터도 기록했다. 여기에는 섬 곳곳 가능한 한 모든 곳마다 둥지를 만든 제비갈매기와 물가와 가까운 바위 위에 무리 지어 서 있는 웃는갈매기의 데이터도 포함되었다. 밤이면 바다제비가 우리 텐트가 설치된 플랫폼 아래의 굴로 돌아와서 이리저리 움직이며 새끼에게 가르랑거리는 소리가 들렸다. 바닷새 배설물에 포함된 질소가 토양에 비료 역할을 톡톡히 한 덕분에, 섬에는 풀과 꽃이 무성했다. 바다는 고대부터 존재해오던 리듬대로 육지에 생명을 불어넣었다. 나는 새들을 통해 내가 마치 닻을 내린 배처럼 섬에 머무르게 된 것이나 그곳에서는 새와 인간이 다 같은 돌로 집을 짓는다는 사실이 좋았다. 또한 새들을 통해 내가 바다와 그 작은 섬 너머 모든 것과 이어진다는 사실도 좋았다.

섬의 제비갈매기 둥지 중 일부는 낮은 울타리를 세워 따로 구분해두었다. 아침이 오면 동료와 그곳으로 가서 새끼의 몸무게를 측정하고 그걸 토대로 성장 상태를 확인했다. 몸무게를 꾸준히 측정하면 어른 제비갈매기가 새끼에게 줄 먹이를 충분히 사냥할 수 있는지 알 수 있고, 이를 통해 제비갈매기의 먹이(작은 물고기, 갑각류, 오징어, 무척추동물)가 바다에 얼마나 풍부한지를 파악할 수 있었다.

작고 여린 새끼 새를 처음 내 손바닥에 올려봤을 때를 기억한다. 막처럼 얇은 피부 뒤에서 콩콩하는 작은 심장 박동이 내 피부에 고스란히 전해졌다. 골프공만 한 크기에 보송보송한 털에 감싸인 새끼는 아직 머리도 제대로 가누지 못했다. 가녀린 날개도 자그마했고 눈도 다 뜨지 못한 상태였다. 꼭 숨 쉬는 연한 씨앗 같았다. 작은 부리에는 하얀 알껍데기 조각이 붙어 있었다. 아무 힘도 없어 보이는 이 작은 존재는, 이미 알을 깨고 나오는 큰일을 해냈다. 사람의 아기가 세상에 태어나기 위해 해내야 하는 일들과는 비교할 수 없을 만큼 훨씬 힘든 싸움을 이겨낸 것이다. 제비갈매기 새끼는 고집스러움과 소중함, 쉽게 부서질 수 있는 수많은 걸 대표하는 이미지로 오래도록 내 마음에 남았다.

*

이스턴 에그 록에 비하면 남극의 내 세상은 훨씬 넓었다. 우리 캠프에서 남쪽으로 800미터쯤 떨어진 곳에 있던 빙하부터 캠프 북쪽으로 1.6킬로미터쯤 떨어진 펭귄 군집지까지는 걸어서 족히 1시간은 걸렸다. 내가 사는 세상은 지리적 경계가 뚜렷했다. 나는 거대한 판처럼 형성된 빙하가 서쪽으로 떠내려가는 모습이나 30킬로미터쯤 떨어진 리빙스턴섬 본토에 길고 높게 솟아오른 눈 덮인 산맥의 풍경에 점차 익숙해졌다. 산맥을 처음 본 건 남극의 초여름, 햇빛이 지면까지 곧장 내리쬐던 날이었다. 멀리 산줄기가 처음으로 드러나자 맷과 휘트니는 서둘러 카메라를 갖고 나와서 그 풍경을 담았다. 저녁 무렵 한결 부드러워진 햇살이 풍성하게 떨어지며 눈 덮인 산의 서쪽을 붉게 물들였다. 둘은 파란 하늘을 의심스러운 눈으로 살피며 태풍이 올 때가 됐으니 항상 대비해야 한다고 말했다. 지난 시즌에는 산줄기가 이렇게 보이는 날이 드물었다고 했다.

평온한 남극과 달리 다른 곳에서는 폭풍이 일고 있었다. 미국은 힐러리 클린턴과 도널드 트럼프 후보가 대통령 자리를 놓고 맞붙었다. 대선 뉴스는 데이터 관리 규칙의 예외라고 판단한 파머 기지에서는 매일 우리가 캠프에 머무르는 시간에 〈뉴욕타임스〉를 PDF 파일로 전달해 소식을 전해주었다. 평소에 우리가 보내거나 받는 이메일은 첨부파일 없이 본문만 오갔으므로 매일 제공되는 그 몇 장의 뉴스는 우리를 세상과 이어주는 끈처럼 느껴졌다.

선거 당일, 각자 떠나온 고향의 사람들이 대부분 그랬듯 우리도 미국 최초의 여성 대통령 당선을 축하하게 되리라고 생각했다. 캠프에 CNN이 나오는 것도 아니고 최신 뉴스를 확인할 인터넷도 없었으므로, 우리는 돌아가며 위성 전화로 지인들에게 연락해 상황을 확인해보기로 했다. 밤늦게 내 차례가 돌아왔다. 나는 아빠와 함께 뉴욕시에 계시던(마침 그곳에서 파견 근무 중이셨다) 엄마에게 전화를 걸었다. 엄마는 통화하면서 울음을 터뜨렸다. 그리고 내게 지금 트럼프가 우세한 상황이며, 그가 표를 얻지 못할 거라 예상됐던 주에서도 투표에서 이겼고 전망이 어둡다고 전했다. 거기까지 듣자 울화통이 치밀어서 전화를 끊었다. 다른 사람들에게도 방금 들은 소식을 전했다. 다들 믿기지 않는다는 얼굴로 서로 멀뚱히 쳐다보기만 했다. 그럴 리 없어, 절대 그럴 리 없어, 이런 말만 반복하다가, 앞으로 우리의 4년이 어떻게 될지 아무것도 확신할 수 없는 불안감을 안고 잠자리에 들었다. 뉴욕과는 1시간의 시차가 있었다. 그곳에서 개표가 끝나고 밤늦게 결과가 공표될 때, 우리는 창밖으로 바람이 휘몰아치는 외딴섬 오두막에서 잠들어 있었다.

다음 날 아침, 마이크가 위성 전화로 가족과 통화했다. 우리는 최악의 시나리오가 현실이 됐다는 사실을 알게 되었다. 전부 경악해서 무거운 침묵 속에 아침 식사를 마쳤다. 남극에 와서 세상과 동떨어져 지내는 삶을 스스로 선택한 우리가 극도의 단절감과 불안감을 느꼈다고 한다면 이상하게 들릴 수도 있다. 하지만 남극에 와 있어도 다들 떠나온 곳이 있고, 시간이 지나면 그곳으로 돌아가야 했다. 캠프 구성원 모두가 미국 출신이고 남극은 우리에게 익숙한 곳이 아니었다. 이런 역사적인 순간에 세상과 너무 멀리 떨어진 곳에 와 있다는 게 정말 이상하게 느껴졌다. 섬은 고요했지만, 나는 불안했다.

선거 결과에 대한 내 걱정은 남극반도의 운명보다 훨씬 먼 곳으로 향했지만, 남극에서 한 달쯤 생활한 후라 그런지 새 정권이 펭귄들에게 미칠 영향도 걱정하지 않을 수가 없었다. 현장 연구자는 소수만 아는 세상과 친밀한 관계를 맺고 인간 사회가 연구 대상에게 주는 피해를 가까이에서 확인한다. 현장에서는 인간이 "자연"과 분리되어 있다거나 인간 사회에서 벌어지는 일이 우리가 살아가는 세상의 일부인 생태계에 거의 영향을 주지 않는다는 생각이 들 수가 없다. 남극 같은 외딴섬에서 일하느라 세상과 분리된 것처럼 느껴진다고 해도 그건 고독한 생활이 만들어내는 착각일 뿐이다. 사회는 남극에서 일어나는 일들과 깊숙이 얽혀 있고, 그 사실이 가장 명확하게 드러나는 것이 기후 변화가 끼치는 막대한 영향이다. 그 영향으로 생태계는 깊은 곳까지 서서히 흐트러지고, 변화하고, 요동치고 있었다. 나는 그 속에서 표류하고 휩쓸린다고 느낄 때가 많았다. 그러한 변화를 일으키는 힘이 너무 강력하고, 내가 세상과 너무 멀리 떨어져 있다고 느낄 때면 그런 기분이 더욱 강렬해졌다. 선거 결과는 이미 느끼고 있던 이런 다급함을 더 키웠을 뿐이다.

4

11월 중순

아침에 가장 먼저 들리는 소리는 바람 소리와 함께 늘 제일 먼저 일어나는 휘트니가 옥외 화장실에 가면서 문을 여닫는 소리였다. 그 소리가 잠이 덜 깨 아직 뿌연 의식을 뚫고 귀로 흘러 들어온 다음에는 프로판 난로의 점화 스위치 누르는 소리가 들렸다. 꼭 두 번은 눌러야 불이 붙었다. 그 금속성 소리에 이어서 전기주전자를 켜는 소리, 합판 바닥을 살금살금 걷는 소리가 들렸다. 휘트니가 커피를 끓이는 소리였다. 곧 공기를 채운 낡고 눅눅한 양말 냄새와 곰팡내가 그윽한 커피 향에 밀려 흐릿해졌다.

　나는 내 침대 위쪽에 설치한 빨랫줄에 양말을 널고 침대를 가리는 커튼 봉에는 긴 내복을 걸어두었다. 양말이 뻣뻣할 정도로 완전히 마르는 날은 없었지만, 아침에 일어나면 그나마 가장 많이 마른 걸로 한 쌍을 골라서 신고 긴 내복을 입었다. 나와 같은 침대 아래층을 쓰는 샘도 나와 거의 비슷한 시각에, 보통 아침 8시가 조금 지나면 일어났다. 맷은 문간에 서서 고무로 된 창문 닦이로 창문에 맺힌 물기를 닦아내며 밖을 내다보곤 했다. 그런 다음 하루도 빠짐없이 인스턴트 오트밀 두 봉지를 아침 식사로 먹고 김이 펄펄 나는 커피를 한 컵 가득 마셨다. 아침에 보는 맷은 우리가 아는 사람과는 영 딴판이었다. 나조차도 절대로 말을 걸지 않을 정도였다. 나는 맷이 그렇다는 걸 원래 알고 있었고 다른 동료들도 금세 알게 되었다. 한번은 샘이 아침에 맷에게 말을 걸었다가 퉁명스럽고 짜증스러운 반응이 튀어나오자 맷이 자신을 정말 싫어하는 것 같다고 오해하기도 했다.

매일 아침 이층침대에서 나와서 가장 먼저 하는 일 중 하나는 날씨 확인이었다. 하루 대부분을 밖에서 보내는 우리 생활의 모든 부분이 날씨에 달려 있었다. 날씨가 괜찮은지 아닌지 긴가민가한 날은 일어나서 바깥에 있는 화장실에 다녀오면 분명해졌다. 바람을 피해 양손을 티셔츠 안에 집어넣고 몸을 잔뜩 웅크린 채로 실눈만 뜨고 밖에 나갔다 오면 비몽사몽 상태였다가도 정신이 말짱해졌다. 밖에 나가면 펭귄 무리가 캠프 근처를 총총대며 걸어가거나 도둑갈매기가 죽은 동물들의 사체를 찾아다니느라 해변 위를 곡예 하듯 비행하는 모습이 보이기도 했다. 눈이 내리는 날도 있고, 안개가 자욱한 날도 있었다. 눈이 아닌 얼음이 얼굴을 사정없이 때리는 날도 있었다. 그리고 거의 하루도 빠짐없이 바람이 불었다.

아침 식사 당번은 한 명씩 돌아가며 맡았다. 팀원 모두가 긴 사슬의 서로 맞물린 작은 고리들처럼 서로와 엮여 있었다. 캠프에서 처리해야 할 다른 자질구레한 일이 없으면, 맷과 나는 아침을 먹고 펭귄 군집지로 갈 채비를 했다. 어딜 가든 챙겨 가는 라디오를 밤새 꽂아둔 충전기와 분리하고, 배낭에 그날 먹을 간식도 챙겼다. 걸으면 금세 땀이 나므로 옷차림은 나갔을 때 살짝 춥다고 느낄 정도가 적당했다. 완만한 오르막길을 따라 산등성이에 오르면 춘군고 해변Chungungo Beach까지 내리막길이 이어지고, 다시 구불구불한 언덕 사이로 다른 산등성이에 오르면 그 위에 도둑갈매기 오두막이 있었다. 오두막에 도착하면 고무로 된 펭귄 관찰용 작업복과 신발로 갈아입었다. 뻣뻣한 방수 고무 재질에 위아래가 붙은 작업복을 입고 같은 재질의 겉옷을 걸친 다음 펭귄 군집에 갈 때만 신는 고무장화를 신었다. 시간이 조금 남으면 얼른 차를 한 잔 마시고, 그렇지 않으면 바로 펭귄을 보러 나갔다.

펭귄이 알을 낳아서 둥지가 '활성' 상태가 되면, 그 둥지에 사는 펭귄 한 쌍 중 한 마리에 식별 밴드를 부착했다. 내 담당 구역에는 관찰할 둥지가 총 75개였는데, 모두 그렇게 해서 한 둥지에 사는 개체를 구분했다. 펭귄이 알을 품고 있을 때는 사람이 다가가도 달아나지 않으므로 밴드를 가장 수월하게 부착할 수 있었다. 처음 시작할 때는 맷이 맡은 군집지로 가서 펭귄을 어떻게 다루어야 하는지 배웠다. 젠투펭귄이 턱끈펭귄보다 알을 먼저 낳기 시작했으므로 밴드 작업도 젠투펭귄부터 시작했다.

맷과 함께 알래스카 세인트조지섬에서 일할 때는 그곳 해안에 나타나는 작은 갈매기의 하나인 세가락갈매기를 잡으려고 벼랑 끝에 아슬아슬하게 매달려서 끝에 올가미가 달린 장대를 요령껏 휘둘렀다. 몸집이 더 큰 갈매기를 잡을 때는 절벽 아래에 더 긴 장대를 들고 서서 제멋대로 흔들리는 올가미를 조절하려고 애썼다. 사다리 위에 올라가서 잡은 적도 많았고 새의 종류에 따라 덫을 이용하기도 했다. 몸이 울새만큼 작고 점박이 무늬가 있는 작은바다오리는 바위 위에 그물을 쳐놓고 기다리다가 그 위로 걸어오면 그물을 얼른 잡아당겨서 새의 발목을 꽉 붙들어 잡았다. 바다제비는 나무 사이에 촘촘한 그물을 걸어두고 그쪽으로 날아오면 잡은 다음 그물에 걸린 새의 가느다란 다리를 풀어냈다. 내 경험상 새를 잡는 일은 항상 장비가 필요하고 충분한 준비와 시간을 들여야 하는 정교한 작업이었다.

나는 맷을 따라 젠투펭귄 군집으로 갔다. 그리고 맷이 둥지 위로 허리를 숙이곤 펭귄 한 마리를 들어 올려 자기 다리 사이에 끼우는 과정을 지켜보았다. 펭귄은 얌전하게 가만히 있었고 맷은 앞날개에 밴드를 고정했다. 채 30초도 걸리지 않았다. 맷은 펭귄을 다시 땅에 내려놓고 뒤로 물러나서 펭귄이 정신을 차리고 자기 알이 있는 쪽으로 돌아갈 때까지 지켜보았다. 이렇게나 간단히 새를 잡는 건 본 적이 없었다.

"그냥 그렇게… 집어 올리면 되는 거예요?" 정말 놀라웠다.

맷의 감독하에 내가 몇 번 시도했다. 펭귄을 붙잡으면 허벅지 어느 위치에 끼우고 눌러야 하는지, 금속 밴드를 어느 각도로 구부

려야 날개에 끼웠을 때 양 끝이 단번에 맞물리는지 차츰 알게 되었다. 맷은 이만하면 됐으니 내 담당 구역으로 가서 밴드를 달아보라고 했다. 펭귄을 붙잡고, 금속 밴드를 끼우고, 밴드를 단단히 고정하고, 펭귄을 다시 둥지 앞에 내려놓으면 대부분 자기 알을 품으러 갔다. 하지만 한 턱끈펭귄은 밴드를 끼우고 내려놓았더니 얼른 둥지로 가는 대신 내 다리를 찰싹찰싹 세차게 때리며 복수했다.

　나는 펭귄들이 난데없이 인간의 손에 들어 올려져서 다리 사이에 끼워졌을 때 보이는 반응이 제각각 다르다는 걸 알게 되었다. 얌전한 펭귄도 있었고, 대체 왜 발이 땅에 닿지 않는지 모르겠다는 듯 어리둥절해 보이는 펭귄도 있었다. 마치 무언가에 홀린 듯 꽥 소리를 지르며 나를 사정없이 때리고 무는 펭귄도 있었다. 펭귄은 살집이 두툼하고 수영으로 다져진 매끈한 근육이 발달한 동물이다. 엄청 민첩하기도 해서, 일단 때리기 시작하면 진짜 말도 못 하게 아팠다. 특히 물속에서 앞으로 나아갈 때 쓰는 가슴 근육으로 마구 때려대면 그땐 더 심했다. 추운 날씨 탓에 굳어버린 손에 펭귄이 날개로 후려치는 날카로운 통증이 더해지면 무척 아파서 잠시 동안 아무 감각도 느껴지지 않았다.

　내가 맡은 군집의 펭귄들에게 밴드를 모두 부착한 뒤에는 매일 일정한 순서대로 군집 주변을 둘러보았다. 먼저 밴드를 판독하고, 펭귄 둥지가 계속 커지고 있는지 살펴보고, 지정된 조사 구획을 점검하고, 둥지마다 밴드가 부착된 펭귄과 부착되지 않은 펭귄 중 어느 쪽이 남아 있는지 확인하고, 밴드가 부착된 펭귄 중에 아직 내가 기록을 시작하지 않은 개체가 있는지도 확인했다. 그렇게 혼자 군집을 누비면서 손을 뻗으면 닿을 만큼 펭귄들에게 가까이 가되 그들의 생활에 방해가 되지 않도록 일정 거리를 유지하면서 매일 몇 시간씩 보냈다. 주변에 사람은 하나도 없었지만 전혀 아쉽지 않았다. 잔뜩 들뜬 펭귄들 속에 있어선지 나도 덩달아 행복했다.

내가 매일 찾아간 펭귄 군집 중 마지막은 산등성이 높은 곳에 있어서 펭귄들이 오가는 길을 따라 한참을 올라가야 했다. 거기까지 올라갈 때면 나도, 같은 길로 이동하던 턱끈펭귄들도 모두 숨이 차서 씩씩거렸다. 어느 화창한 날, 그곳에서 할 일을 마치고 내려다보니 발아래로 남극반도의 멋진 풍광이 펼쳐졌다. 둥실둥실 부드럽게 이어지는 산들, 멀리 바다 곁에 사각형 땅을 차지하고 서 있는 우리 캠프, 그 너머의 빙하, 더 멀리 리빙스턴섬의 눈 덮인 거대한 산까지 훤히 보였다. 그 외에는 전부 바다였다. 짙고 푸른 바다에 바람이 일으킨 파도가 철썩이며 오르내리는 모습이 멀리서 보니 아주 작아 보였다. 때때로 바다에 크릴 사냥 중인 혹등고래의 꼬리가 나타나기도 했다. 하지만 그런 맑은 날보다는 돌풍이 거센 날이 더 많았고, 그런 날은 눈길이 닿는 땅이 대부분 눈이나 안개에 덮여 있었다.

맷과 나는 각자 맡은 구역에서 일을 마치면 우리 사무실인 도둑갈매기 오두막으로 돌아와 차를 마셨다. 창밖의 펭귄 군집을 내다보면서 읽고 있는 책이나 앞으로의 꿈과 자다가 꾼 꿈 이야기를 하기도 하고 가족과 음식 이야기, 다른 연구 현장에서 있었던 일들을 한참 동안 이야기했다. 우리가 나눈 우정은 내가 푹 눌러앉은 바퀴 달린 사무용 의자만큼이나 편안했다. 나를 있는 그대로 가뿐하고 편안하게 지탱해주는 그런 종류의 우정이었다.

도둑갈매기 오두막은 경사가 점점 더 급해지는 산비탈 중간에 있었고, 펭귄 군집을 지나 아래로 쭉 내려가면 수컷 물개들이 여전히 정신없이 싸우고 있는 해변이 나왔다. 맷은 거의 매일 작업복 어깨끈에 양손 엄지를 딱 끼우고 오두막 문간에 서서 아래를 내려다보다가 이렇게 선언했다. "이제 눈을 점검하러 가야 할 것 같아." 그럼 나도 얼른 겉옷을 들고 밖으로 나갔다.

우리의 눈 점검은 작은 빨간색 플라스틱 썰매를 끌고 언덕을 올라가는 것으로 시작되었다. 내가 썰매 앞에 앉고 맷이 내 뒤에 자리를 잡고 나면 우리를 땅에 붙들고 있던 발을 동시에 들어 올렸다. 그 순간 썰매는 아래로 쏜살같이 내달렸다. 짜릿한 속도에 우리는 미친 듯이 깔깔대며 웃었다. 간밤에 기온이 뚝 떨어져 눈 덮인 지면이 단단히 얼어붙은 날은 다른 날보다 더 멀리까지 미끄러졌다. 반대로 눈이 좀 질척이는 날은 오두막까지 내려오기도 힘들었다. 잘 내려오다가 방향이 확 틀어져 땅에 부딪히는 바람에 장갑이며 다리가 눈 속에 파묻히기도 했다. 약간 평평한 곳에 이르면 썰매가 계속 순조로이 내려가게 하려고 양손으로 마구 노를 젓는 시늉을 했다. 그러면서 '산사태 예방 연구'라고 이름을 붙였다.

쌓인 눈은 그리 오래가지 않았다. 11월 중순이 되자 젠투펭귄 군집이 있는 산꼭대기 바위에 덮인 눈도 거의 다 사라졌다. 눈이 녹은 자리마다 펭귄 군집의 고유한 토질이 모습을 드러냈다. 이를 나는 '펭귄 버터'라 불렀고 맷은 '펭귄 푸딩'이 더 어울린다고 주장했지만, 그 외에도 별명이 하도 많아서 가끔 도둑갈매기 오두막에 앉아무엇이 가장 적합한 별명인지 설전을 벌이곤 했다. 펭귄 군집의 토질이란 다름 아닌 우리가 매일 밟고 다녀야 하는, 펭귄 배설물이 잔뜩 섞인 흙이었다. 펭귄 배설물과 진흙, 계속 녹아서 섞이는 눈이 수십 년간 축적된 펭귄 군집의 흙은 농도가 굉장히 짙고 그야말로 온갖 물질이 다 섞여 있었다. 썩은 새우 냄새, 배설물 냄새에 새들 특유의 비린내까지 살짝 섞여 냄새도 정말 고약했다. 처음 맡았을 때는 너무 지독해서 기겁할 정도였지만 그곳에서 지내는 동안 점점익숙해져서 나중에는 아무 냄새도 느껴지지 않았다.

남극 모니터링 사업이 이어져오는 동안 펭귄 연구자의 작업복을 시즌마다 깨끗하게 세탁하거나 새로 제작하는 노력은 그만둔 지오래였다. 악취가 섬유에 올올이 배어 아무리 세탁을 해도 완전히냄새를 빼기란 불가능했기 때문이다. 연구자의 작업복은 시즌이 끝나면 캠프를 닫고 돌아가는 배 안에서 바로 소각했다. 맷과 나는 찌든 때에 눈을 묻혀서 문지르거나 바닷물에 헹궈서 조금이라도 깨끗하게 만들어보려고 했지만 다 헛된 시도였다. 그저 이 옷으로 버텨야 하는 시간을 견뎌보려는 미약한 노력일 뿐이었다. 캠프에는 세탁기는 고사하고 양동이 2개와 빨래판 하나가 세탁용품의 전부였다. 나는 사람들이 탄탄한 복근을 왜 빨래판 주름에 비유하는지 몰랐는데, 남극에 와서 빨래판의 울퉁불퉁한 표면에 옷을 얹고 묻은때를 문지르며 지워보고서야 왜 그런 표현이 쓰이는지를 정확히 알게 되었다.

　　물개 연구팀은 예나 지금이나 펭귄 푸딩 냄새에 기겁했다. 하지만 우리는 매일 그 푸딩에 범벅이 되었다. 달리 방법이 없었다. 오래전에 작성된 연구 계획서에는 무슨 일이 있어도 펭귄 배설물이 캠프 내부로 유입되지 않도록 해야 한다고 명시되어 있었다. 그래서 도둑갈매기 오두막에 일단 도착하면 부츠부터 바지, 겉옷, 모자까지 전부 고무로 된 작업복으로 갈아입었고 이 작업복은 펭귄 군집에 갈 때만 착용했다. 우리의 하루는 아침에 작업복으로 갈아입는 걸로 시작해서 오후에는 다시 벗는 걸로 마무리되었다. 맷은 엉망이 된 부츠를 벗고 손을 작업복에 닦으면서 "으, 더러워 죽겠네"라고 말하곤 했다. 도둑갈매기 오두막의 합판 바닥은 지난 20년간 축적된 펭귄 배설물로 엉망진창에 항상 물기가 있어 축축했다. 거기서 뭘 먹다가 바닥에 떨어뜨리면 그걸로 끝이었다. 엠앤엠 초콜릿이 바닥에 떨어지면 1시간 내로 색소가 흔적도 없이 사라질 정도였다. 바닥이 먹어버린 것이다. 꼭 살아 있는 것처럼.

✳

우리 다섯 명은 캠프 생활에도 서로에게도 차츰 익숙해졌다. 자그마한 키에 빨간 머리가 돋보이는 휘트니는 언제나 명랑했다. 늘 웃음을 잃지 않고 냉소적인 유머를 자신의 본업처럼 여겼다. 모두의 인생에 두루 관심이 많은 샘은 캠프에 언제부터 있었는지 알 수 없는 낡은 스티로폼 공을 실내 농구 골대에 던져 넣으며 사람들에게 이것저것 캐묻곤 했다. 나는 저녁에 샘과 캠프 바깥에 쌓인 눈을 치우면서 자주 이야기를 나누었다. 우리에게는 둘 다 남극이 처음이라 그곳에서 겪는 모든 게 생소하다는 공통점이 있었다. 우리는 모니터링 업무의 황당한 면이나 맷과 휘트니의 괴짜 같은 면모를 이야기하며 함께 웃었다. 캠프 운영과 관련해서 각자 배운 요긴한 정보를 공유하기도 하고 다음 시즌 계획에 관한 의견을 나누기도 했다. 그럴 때면 약속이라도 한 듯 "좋아, 우리가 내년에 기억해야 하는 건 말이야…"라는 말로 시작되었다. 샘은 항상 활기가 넘치고, 다정하고, 남의 말을 느긋하게 잘 들어주는 현실적인 사람이라 나는 내년에도 그와 함께 일할 수 있다는 사실이 기뻤다.

이것저것 이해하고 배우느라 분주한 나와 달리 맷은 늘 조용히 깊은 생각에 빠져 있었다. 마이크도 다른 사람들과 떨어져서 자신만의 세계 속에서 지낼 때가 많았다. 1~2미터 옆에서 불러도 못 들을 때가 있었다. 가끔 우리에게 할 말이 있으면 고개를 들고 마치 그 순간 처음 만난 것 같은 눈으로 쳐다보곤 했는데, 그럴 때 마이크는 내내 물속에서 지내다가 이제 막 수면 위로 올라와 공기를 한가득 들이마신 사람 같았다. 의견을 말하거나 전달할 말을 시작할 때는 으레 "자, 여러분!" 하고 갑자기 불렀고, 이 말을 듣자마자 우리는 하던 일을 멈추고 그에게 집중했다.

캠프에 도착하고 첫 몇 주 동안 마이크는 오두막 바닥에 앉아 작동이 안 되는 오븐 속에 머리를 깊숙이 집어넣은 채 시간을 보냈다. 주변에는 연장이 널브러져 있고, 오븐 문은 나사가 풀려 분리되어 있었다. 마이크는 너무 낡아서 글자가 흐릿해진 설명서를 뒤적이기도 하고 동료들이 인터넷을 뒤져 그에게 이메일로 보내준 오븐 고치는 법들을 참고해가며 어디가 잘못됐는지 찾아내려고 애를 썼다. 그렇게 며칠을 낑낑댄 후에도 영 진전이 없었다. 다들 뭐라도 돕고 싶었지만 별 도움이 되진 않았다. 그래도 나는 오븐의 내부 구조에 관해 많은 것을 알게 되었다. 솜씨 좋은 요리사이자 빵 반죽과 발효에 진심인 마이크에게는 오븐 없이 한 시즌을 보낸다는 건 생각할 수도 없는 일이었다.

우선 우리는 그릴을 오븐 대용으로 사용하기 시작했다('그로븐'이라는 별명도 붙었다). 그릴의 설정을 이리저리 바꿔보고 다양한 팬을 사용해서 음식을 골고루 익힐 수 있는 방법도 찾아보았다. 바람이 들지 않는 '습한 방'으로 그릴을 옮겨 사용했는데, 그릴 온기로 훈훈해진 공간에서 샤워할 수 있어 좋았다. 하지만 그날 식사 담당이 그로븐에서 무엇을 익히느냐에 따라 따뜻하게 샤워할 수 있는 시간도 달라졌다. 음식을 홀랑 다 태우지 않으려면 어쩔 수 없었다.

나는 평균 2주에 한 번씩 샤워했다. 샘과 휘트니는 간격이 그보다 약간 짧았고, 맷은 나보다 며칠 더 길었다. 해 지기 전까지 샤워를 마치려면 그날 하루 전체를 계획적으로 움직여야 했다. 다른 날보다 일찍 퇴근해서 눈을 녹이고, 난로로 물을 데우고, 데운 물을 습한 방으로 옮겼다(그로븐이 작동 중인 때가 아니면 샤워하기 전에 프로판 난로를 켜서 습한 방을 미리 덥혀두어야 한다). 양동이에 담긴 물을 작은 펌프가 끌어 올린 힘으로 위에서 졸졸 흘러나오게 한 다음에야 나는 마침내 물줄기 아래에 설 수 있었다. 가장 기본적인 몸 씻기조차 이 모든 과정을 거쳐야 했기에 위생을 철저하게 지키는 건 불가능에 가까웠다.

저녁에는 한 사람씩 돌아가며 식사 당번을 맡았다. 접이식 탁자를 펴고 플라스틱 의자에 모두 둘러앉아 그날의 요리사가 식료품 저장실에서 찾은 통조림과 신선 식품 보관실에 있는 채소, 냉동고에 있는 재료를 조합해서 내놓은 음식을 먹어 치웠다.

오후 늦은 시각이 되어 낮게 내려온 해가 지평선 너머로 완전히 넘어가기 직전일 때면, 그림자가 점점 더 진하고 극적으로 기울어진 풍경이 펼쳐졌다. 우리는 빛이 남아 있을 때 잠들고, 빛 속에서 일어났다. 밖에서는 오래도록 남아 있는 태양 빛 아래로 바람의 변화에 따라 달라진 빙하의 다양한 면면이 드러났다. 빙하에서 유독 큰 덩어리가 떨어져 나와 우리 쪽으로 떠내려오면 얼음을 좀 긁어 와서 위스키에 넣어서 마시곤 했다.

저녁 식사를 마치면 그대로 앉아서 와인을 마시거나, 카드놀이를 하거나, 책을 읽거나, 수다를 떨었다. 캠프는 갈수록 더 친근감이 드는 우리의 집이 되어갔다. 위성으로 이메일을 주고받을 수 있어 "이메일 전용 컴퓨터"라고 불리던 우리의 유일한 노트북 앞에서 자판을 두드리는 사람도 있었고, 뒷문 옆에 서서 창밖을 조용히 내다보는 사람도 있었다. 크리스마스 장식에서 불빛이 반짝이고 음악이 흘러나왔다. 그럴 때면 남극 캠프에 있는 게 아니라 세상 어디에서든 볼 수 있는 지극히 일상적이고 평범한 곳에 와 있는 기분이 들었다.

가끔은 하드 드라이브를 뒤져서 영화 한 편을 고르고 위로 말려 있던 스크린을 펼친 다음 작은 영사기를 켰다. 캠핑 의자에 앉아 있던 우리 모두는 영화가 시작되면 플란넬 담요를 덮고 뜨거운 차가 담긴 머그잔을 꼭 쥐고서 감상했다.

밖에서는 물개들도 밤을 보내기 위해 몸을 웅크리고 있었다. 큰 파도가 해변으로 밀려올 때면 벽처럼 높게 솟아오른 투명한 바닷물 사이로 해초와 함께 해변으로 돌아오는 물개도 보였다. 파도 속에 있는 물개들은 머리를 해변으로 향한 채 물과 하나가 되어 움직였다.

때로는 이런 생활 방식이 내가 이곳에 머무르는 이유가 아닐까, 하는 생각이 들었다. 외딴섬에서 전개되는 하루하루는 목표가 분명했고, 생활은 단순했다. 나는 생존에 필요한 자원에 직접적인 영향을 받았고, 자연과 내가 연결되어 있음을 매일 생생하게 느낄 수 있었다. 내가 여기에 머무르는 건 그저 다른 생물들을 더 가까이에서 느끼고 싶어서일까? 아니면 이렇게 데이터를 모아 답을 찾고자 하는 큰 의문들에 나 역시 흥미를 느껴서일까? 그 의문들이란 기후 변화가 이토록 먼 곳에 사는 생물들에게 어떤 영향을 주는지, 물개와 펭귄 개체군에는 어떤 변화가 나타나고 있는지, 이 동물들의 생활사 중에서 기후 변화에 취약하다는 사실이 드러난 부분은 무엇인지, 먹이는 어디에서 구하며 먹이를 구하는 터전의 질적인 상태는 어떠한지로 정리할 수 있을 것이다.

과학이 내게 중요한 건 맞지만, 가끔은 과학에 거리감이 느껴지고 아무 실체가 없는 것처럼 느껴지기도 했다. 현장 연구에서는 일이 곧 삶의 결이 되므로 내가 하는 일 자체를 좋아해야 한다. 내게 과학은 언덕에 올라 펭귄들이 있는 데까지 썰매를 타고 내려오기 위한 핑계가 되었다. 세계화로 희석된 세상에서 지리적 특성이 뚜렷한 특정 자연환경에 내 생활 방식을 맞추며 극적인 적응을 경험해보는 좋은 구실이 되기도 했다.

나는 어릴 때부터 수많은 대도시를 옮겨 다니며 살았다. 나라와 상관없이 모든 도시가 혼잡한 거리와 고층 빌딩, 분주한 사람들, 전철, 도시 전체를 점령한 다국적 브랜드로 채워진 다 똑같은 곳들로 느껴졌다. 그런 도시에서 생태계는 여러 겹의 콘크리트에 덮여 있었다. 나와 같은 곳에 사는 다른 생물들로부터 그 장소에 대한 인상을 얻고 싶어도 이질적이고 애매하기만 했다. 그래서 보도블록 틈새로 자라난 잡초를 계속 들여다보고, 도심지 나무 사이를 돌아다니는 새들을 조금이라도 더 자세히 보려고 시선을 고정하고, 시멘트로 지어진 베란다에 화분을 놓고 방울토마토를 키웠다.

현장 연구를 처음 시작했을 즈음, 나는 다른 생물들로 가득한 공간에 둥지를 틀곤 내가 꿈꿔온 장소, 내가 그토록 원하는 자연 속에 마침내 자리를 잡은 기분을 느꼈다. 그래서 늘 사람의 영향이 전혀 없거나 최소한으로만 미치는 곳, 자연이 그대로 보존된 머나먼 오지를 갈망했다. 사방으로 확장되는 여러 나라의 수도에서 나고 자랐기에, 환경운동가들이 흔히 그렇듯 인간을 생태계의 파괴, 악화와 직결된 존재로 보았던 것이다.

　하지만 야생은 그저 자연의 순수한 상태가 아니라 인간의 역사와 깊이 결합된 복잡한 개념이다. 낭만주의 시대(1800~1850)에 유럽인들은 점차 확대되던 산업화와 정반대되는 개념으로 "야생성"을 찬양했다. 그 시대 작가들은 야생을 신과 만날 수 있는 숭고한 자연으로 묘사했다. 윌리엄 크로논^{William Cronon}(북아메리카 대륙을 중심으로 환경의 변화와 인류 역사의 상호작용을 연구하는 '환경사'를 연구해온 학자-옮긴이)은 1996년에 이제는 고전이 된 〈야생과의 갈등, 또는 엉뚱한 자연으로 돌아가는 것^{The Trouble with Wilderness; or, Getting Back to the Wrong Nature}〉이라는 논문에서 야생에 관한 이 같은 낭만주의 시대의 개념이 북아메리카로 유입된 후, 그 개념이 "미지의 변방"이라는 식민주의 서사―진정한 인간성을 증명하는 시험장이자 자유로울 수 있는 유일한 장소―와 어떻게 합쳐졌는지를 설명했다. 1820~1830년대에는 초월론에 심취한 작가들이 윌리엄 워즈워스^{William Wordsworth} 같은 낭만주의 시인들의 작품에서 영감을 받아 북아메리카 대륙의 야생성, 즉 순수하고 누구의 손길도 닿지 않은 자연이라는 의미의 야생성을 신성시했다.

　외딴섬에서 처음 일하기 시작했을 때는 나도 초월주의 작가들의 글을 즐겨 읽었다. 소로^{Henry David Thoreau}, 에머슨^{Ralph Waldo Emerson}이 자연에서 영감을 받아 쓴 시들을 읽으며 감동했다. 《월든^{Walden}》은 몇 년 동안 짐 더미에 항상 넣고 다녔더니 나중에는 너덜너덜해졌다.

대학 시절 《월든》을 처음 읽었을 때는 별생각이 없었다. 그저 숲에 사는 어떤 사람이 사회에 대한 불만을 이야기하면서 콩을 기르는구나, 하고 생각한 게 다였다. 그러다 알래스카로 떠나면서 혹시나 하는 마음에 책을 챙겨 갔다. 내가 처음으로 한 시즌 내내 머무르며 본격적으로 참여한 현장 연구지인 알래스카의 세인트라자리아섬을 갈 때였다. 온난한 우림 지역이었던 그곳에서는 밤이면 바다제비가 섬으로 돌아와 제 둥지가 있는 지하 굴로 들어갔다. 나는 그곳에서 소로의 생각들이 생생하게 살아나는 세상과 만났다. 현장 연구자들이 지내는 방 하나짜리 소박한 오두막과 우리를 둘러싼 숲에서는 지루할 만큼 평온한 교외 지역의 대학 기숙사보다 소로가 이야기하는 세상이 훨씬 더 가깝게 느껴졌다. 동료들과 솔잎을 우린 차를 마시고 길에 잔뜩 떨어진 새먼베리를 주워서 간식으로 먹을 때면 "천국을 이야기하는 것! 그건 땅을 모욕하는 짓이다!"라는 소로의 호통이 귀에 들리는 듯했다.

이쯤 되니 내 이야기가 우스꽝스러운 캐리커처의 한 장면처럼 느껴질 수도 있겠다. 인문 대학에 재학 중인 중상위층 출신 백인 대학생이 《월든》을 읽고 나무를 올려다보며 영적인 기분에 취한 모습 같은 것 말이다. 그래도 분명한 건, 소로의 글에는 내 마음을 움직인 것들이 담겨 있었다는 사실이다. "우리는 흙에서 식물의 잎이 돋아나기를 기대한다. 대지가 식물의 잎을 통해 자신의 존재를 드러내는 건 놀랄 일이 아니다. 대지는 일찍부터 그런 생각을 품고 진통을 거듭해왔다. 원자들은 이 법칙을 터득하고, 그 법칙으로 충만해진다.”

　야생의 개념이 대중화된 후 북아메리카 대륙의 자연은 인간의 영향이 미치지 않아 순수하고 변형되지 않았다는 이미지가 더욱 강해졌다. 하지만 그런 이미지는 사실과 달라도 너무 달랐다. 원주민들은 북아메리카 대륙 전체에 초지를 조성하고, 들소 떼를 키우고, 불을 활용해서 넓게 트인 삼림 지대를 만들었으며, 식량을 얻을 수 있는 숲을 방대한 규모로 유지하는 등 자연을 다양한 방식으로 광범위하게 관리했다. 존 뮤어^John Muir 같은 환경운동가와 시어도어 루스벨트^Theodore Roosevelt 를 비롯한 정치인들은 북아메리카의 자연은 있는 그대로 지켜야 한다는 기치를 내걸고 무수한 원주민을 문화적 터전에서 강제로 쫓아내고 그 자리에 국립공원을 세웠다. 1890년에는 아와니치^Ahwahnechee 원주민 공동체가 요세미티 계곡에서 쫓겨났고 1910년에는 몬태나주 로키산맥에서 블랙풋 인디언들이 쫓겨나고 글레이셔 국립공원이 들어섰다. 당시의 환경운동가들은 산업화와 자본주의, 식민주의로 인한 생태계 파괴를 특정한 문화적 패러다임에서 비롯된 결과로 보지 않고 “인류 전체”의 영향이라고 단정 지으면서 자연에 사람이 있어서는 안 된다는 주장을 떠받들었다. 이런 사고방식은 지금도 여전히 남아 있다. 크로논의 글에는 아래와 같은 내용이 나온다.

　땅과의 관계가 이미 소원해진 사람들만이 야생을 자연 속에서 인간이 살아갈 수 있는 모형으로 삼을 수 있다. 낭만주의 사상에서 나온 야생의 의미에는 인간이 땅에서 먹고살 수 있는 여지가 전혀 없다. 그런 시각으로 본다면 야생은 인간이 완전히 자연 밖에 존재해야 한다는 중대한 모순이 생긴다. 야생이야말로 진정한 자연이라고 본다면 인간이 자연에 존재하는 것 자체가 그 의미에서 어긋나기 때문이다.

현장 조사가 시작되기 전에는 내가 앞으로 일하게 될 곳의 원주민 문화(틀링깃족, 이누피아크족, 알류트족, 하와이 원주민)에서 나온 이야기들과 역사, 우주론에 관한 책을 읽었다. 그래서 세인트라자리아섬에서 지낼 때 내 머릿속을 맴돈 건 소로의 멋진 글만이 아니었다. 내가 읽은 틀링깃족에 관한 이야기에는 '쿠시타카Kushtaka'라는 존재가 등장했다.

인간과 수달의 모습으로 왔다 갔다 변신할 수 있다는 쿠시타카는 죽어가는 사람의 영혼을 붙잡으려 한다고 알려져 있다. 폭풍이 몰아칠 기미가 보이면, 수달들은 섬에서 바람이 없는 쪽에 모여들어 해초를 밧줄처럼 몸에 묶었고 우리 인간들은 물건을 실내로 서둘러 옮겼다. 고요한 폭풍 전야에는 수달들이 바위에 조개를 탁, 탁, 탁 내리쳐서 깨뜨리는 소리가 들렸다. 나는 수달의 행동이 오싹할 정도로 인간과 비슷하다고 생각했다. 조개를 배 위에다 올려놓거나 밤이 되면 새끼를 몸 가까이에 꼭 껴안고 있는 모습들이 말이다. 다른 동료들과 함께 낚시로 잡은 볼락의 탁본을 뜨고 우리가 생활하던 오두막 문에 걸면서, 식민 지배를 받기 전에 틀링깃족은 어떤 삶을 살았을지 상상해보려고 했다.

미드웨이 환초에서 일할 때는 하와이 원주민 출신인 동료와 친해졌다. 그 친구는 내게 어떻게 미드웨이와 주변 섬들이 하와이 문화의 선조들의 고향으로 알려져 있는지 설명해주었다. 폴리네시아인들이 두 대를 하나로 붙인 이중 카누로 항해한 일과 노련한 뱃사람들이 광활한 태평양에서도 별과 해류, 바닷새, 바람을 읽고 길을 찾던 방식에 관해서도 이야기해주었다. 우리는 그곳에서 우리가 연구한 모든 식물의 하와이식 명칭을 배우고, 밤에는 하늘에서 별자리를 찾아 저 별들이 지도로 어떻게 활용됐을지 상상해보았다.

초월주의에서는 자연을 존중하고 숭배해야 할 대상으로 여겼고 자연은 인간 사회의 바깥에 존재한다고 믿었다. 그러나 알류트족이나 틀링깃족, 하와이 원주민의 이야기에는 자연이라는 개념조차 찾아볼 수 없었다. 즉 자연을 인간을 제외한 지구상 모든 생명체를 포괄하는 의미로 분류하는 내용은 전혀 찾을 수 없었다. 그런 이야기에서 사람과 자연을 나누는 경계는 없었다. 원주민 신화를 읽고 원주민의 세계관을 이해해보려고 노력하면서, 나는 인간과 자연을 구분하는 이분법적인 사고의 문제점을 깨달았다. 원주민들이 쓴 책의 내용들, 그들이 지식을 얻는 방식은 내가 알던 것과 크게 달랐지만 모두 원주민 공동체가 살아남았음을 보여주는 증거였다. 그들의 땅에 찾아와 정착한 사람들, 식민지 개척자들은 원주민과 그들의 문화, 고대부터 전해온 그들의 지식을 없애려고 온 힘을 기울였다. 내 선조들의 그런 폭력적인 역사와 원주민들의 역사는 결코 분리될 수 없다. 이런 사실을 알고 나니 내 마음과 내가 일하는 곳을 보는 통찰이 생겼다.

남극은 흔히 마지막 남은 위대한 야생의 자연으로 불린다. 인간이 거의 없는 대륙이라는 사실은 남극의 지위가 신성한 땅으로 격상된 바탕이 되었다. 남극을 찾아오는 사람들은 있어도 남극만의 고유한 문화가 발달하거나 남극의 문화가 담긴 고유한 언어가 번성하지는 않았다. 남극에서 나고 자라면서 그 땅에서 삶의 터전을 일군 선조들로부터 대대로 뿌리를 이어받는 사람들도 없다. 영어에서 남극을 뜻하는 Antarctica는 "북쪽의 반대편"이라는 뜻이고, 대중의 상상 속 남극 대륙은 인간을 포함한 모든 유기체와 대조를 이루는 장소로 존재해왔다. 순수함, 오지, 추위, 극단적인 환경의 상징으로 추앙되는 동시에 다루기 힘든 낯선 땅으로 여겨진다. 남극에서 일을 해보거나 이곳을 방문해본 사람은 첫발을 디딘 순간을 잊지 못한다. 광활하게 펼쳐진 얼음과 바람이 연신 휩쓸고 지나가는 산들은 낯설긴 해도 어색하거나 이질감이 느껴지지는 않는다. 적도의 열대우림, 온대 지역의 초원처럼 남극도 우리가 살아가는 이 지구의 한 부분으로 느껴진다.

남극이 내 집이 됐다는 사실이 가끔은 모순처럼 느껴졌다. 지구상에 마지막 남은 자연, 또는 궁극의 자연이라 불리는 곳에서 일상을 살아간다는 건 어떤 의미일까? 부엌 싱크대에서 그릇을 씻다가 창밖을 내다봤을 때 펭귄 무리가 줄지어 걸어가는 모습이 보인다거나 남극물개를 우리 이웃이라고 부른다거나 남극을 순환하는 바람이 으르렁대는 소리를 들으며 잠든다거나 하는 경험은 모두 비현실적이었다. 이런 생활에 익숙해지기까지는 시간이 걸렸다. 그러나 결국에는 이 춥고 외딴 새로운 집이 더 이상 혼란스럽게 느껴지지 않았다. 인간은 적응력이 뛰어난 존재이고, 나 역시 얼마 지나지 않아 이 섬과 공존하는 생활에 즐겁게 적응했다.

11월의 어느 날, 펭귄 군집지에서 캠프로 돌아오는 길에 우리 캠프와 가까운 바다를 지나던 고래들이 물을 뿜어내는 광경을 보았다. 해안에서 1킬로미터도 채 되지 않는 거리에 최소 네다섯 마리가 모여 있었는데, 틀림없이 먹이 사냥 중인 것 같았다. 그 위쪽에는 고래가 수면 위로 먹이를 가져오면 냉큼 낚아채려고 대기 중인 갈매기 떼가 하늘을 빙빙 돌며 호시탐탐 기회를 노리고 있었다. 고래 두세 마리가 거의 동시에 거대한 입을 수면 위로 내밀자 검게 빛나는 위턱과 흰 줄무늬가 있는 불룩한 아래턱이 서로 꽉 맞물린 모습이 드러났다. 나는 높은 바위 위로 올라가서 고래가 먹이 먹는 모습을 지켜보았다. 거기서 내려다보니 캠프에서 2~3킬로미터쯤 떨어진 길쭉하고 평평한 빙하 위에 펭귄이 가득했다. 그 사방에서는 고래들이 물 밖으로 주둥이를 내밀고 먹이를 먹고 있었다. 짙은 구름이 낮게 깔려 고래들과 그리 멀지 않은 수평선을 지워서였을까. 그 순간 내 앞에 펼쳐진 모든 것이 아주 가깝고 친밀하게 느껴졌다. 갈매기와 고래, 펭귄, 그리고 내가 저 뭉실뭉실한 회색빛 담요 아래에서 옹기종기 함께 웅크리고 있는 듯.

2부

여름
: 알을 깨고 나오다

5

11월 말

나의 일상은 짙은 색 바위로 가득한 해변에서 포말을 일으키며 부서지는 파도와 비슷해졌다. 일정하고, 리드미컬하고, 하루하루가 흩어지는 파도처럼 금세 사라졌다. 세찬 바람 소리와 함께 하루를 시작하고, 새하얀 세상으로 나가 펭귄들을 모니터링하고, 다시 산을 넘고 또 넘어 캠프로 돌아오고, 내 몸에 연료를 채우고, 신나게 떠들고, 다시 잠들었다. 몸집은 갈수록 두툼해졌다. 추위를 잘 견딜 수 있도록 몸에 지방이 축적되고, 꾸준한 등산과 짐 나르는 활동으로 인해 다리에 힘이 생겼다. 어깨도 탄탄해졌다. 이제는 산을 오를 때도 헉헉대거나 숨을 헐떡이지 않고 얼른 정상에 오르고 싶다는 열망에 사로잡혀 거의 기계적으로 힘차게 걸었다.

나는 밖에서 이동할 때 풍속에 따라 내가 체감하는 바람이 어떻게 다른지 기록해보았다. 풍속이 초당 약 9미터에 이르기 전까지는 바람이 불어도 거의 느껴지지 않았다. 초당 10미터에서 13미터 정도가 되면 상쾌하고 부드러운 바람으로 느껴지고, 초당 15미터가 넘어가면 강하고 센바람으로 다가왔다. 중간 강도의 돌풍이라고 해도 될 만한 강도였다. 풍속이 초당 20미터가 되면 진짜 돌풍 한가운데에 서 있는 기분이었다. 나무에 아직 남아 있는 가지가 있다면 전부 부러질 법한 강풍이었다. 풍속이 초당 22미터에 이르면 비틀거리면서 걷게 되고, 몸을 지면과 더 가까이, 평소보다 두 배는 더 깊이 숙여서 몸의 중심을 낮춰야 했다. '전강풍'으로 분류되는, 풍속이 초당 26미터가 넘는 바람은 엄청나게 세고 강력해서 몸을 움직이기도 힘들었다. 풍속이 초당 32미터를 넘어가면 허리케인이다.

맷은 내게 지난 시즌에 태풍이 왔을 때 도둑갈매기 오두막의 풍속계에 최대 풍속이 초당 40미터까지 찍힌 적도 있다고 했다. 너무 어마어마한 수치라 대체 그 정도면 바람이 얼마나 세게 느껴질지 짐작할 수도 없었다. 만약 횡한 언덕에 혼자 서 있다가 그런 바람을 만난다면 어떻게 될지 상상조차 할 수 없었다.

우리는 밖에서 심한 바람에 흠씬 두들겨 맞은 것처럼 시달린 날이면, 도둑갈매기 오두막에 늘 떨어지지 않도록 준비해둔 차를 한 잔 우린 다음, 찻잔을 들고 앉아 합판 벽의 갈라진 틈 사이로 울리는 바람 소리에 귀를 기울였다. 그리고 기상 상황을 알려주는 디스플레이 패널의 풍속계 수치를 응시했다. 머그잔에서 김이 폴폴 올라오고, 벗어놓은 양말에서도 뿌옇게 김이 올라왔다. 갑자기 돌풍이 불면 바닥이 삐걱거리고 오두막 지붕이 잠깐 들썩이기도 했다.

맷은 씩 웃으면서 외쳤다. "오, 23미터! 방금 기록 꽤 대단했어. 자, 27미터까지 가보자!"

아주 드물게 바람이 잔잔한 날은 침묵에 깊이 잠겼다. 들숨과 날숨 사이, 말과 말 사이, 큰 날갯짓 사이에 찾아오는 찰나의 멈춤, 고요함과 같은 침묵이었다. 가끔 시레프곶에는 아무것도 보이지 않을 정도로 안개가 짙게 내려앉아 사방이 새하얗게 변했다. 그런 날은 발밑에서는 하얀 눈이, 주변에서는 하얀 안개가 나를 감싸고 빛은 흐릿하게 퍼진 하얀 흔적으로만 남아서 그림자도 보이지 않고, 빛이 어느 쪽에서 오는지도 알 수 없었다. 바람까지 잠잠하면 내 숨소리와 눈을 밟는 내 발소리만 선명하게 들렸다. 어디가 어딘지 알 수 없고 지표가 될 만한 것도 전혀 보이지 않는 그 순간에는 내가 어디에나 있고 무엇이든 될 수 있는 존재가 된 것만 같았다. 죽고 나면 이런 경험을 하게 될까? 죽은 다음에는 어디로 갈까? 이런 생각들만이 떠올랐다. 순백의 빛이 가득 찬 공간에서 나는 하얀 산허리를 따라 길을 찾는 또 하나의 생물일 뿐이었다.

11월 말이 되자 땅을 덮었던 눈이 빠른 속도로 사라졌다. 사우스셰틀랜드 제도는 매년 여름철 몇 달간 얼음이 얼지 않은 땅에 쌓였던 눈이 전부 녹는다. 1년 주기로 물과 눈, 얼음이 순환하는 과정의 한 단계다. 드러난 땅 위로 햇살이 드리우면 짙은 색 바위와 흙도 따뜻하게 데워지고 빛을 흡수해서 온도는 점점 더 올라간다. 맨땅 가장자리로 밀려난 눈까지 그 온기가 전해지면 그나마 남아 있던 눈도 전부 사라진다. 녹아내린 눈은 어둑한 산등성이를 굽이굽이 흐르는 강물이 되어 해변으로, 다시 바다로 간다.

눈이 한창 녹고 있을 때 막 드러난 땅은 거의 검은색에 가까운 진한 갈색에 밀도가 높고 물을 잔뜩 머금어서 묵직해 보였다. 바위 사이에 뭉텅이로 자라던 청록색 지의류의 가느다란 줄기는 위로 점점 더 길게 뻗어 나오고, 노란색과 적갈색, 초록색을 띤 연한 이끼는 물을 머금은 흙을 포근하게 안은 것처럼 곳곳에 카펫처럼 깔려 있었다. 두툼한 하얀 재킷을 벗어버린 육지의 모습이었다.

산꼭대기부터 바위 가득한 해안까지 모든 곳에서 남극의 짧은 번식기가 순조롭게 진행되었다. 11월 말이 되자 남극물개 암컷이 해변으로 돌아오기 시작했다. 거구인 수컷과 달리 암컷 물개는 부드럽고 우아했고 보는 각도에 따라 몸 색깔이 다채롭게 바뀌었다. 짧고 가는 털로 감싸인 몸은 햇볕을 받아 반짝였다. 사람인 내 눈에도 매끈하고 관능적으로 보였다. 암컷들은 뭍으로 나오면 며칠 내로 새끼를 낳았다. 얼마 지나지 않아 해변 곳곳에서 꼬물거리는 꼬마 물개들을 볼 수 있었다.

눈이 녹자 해변의 바위들 위에 흩어져 있던 거대한 고래 뼈도 모습을 드러냈다. 고래잡이가 기승이던 시절에 남은 흔적이었다. 내가 담당한 펭귄 군집들 근처에도 여러 사람이 나란히 누운 길이만큼 엄청나게 긴 턱뼈가 오목한 부분이 바다를 향한 채 놓여 있었다. 가끔은 너무 오래되어서 구멍이 숭숭 난 그 고래 뼈를 침대로 삼은 자그마한 새끼 물개가 깊은 잠에 빠져 수염을 움찔대는 모습을 보기도 했다.

턱끈펭귄과 젠투펭귄 대부분은 11월 말까지 오로지 알 품기에만 전념했다. 눈보라가 쳐 온몸이 눈에 덮여도 꼼짝없이 앉아 있었고, 돌풍이 몰려와 등의 깃털이 사방으로 날려도 머리만 바람 반대쪽으로 돌린 채 자세를 유지했다. 해가 쨍쨍한 날이면 검은 털을 뜨겁게 달구는 열기를 고스란히 받으며 조금이라도 열을 식히려고 부리를 벌리고 헐떡였다. 그렇게 한 달 동안 앉아서 알을 품고, 짝과 교대하고, 먹이를 사냥하러 갔다 와서 또 교대하고, 다시 앉아서 알을 품었다. 그 안전하고 따뜻한 알 속에서 새끼가 자라고 있었다. 눈 알과 작지만 단단한 부리가 먼저 생긴 다음 미세한 날개가 돋고, 주름진 물갈퀴 모양으로 발 2개가 생겨난다. 연약한 피부에 우묵한 자국이 나타나면 곧 보송한 솜털이 돋아날 것이라는 신호다. 새끼는 알 속에서 내부를 꽉 채울 만큼 크기 전부터 몸을 둥글게 말고 양수에 둥둥 떠다니며 자란다. 나와 알을 품는 펭귄들 모두 이 작은 생명이 자라나서 껍데기에 별 모양으로 균열이 처음 나타나는, 확실한 탄생의 순간이 오기만을 기다렸다.

맷과 나는 펭귄과 더불어 여름철에 시레프곶에 머무르는 도둑 갈매기도 관찰했다. 바닷새인 이 대형 포식 동물은 얼굴이 갈매기와 매를 모두 닮았다. 새까만 두 눈은 공격할 만한 펭귄을 쉼 없이 찾아댔다. 얼룩덜룩한 갈색 몸에는 옅은 색과 짙은 색 깃털이 섞여 있다. 몸집은 대체로 축구공과 비슷하다(둥글기도 비슷하다). 부리는 살점을 뜯기 좋도록 휘어진 모양이며, 상대를 위압하는 매서운 눈길로 쏘아본다. 죽은 동물들을 처리하는 중책을 맡은 리빙스턴섬의 청소부 도둑갈매기는 펭귄과 같은 시기에 둥지를 틀고 번식한다. 도둑갈매기의 먹이는 다른 동물의 알과 새끼, 사체다. 우리 캠프가 자리한 반도에서도 마치 바람의 왕과 여왕들인 양 위풍당당한 모습으로 거센 바람을 헤치며 하늘을 날아다니는 도둑갈매기를 종종 볼 수 있었다.

도둑갈매기는 암수 쌍마다 즐겨 사냥하는 장소가 있었다. 펭귄 군집 주변에 끈질기게 머물면서 펭귄의 알을 호시탐탐 노리는 쌍도 많았다. 펭귄 알을 훔칠 때는 암수의 협력이 필요한 사냥 기술이 활용되었다. 먼저 두 마리 모두 펭귄 군집의 가장자리에 있는 펭귄 둥지 근처에 내려앉아서 알을 품고 있는 펭귄을 압박했다. 표적이 된 펭귄은 도둑갈매기가 가까이 다가올 때마다 물려고 하거나 큰 소리로 울고, (둥지에서 벗어나지는 않은 채) 달려들 기세를 보였다. 그렇게 도둑갈매기 쌍은 펭귄이 닿지 못하는 거리를 유지하며 주변을 맴돌다가, 둘 중 한 마리가 펭귄 뒤로 접근해서 펭귄의 꼬리 깃털을 꽉 물고 한 번, 두 번, 세 번 잡아당기면 알을 품던 펭귄의 몸이 살짝 기우뚱하는데, 그사이에 펭귄 앞에 있던 다른 한 마리가 얼른 달려들어 알을 낚아챘다. 사냥에 성공한 도둑갈매기 쌍은 그대로 10미터쯤 날아가다가, 부리 사이에 조심스레 물고 있던 알을 땅 위로 떨어뜨려 깨뜨리고 먹어 치운다.

보고 있으면 마음이 괴로워지는 광경이다. 하지만 빛이 있으면 그림자가 있듯, 생명이 있는 곳엔 늘 죽음이 바짝 붙어 있다. 모든 힘은 먹이사슬을 따라 이동해야 한다. 물개와 펭귄이 크릴을 사냥하듯 얼룩무늬물범은 새끼 물개를 팝콘 집어 먹듯 먹어 치우고, 도둑갈매기는 새끼 펭귄을 훔쳐 간다. 나는 생물학자로서 모든 생명은 죽기 마련이고 다른 생물에게 먹힐 수 있음을 잘 알고 있었지만 그런 추상적인 지식과, 둥지에 있던 새끼 펭귄이 도둑갈매기에게 붙잡혀 질질 끌려가다가 갈매기 입속으로 몸이 3분의 1이나 먹힌 상태에서도 아직 달아날 수 있다고 생각하는지 계속 발버둥 치는 모습을 두 눈으로 직접 보는 건 전혀 다른 일이었다. 새끼 물개들이 못에서 물을 첨벙이며 신나게 놀고 있을 때 얼룩무늬물범 한 마리가 슬그머니 다가와 새끼 하나를 낚아챈 뒤 그 작은 몸에 날카로운 송곳니를 콱 박는 모습을 지켜보는 것도 마찬가지였다. 그럴 때마다 새끼들이 느낄 고통에 가슴이 아팠다. 방어할 능력이라곤 전혀 없는 그토록 어린 생명이 산 채로 잡아먹히는 걸 목도해야 하는 무력한 괴로움에 너무나도 애통했다.

도둑갈매기와 펭귄은 내가 태어나기도 훨씬 전인 아득한 옛날부터 지금까지 한결같이 이어져온 이 쫓고 쫓기는 싸움을 계속해왔다. 도둑갈매기에게는 생존을 위해서, 알을 낳아서 키우기 위해서는 펭귄의 알이 필요했다. 그러려면 펭귄 군집에서 먹이를 사냥할 수밖에 없었다. 리빙스턴섬에 울려 퍼지는 생명의 교향곡은 일견 아름답고 조화로운 공생의 음악과는 거리가 멀어 보였지만, 포식도 이 음악의 중요한 일부였다.

동물이 다른 동물을 잡아먹을 때 내가 느끼는 감정의 무게로나는 내 시각이 주관적임을 깨달았다. 내 관점은 펭귄의 알과 굶주린 새, 새끼 물개와 얼룩무늬물범 중 한쪽으로 기울어져 있었다. 포식에는 죽음이 따르지만 새로운 생명 역시 포식에서 나온다. 도둑갈매기를 관찰하며 보낸 시간은 내 시선이 펭귄에게만 편향되지 않도록 균형을 잡는 데 도움이 되었다.

맷과 나는 도둑갈매기의 포식 활동이 펭귄 군집에 주는 영향을 정량화하기 위한 예비 조사도 맡았다. 그래서 이전에 왔던 다른 어떤 연구자들보다 도둑갈매기를 더 자세히 관찰했다. 예비 조사는 연구를 더 큰 규모로 진행할 때 적용할 수 있는 방법을 시험해보는 단계다. 그렇기 때문에 예비 조사의 데이터는 분석하고 결론을 내릴 수 있을 만큼 정밀하지 않아도 되며, 수집해야 하는 데이터의 양도 그리 많을 필요는 없다. 하지만 우리는 거의 매일 펭귄 군집 대부분이 내려다보이는 높은 곳에 자리를 잡고 앉아서 1시간 정도 도둑갈매기의 사냥을 관찰하는 방식으로 예비 조사를 진행했다. 맷과 나는 여기에 '도둑갈매기 쇼'라고 이름을 붙였다. 쌍안경으로 펭귄 군집 전체를 지켜보면서 도둑갈매기들이 포식을 시도할 때와 성공할 때를 낱낱이 기록하고, 어떤 군집에서 포식이 이루어졌는지도 기록했다. 나는 높은 산등성이에 있던 펭귄 군집 중 한 곳의 가장자리 부근에서 찾은 평평한 바위를 내 관찰 지점으로 정했다.

사냥에 나선 도둑갈매기가 없을 때는 시간이 한없이 느리게 흘렀다. 춥고 바람 부는 곳에 가만히 앉아 있는 건 산을 오르내리는 것과는 완전히 다른 경험이었다. 도둑갈매기 오두막에서 출발할 때부터 껴입을 수 있는 옷은 전부 챙겨 와서 관찰 지점에 도착하면 모조리 껴입고 양손에 손난로를 꼭 쥐고서 주머니 깊숙이 찔러 넣었다. 30분 정도는 거기까지 올라오느라 생긴 열기로 견딜 만했지만, 축적된 열기를 바람이 금세 다 빼앗아 가면 온몸의 근육이 일제히 수축했다. 조금이나마 남은 체온이 몸의 중심부로 모이는 걸 느끼면서 어떻게든 바람을 피하려고 몸을 잔뜩 움츠렸다. 돌풍이 불 때마다 몸이 덜덜 떨렸다. 그렇게 1시간을 보내고 나면 몸이 뻣뻣해지고 손은 꽁꽁 얼었다. 비틀거리며 남은 일을 겨우 마친 후 아직 덜 녹은 눈 위를 뛰다시피 달려서 우리의 쉼터인 도둑갈매기 오두막에 마침내 도착하면 얼마나 행복했는지 모른다.

사실 예비 조사는 할 일이 하나 더 늘어난 것이고 추위도 견뎌야 하는 일이었지만, 사람들에 관해 혼자 조용히 생각할 수 있는 시간이기도 했다. 그래서 나도 맷도 그 시간을 기꺼이 즐겼다. 시레프 곶은 우리를 성찰로 이끄는 곳이었다. 육체적으로는 장시간 힘든 일을 해야 했지만, 정신적으로는 이런저런 생각 속에서 방황할 여유가 생겼다. 우리는 각자 도둑갈매기 쇼를 보는 동안 머릿속을 맴돌던 질문을 서로에게 꺼내놓곤 했다.

"사랑은 어디까지가 선택일까요?" 어느 날 나는 도둑갈매기 오두막으로 돌아와서 문을 열자마자 대뜸 맷에게 질문을 던졌다. "도덕적으로 정당한 거짓말이 있을까요?"부터 "방귀를 뀔 때 장에서 생긴 기체는 어떻게 고체를 피해서 밖으로 나올까요?"에 이르기까지 정말 다양한 질문들이 나왔다.

맷과의 우정은 여러 면에서 우리가 서로에게 느끼는 절대적인 자유로움에 바탕을 두었다. 무슨 생각이든 말할 수 있고, 서로의 앞에서는 어떤 사람이든 될 수 있었다. 맷은 대화에 늘 진심으로 임했다. 요즘 어떻게 지내고 있는지, 어떤 생각을 하는지, 무언가에 어떤 감정을 느끼는지 모든 걸 서로에게 털어놓았다. 맷은 여자 형제가 셋이라 그런지 자신의 감정을 정확하게 표현하는 능력이 굉장히 뛰어났다. 나와 정반대인 특징이었다.

　　우리 가족은 이사를 정말 많이 다녔다. 내가 다닌 국제학교는 누군가 전학을 가고 전학을 오는 게 일상이었다. 나를 둘러싼 사회적인 환경은 늘 변했기에 나는 이런 변화에 적응하려고 애써야 했고, 그 사이사이 힘든 짝사랑에 연달아 빠지는 바람에 감정이 무뎌졌다. 내게 감정은 가슴속에 흐릿하게, 하지만 끈질기게 머무르는 고통으로만 남아 있었다. 가족의 이사, 친구들과의 이별, 내가 좋아하는 사람도 나를 좋아하는 것 모두 내 힘으로 어떻게 할 수 없는 일이었고, 내가 어떤 감정을 느끼든 달라지지 않았다. 그래서 내가 느끼는 아픔을 외면하거나 떨쳐버리려고 가능한 한 최선을 다했다. 나처럼 상처받기 싫어하는 사람들과 어울려 다니면서 속이 뒤집힐 때도 명랑하게 농담을 주고받았다. 그렇게 겉으로 항상 '난 아무렇지 않아'라고 써 붙이고 사는 듯한 모습을 유지하며, 스스로의 감정을 억눌러 평온을 유지했다.

　　지금도 힘들었던 일을 이야기해야 하는 순간이 오면 피하고 싶어서 괜히 농담을 던지곤 한다. 대학 시절에 짧게 만난 사람들은 내게 별 도움이 되지 않았지만, 인내심과 호기심 많은 몇몇 친구들 덕분에 스스로를 성찰할 수 있었다. 맷도 그런 친구 중 하나였다. 가끔 나는 생각하는 방식이나 무언가를 느끼는 방식을 그에게 열심히 설명하다가, 그전까지 나조차도 내 그런 면들을 분명하게 느낀 적이 없음을 깨닫곤 했다. 맷은 내가 마음을 열고 약한 면을 있는 그대로 드러낼 때, 우리가 "느낌이 왔다"라고 표현하는 그 순간은 문득 새 한 마리가 손에 내려와 앉을 때와 비슷한 기분이라고, 그 새가 겁을 먹고 날아가지 않도록 꿈쩍도 하지 않고 가만히 있게 된다고 이야기해 준 적 있다.

*

모니터링 시즌 초반에 도둑갈매기들은 영역을 정하고 짝을 찾고 있었다. 펭귄들은 번식기에 한 장소에 잔뜩 모여서 북새통을 이루는 습성이 있지만, 도둑갈매기는 자신만의 공간을 따로 만드는 방식을 선호했다. 언덕 2~3개에 해당하는 면적을 영역으로 정하기도 하고, 가장 높은 산에 올라 거기서도 가장 높은 곳에 둥지를 트는 경우도 많았다.

맷과 나는 11월부터 즐거움과 고생을 동시에 주는 도둑갈매기 현장 조사를 시작했다. 도둑갈매기 쇼가 펭귄 군집에서 이들이 사냥하는 모습을 그저 지켜보는 일이라면, 현장 조사는 도둑갈매기 둥지가 있는 곳으로 직접 찾아가서 번식 상황을 확인하는 일이었다.

우리는 시레프곶을 두 부분으로 나눠 각자 담당할 구역을 정했다. 나는 북쪽, 맷은 남쪽을 맡기로 하고 4일 주기로 각자 맡은 구역에 있는 산을 전부 뒤져서 도둑갈매기 번식 쌍을 관찰하고 둥지가 알이 있는 활성 상태가 됐는지 확인했다. 땅에 아직 눈이 조금 남아 있었으므로 도둑갈매기 현장 조사를 하러 가는 날은 암석 천지인 산 정상에 도착할 때까지 부츠에 아이젠을 덧신고 올라가야 했다. 정상에 오르면 옷을 잔뜩 껴입어서 둔해진 상체를 힘겹게 숙이고 아이젠을 푼 다음 부츠만 신고 정상 주변을 쭉 돌면서 조사했다. 그런 다음 다시 부츠에 아이젠을 끼우고 내려와서 다음 산에 올랐다. 도둑갈매기 쌍이 근처를 지나는 다른 새들을 향해 울어대는 모습, 날개를 한껏 펼치고 영역을 지키는 모습, 자기 영역으로 지정한 산 정상에 짝과 나란히 앉아 발을 몸 안에 야무지게 말아 넣고 바짝 붙어 있는 모습도 보았다. 과거에 수집된 데이터를 토대로 이들 중에는 아주아주 오래전부터 함께 지내온 번식 쌍도 있고 그런 경우 처음 둥지를 튼 장소를 쭉 자기 영역으로 삼는 경향이 있다는 사실을 알게 되었다.

　　나는 사방이 북적이고 냄새도 고약한 펭귄 군집들과 멀리 떨어져 있고 바람 많은 곳에 자리한 도둑갈매기들의 둥지를 찾아다니는 일이 점점 좋아졌다. 물론 내 다리가 이 일을 거뜬히 해낼 만큼 튼튼해진 후부터 그러긴 했다. 처음 도둑갈매기 현장 조사를 시작할 때는 내가 맡은 시레프곶 절반의 산 전체를 오르는 데 5시간 정도가 걸렸다. 조사를 다 마치고 나면 지구에 있는 산이란 산을 전부 혼자 등반하고 온 듯한 기분이 들었다. 배고프고 지쳐서 잔뜩 성질이 난 상태로 비틀대며 도둑갈매기 오두막으로 돌아와 의자에 털썩 주저앉으면, 맷이 먹을 걸 건네고 머리를 쓰다듬어주었다. 내가 그래놀라바를 허겁지겁 먹어 치우고 있는 동안 그는 눈이 녹고 도둑갈매기 둥지가 눈에 잘 띄기 시작하면, 그리고 내 체력이 좀 더 강해지면 더 수월해질 거라고 말해주곤 했다. 정말로 그랬다.

4일 간격으로 도둑갈매기 현장 조사에 나설 때마다 산 정상에서 최악의 강풍과 맞서야 했다. 낮은 곳에서 풍속이 초당 18~22미터 정도인 날도 높은 곳에 오르면 바람이 초당 4.5미터가량 더 세진다는 사실을 알게 되었다. 얼음장같이 차가운 바람이 피부를 할퀴는 일이 없도록 몸을 꽁꽁 싸매야 했다. 조금이라도 겉으로 드러난 곳은 누가 사포로 문지른 것처럼 심하게 벗겨졌다. 완고한 돌풍이 귀가 멍해질 만큼 시끄럽고 세차게 불어대면 몸을 앞으로 숙이고 비틀대며 겨우겨우 버텼다. "이러어어언 제에엔장!" 하고 고함을 쳐봐도 바람 소리에 묻혀서 거의 들리지도 않았다. 그래도 온몸에 아드레날린이 잔뜩 뿜어져 나와 기분은 최고였다.

어느 날은 시레프곶에서 가장 높은 산 정상에서 벽처럼 맞부닥뜨린 거센 바람을 버티다가 바위 틈새에 발이 걸려 무릎을 찧으며 넘어지고 말았다. 중력이 잡아당기는 대로 별도리 없이 쓰러졌는데, 몸은 바위 사이에 끼고 얼굴은 부드럽고 진한 흙에 그대로 묻혀버렸다. 얼굴 가리개와 고글 너머로 흙냄새와 돌멩이가 감지되었다. 바로 일어나지 않고 그대로 누워서 가장 세찬 바람이 지나갈 때까지 기다렸다. 갑자기 내리쬔 햇빛이 느껴질 즈음에야 겨우 힘이 돌아와서 지친 팔다리를 일으켜 세우고 터덜터덜 걷기 시작했다.

그날은 산 정상의 도둑갈매기들도 바위 뒤에 꼭 붙어 앉아 있었다. 바람에 흩날리는 깃털과 조심스레 나를 쳐다보는 눈들이 보였다. 지긋지긋해 죽겠다고 말하는 듯한 새까만 홍채를 마주 보면서, 이 새들은 그들만의 세상 속에서 무슨 생각을 할지, 그 세상에 들어온 나에 관해서는 어떤 생각을 하고 있을지 궁금했다.

나는 소란스러운 곳과 멀찍이 떨어져 평화롭고 여유로운 공간을 찾는 도둑갈매기의 마음을 알 것 같았다. 이 새들이 펭귄 알을 훔친다고 해서 어떻게 화를 낼 수 있겠는가. 서로 잡아먹고 잡아먹히는 진화의 방식을 내가 무슨 자격으로 평가할 수 있다는 말인가. 수백만 년에 걸쳐 이루어진 자연 선택에 따라 수십 년간 갈고 닦은 사냥 기술을 뽐내는 새들. 내 평생 처음 본 가장 거센 바람이 부는 곳에서도 자유롭게 날아다니고, 자신보다 몸집이 훨씬 크고 힘도 더 센 펭귄이 코앞에서 보고 있는데도 먹이를 훔쳐낼 만큼 빈틈없이 움직일 줄 아는 이 새들도 펭귄만큼 놀라운 존재였다.

하지만 도둑갈매기의 그런 강력한 배짱을 점점 좋아하게 된 후에도, 생태계의 잔혹한 규칙이 실현되도록 내가 힘을 보탠 듯한 일이 벌어지면 그저 덤덤히 받아들일 수가 없었다. 시즌 초반의 어느 날, 나는 나이 조사 둥지로 지정된 펭귄 둥지 근처에서 알의 상태를 확인하려고 펭귄이 몸을 조금 움직일 때까지 잠자코 기다렸다. 그 둥지에서 알을 품고 있던 젊은 부모 펭귄은 잔뜩 당황한 기색을 보이며 나를 의심스럽게 쳐다보았다. 그리고 어쩔 줄을 모르고 소중한 알을 안절부절 보듬었다. 나는 뒤로 천천히 물러났지만, 그래도 펭귄들은 너무 신경이 쓰였는지 자리에서 일어났다. 이런 일은 드물었다. 우리는 둥지를 관찰할 때 수 미터 간격을 유지하고, 펭귄들은 대부분 우리를 전혀 신경 쓰지 않는다. 하지만 갓 부모가 된 펭귄 중에는 심하게 긴장하고 불안에 떠는 새들도 있었다. 나는 펭귄 둥지 주변에 도둑갈매기가 사냥하러 와 있고 이 새들은 보통 사람이 근처에 있으면 둥지를 덮치지 않는다는 사실을 알고 있었으므로, 펭귄들이 안절부절못하는 사이에 알을 도둑맞지 않도록 도둑갈매기가 물러날 때까지 그곳에 머물렀다. 그러나 이미 정신이 산만해진 부모 펭귄은 무슨 일이 있어도 자기 알부터 지켜야 한다는 사실을 아직 충분히 깨닫지 못했는지, 자리에서 일어나 둥지 주변을 초조하게 돌아다니며 살폈다. 나는 펭귄들이 진정하려면 내가 더 멀리 떨어지는 게 낫겠다고 판단하고 그 자리를 뜨기로 했다. 가다가 돌아보니, 내가 떠난 지 1분도 안 되어서 도둑갈매기가 달려들어 알을 낚아채는 모습이 보였다.

"젠장!" 나는 나지막이 중얼거렸다. "젠장, 망했어!" 나이 조사 둥지는 중요한 데이터를 얻는 곳이기도 하지만 내 안타까움은 그것 때문만은 아니었다. 그 젊은 부모 펭귄의 소중한 알이 사라진 게 너무 애석했고, 내 잘못이라는 생각을 하지 않을 수가 없었다. 내가 둥지 안을 확인하려고 가까이 가지 않았다면 펭귄들이 산만해질 일도 없지 않았을까? 내가 없었다면 그 펭귄들의 알도 멀쩡히 부화해서 펭귄으로 잘 자랐겠지? 물론 그 펭귄들이 아직 부모가 되기엔 어설펐을 수도 있다. 그렇게 잠시도 가만히 있질 못하고 꼼지락거리다가는 꼭 지금이 아니더라도 언제든 알을 잃어버렸을 가능성도 있었다. 또 알이 성공적으로 부화하더라도 부모 중 한쪽이 잠깐 한눈을 파는 사이에 새끼가 잡아먹혔을 가능성도 얼마든지 있었다. 나중에 어떻게 됐을지 내가 다 알 수는 없는 일이었지만 그렇더라도 죄책감이 떨쳐지진 않았다. 과학은 객관성이 유지되어야 하는 학문이고, 최대한 조심스럽게 관찰하는 게 내가 할 일이었다. 동물을 방해하거나 스트레스를 주거나 자연을 오염시키는 등 인간이 자연에 직접적으로 끼치는 모든 영향은 부정적으로 작용하기 때문이다.

대학 시절, 캘리포니아 남부의 학교 소유 농장에서 통바족이라는 토착 부족이 로스앤젤레스 분지의 풍요로운 자연을 보호하고 생물다양성을 더욱 강화하며 생존해온 방식을 연구한 적이 있다. 남극에서 지내는 동안 그때의 일들이 자주 떠올랐다. 전 세계 여러 사회가 인간의 영향으로 토양은 더 비옥해지고, 식물은 더 건강해져 더욱 번성해진 생태계 속에서 동시에 발전했음을 깨달았던 기억이 떠올랐다. 농장이라기보다는 커다란 정원에 더 가까웠던 학교 농장은 내가 자연의 일에 참여하도록 나를 초대한 것만 같았다. 나는 그곳에서 처음으로 손에 흙을 묻혀보았다. 자라나는 식물을 잘 가꾸고, 식물이 자라는 토양을 비옥하게 만들고, 험한 날씨로부터 식물을 보호하고, 잎이 돋아나는 모습과 무성해진 잎 사이로 새들이 날아드는 모습을 보는 게 정말 좋았다.

남극에 오기 바로 전에 다녀온 미드웨이 환초의 서식지 복원 사업은 정원을 가꾸는 일과 비슷한 점이 많았다. 군사 활동과 외래종 식물의 방대한 확산으로 황폐해진 섬의 토종 식물을 회복시키는 것이 복원 사업의 목표였다. 나는 습도 높은 온실 깊숙이 들어가 꺾꽂이한 식물을 보살피며 생물다양성을 유지할 수 있는 가장 좋은 방법은 무엇일지 고민했다. 토종 식물을 복원하는 건 그곳에 사는 새들의 생활 환경을 개선할 수 있는 확실한 방법이었다. 나는 동료와 함께 앨버트로스 새끼가 자라는 동안 몸을 피할 수도 있고, 슴새가 굴을 팔 수 있도록 땅을 안정적으로 만들어줄 토종 식물을 심으면서 생태계를 건강하게 만드는 일에 작게나마 힘을 보태고 있다는 보람을 느꼈다.

남극에서는 그런 방법을 적용할 수 없었다. 내 존재를 최소화하는 일이 내가 할 수 있는 전부였다. 남극은 나라는 존재와의 물리적인 접촉으로써 환경이 개선될 수 있는 곳이 아니었다. 적어도 직접적인 접촉은 불가능하고, 남극이 보호받을 수 있는 정책에 필요한 정보를 CCAMLR을 통해 제공하는 것이 과학의 역할이었다.

남극에서 내가 하는 일의 결과를 받아들이려면, 지금껏 생각했던 '영향'의 의미를 확장해야 했다. 가끔 산을 오르면서 지도 위에 내가 이동하는 모습이 기록된다면 어떨지 상상해보고 그 지도의 축척이 점점 줄어드는 모습도 떠올려보았다. 나는 암석이 가득한 산 정상에 찍힌 점 하나였다가 리빙스턴섬, 사우스셰틀랜드 제도, 남극 반도, 남극 대륙에 있는 점 하나가 되고, 남극해, 지구, 그리고 우주 전체가 보일 때까지 계속해서 멀어지면 광활하고 무한한 어둠 속 아주 작은 점 하나가 될 것이다.

6

12월 초

헬리콥터 한 대가 우리 캠프 뒤에 있는 엘콘도르산에 착륙할 즈음 나는 '29번 봉우리'에 있는 턱끈펭귄 군집에 있었다. 프로펠러 소리가 시끄럽게 울려서 펭귄들도 나처럼 하늘을 올려다보며 소리가 나는 쪽을 찾아 두리번거렸다. 헬리콥터 소리가 분명히 들렸지만, 남극반도 북쪽 가장자리의 산봉우리에서는 너무 멀어서 잘 보이지 않았다. 헬리콥터는 우리 섬에서 동쪽으로 80킬로미터쯤 떨어진 킹조지섬의 칠레 기지에서 두 명을 태우고 이곳에 내려준 후 곧바로 다시 하늘을 가로질러 돌아갔다. 시레프곶의 인구는 다섯 명에서 일곱 명으로 늘어났다.

맷과 나는 일을 마치고 캠프로 와서 우리 반도의 새로운 주민 두 사람을 맞이했다. 마이크의 제자로 박사 과정을 밟고 있는 레나토와 그의 조수 겸 기술자로 함께 온 페데리코였다. 레나토는 마이크의 지도하에 암컷 물개의 먹이 찾기 행동에서 나타나는 패턴을 연구했다. 시레프곶 남극물개의 먹이 찾기 생태가 그의 박사 과정 연구 주제라서 이곳에서 수집되는 물개 데이터의 분석도 맡고 있었다. 물개 배설물을 뒤져서 크릴 껍데기를 찾는 것도 그 연구의 한 부분이었다. 페데리코는 이 흥미진진한 작업에 도움을 받기 위해 레나토가 채용한 기술자였다.

우리는 두 사람이 곧 온다는 사실은 알고 있었지만, 날씨가 워낙 변덕스러워서 정확히 언제 올지는 몰랐다. 두 사람은 우리 캠프와 겨우 13미터쯤 떨어진 칠레 캠프에서 지내기로 했다. 공식 명칭으로는 '닥터 기예르모 만 기지'라 불리는 곳이었다. 칠레 캠프는 이층침대 여러 개와 주방이 있는 큰 오두막 한 채, 그보다 작으며 이층침대 하나에 작은 탁자 하나가 있는 "대장 오두막", 그리고 땅에 반쯤 묻혀 있는 주황색 텐트로 구성되었다. 잠수함처럼 생긴 이 텐트는 1991년에 칠레 연구진이 시레프곶에 최초로 만든 시설이었다. 칠레 캠프도 우리 캠프처럼 여름철에만 운영되었다.

칠레 연구진은 시레프곶에서 물개 개체군 연구를 처음 시작했다. 이들의 첫 번째 물개 개체 수 조사는 1965년에서 1966년으로 넘어가는 여름, 바다의 배 위에서 해변에 있는 물개를 관찰하고 수를 세는 방식으로 실시되었다. 이후에도 물류 문제로 수십 년간 조사는 간헐적으로만 이루어졌다. 1991년에는 칠레 연구진이 머무를 수 있는 시설이 처음 설치되고 오두막 두 채가 추가되면서 칠레 캠프가 완성되었다. 이 캠프에서 매년 정기적으로 연구 사업이 진행되지는 않았지만, 상시 운영되고 규모도 더 큰 킹조지섬의 칠레 기지에서 연구진이 종종 헬리콥터를 타고 찾아와서 머물곤 했다.

레나토는 큰 키와 턱수염, 굉장히 곧은 자세와 큼직하고 색이 진한 눈동자가 눈에 띄는 사람이었다. 페데리코는 아담한 체구에 턱뼈부터 광대뼈까지 선이 날카로운 편이었고 턱에 까만 염소수염을 길렀다. 둘 다 영어 실력이 유창했다. 레나토는 샌디에이고에 있는 대학원에 다니면서 매주 기차로 멕시코 티후아나까지 가서 살사 댄스 강사로 일한 적이 있다고 했고, 페데리코는 칠레 과학자들이 쓴 연구 논문을 편집하고 영어로 번역하는 일을 도와주는 컨설팅 회사를 운영하고 있다고 했다.

레나토는 박사 과정 연구에 필요한 데이터를 얻고자 물개의 출산 전후 포획 조사가 이루어지는 시기에 맞춰 시레프곶으로 왔다. 기각류(바다코끼리, 바다사자, 물개, 물범 등이 포함된 해양 포유류-옮긴이) 연구는 우리가 펭귄 둥지 중 일부를 선정해서 조사하는 것과 거의 비슷한 방식으로 물개 암컷 중 일부를 선정해서 시즌 전 기간에 걸쳐 모니터링하는 방식으로 이루어졌다. 마이크는 이 하위 표본의 번식 성공률을 토대로 물개 개체군 전체의 번식 성공률을 추정했다. 펭귄과 달리 남극물개의 개체군 연구에서는 암컷이 가장 중요하다. 정해진 영역에서 번식하는 수컷의 수가 워낙 적고, 새끼를 낳는 것부터 기르는 것까지 모든 과정을 통틀어 수컷이 기여하는 부분은 수정이 전부이기 때문이다. 해변에서 수컷 물개 한 마리가 싸우다 죽으면 다른 수컷 10마리가 그 자리를 차지하려고 경쟁을 벌인다.

따라서 매년 태어나는 새끼 물개의 수는 암컷의 수에 좌우된다.

암컷 물개의 출생 전후 포획은 기각류 모니터링 프로그램의 토대다. 암컷이 새끼를 낳은 시점부터 24시간 이내를 '주산기'라고 하며, 이 시기에 해당하는 남극물개 암컷이 연구의 표적 동물이었다. 샘과 휘트니, 마이크는 주산기 암컷을 포획한 후 무선 추적 발신기와 수심 기록계, 위치 추적기를 부착했다. 이렇게 연구 표본이 된 어미 물개와 새끼는 샘과 휘트니가 연구 기간이 끝날 때까지 계속 추적 조사했다.

주산기 포획은 매 시즌 물개 연구의 핵심이고, 남극에서 물개 연구자로 두 번째 시즌을 보내게 된 휘트니가 실력을 제대로 발휘할 기회였다. 20대 후반인 휘트니는 이전까지 대부분 하와이 제도 북서부의 섬들에서 경력을 쌓은 베테랑 현장 연구자였다. 동물 다루는 일을 정말 사랑하고 특히 물개와 바닷새에 관심이 많았다. 늘 명랑하고 함께 있는 사람들까지 즐겁게 만드는 성격이라 어느 현장에서든 캠프 생활에 쉽게 적응했다. 나는 꽁꽁 언 바다 한가운데에 있는 이 외딴섬이 휘트니의 최종 목적지가 아님을 알고 있었다. 이번 시즌이 끝나면, 휘트니는 수의사 공부를 시작할 예정이었다.

펭귄 포획과 달리 물개 포획에는 많은 장비가 필요했으며, 우리 캠프 구성원 모두가 달라붙어야 하는 일이었다. 펭귄과 도둑갈매기는 한 달 내내 알에서 떨어지지 않고 알 품기에만 전념하는 시기였으므로 바닷새 연구자들도 물개 포획을 도울 수 있었다. 맷과 나는 오전에 각자 맡은 펭귄 군집지로 가서 조사 구획과 나이 조사 둥지를 전부 돌아보고, 둥지마다 번식 쌍 중 어느 쪽이 알을 품고 있는지를 기록한 다음, 4일 주기로 펭귄 꼬리를 들어 올려서 알이 잘 있는지도 확인했다. 그런 다음에는 물개를 포획할 해변으로 가서 물개 연구진에 합류했다. 휘트니는 이 주산기 포획에서 우리 모두를 이끈 당찬 리더였다. 마이크의 지도를 받긴 했어도 물개 포획 전 과정은 전적으로 휘트니의 지휘로 이루어졌다.

100마리가 넘는 수컷 물개가 자기 영역을 엄중히 경계하며 지키고 있는 하렘에서 암컷과 새끼를 빼내는 것이 물개 포획의 목표였다. 암컷을 유인해서 빼낸 다음 물개 연구진이 필요한 장비를 몸에 부착하고, 측정할 것들을 측정하고, 필요한 표본을 채취한 후 새끼와 함께 다시 하렘으로 돌려보냈다. 물개 새끼는 어미와 떨어지면 공격당하기 쉬우므로 이 작업이 이루어지는 동안 우리가 새끼를 데리고 있었다.

간단한 일처럼 들릴 수도 있지만, 모든 과정이 안전하게 끝나려면 구체적으로 전략을 세우고 그대로 잘 따라야 했다. 먼저 긴 대나무 장대 끝에 밧줄로 된 올가미를 달고, 한 명이 새끼 물개의 몸 중앙에 올가미를 걸어서 잡아당기기로 했다. 올가미에 걸린 새끼를 그대로 들고 해변의 다른 쪽으로 이동하면 어미가 하렘에서 나와 새끼를 쫓아올 것이므로 그때 바위 뒤에서 대기하던 다른 연구자가 얼른 나와서 어미에게 그물을 던지고 양 앞발을 움직이지 못하게 고정할 계획을 세웠다. 자신의 하렘에서 암컷이 빠져나가는 걸 수컷이 가만둘 리가 없기 때문에 다른 두 사람은 커다란 대나무 장대를 들고 연구자들에게 달려드는 수컷 물개와 주변에서 암컷 뒤를 쫓아가는 다른 수컷들을 막기로 하고, 암컷 물개가 그물에 잡히면 나머지 두 사람이 함께 들고 장비가 있는 장소로 옮기기로 했다.

새끼 물개에게 올가미를 씌우는 일은 하렘의 역학 관계를 잘 알아야 하고 이 단계가 순탄해야 포획 과정이 비로소 시작될 수 있으므로 마이크가 맡기로 했다. 마이크는 암컷에 그물을 씌우는 일은 무엇보다 민첩성과 조정력이 필요하기에 다양한 구기 스포츠 경험이 있는 샘이 이 작업에 가장 적합하다고 보았다. 펭귄 연구자인 맷과 나는 긴 장대를 들고 수컷 물개가 성난 야수처럼 우리 팀원들을 공격하지 못하도록 막는 일을 맡았다. 남극이 두 번째인 맷은 지난 시즌에도 이 일을 해본 적이 있고 자기 영역을 지키려는 수컷 물개가 더 위협적이므로 포획하려는 암컷과 함께 지내는 수컷을 도맡겠다고 했다. 그래서 나는 주변에서 짝짓기 기회를 노리는 다른 수컷들이 끼어들지 못하게 막기로 했다. 휘트니는 장대를 들고 근처에 대기하면서 중간중간 필요한 순간에 수컷의 공격을 막고, 하렘의 동향에 이상한 점이 발견되면 우리에게 알려주면서 작전의 전 과정을 지휘했다. 암컷 물개가 그물에 걸리면 휘트니와 샘이 함께 장비를 미리 설치해둔 쪽으로 옮겼다. 레나토가 완수해야 할 기본적인 임무는 포획된 암컷의 젖 표본을 몇 방울 채취하는 일이었지만, 페데리코와 함께 다른 데이터도 수집하고 장비 옮기는 일도 도왔다. 간간이 장대로 수컷들을 막는 일에도 힘을 보탰다.

포획 작전이 시작되기 전, 모두 장비를 들고 각자의 위치에 조용히 자리를 잡았다. 마이크가 첫 번째 새끼 몸에 올가미를 걸었다. 줄이 단단히 고정되자, 잡아당기기 전에 우리 쪽을 보면서 다음 단계를 진행할 준비가 됐는지 확인했다. 그다음부터는 모든 게 순식간에 이루어졌다. 나는 탄탄한 근육과 넘치는 테스토스테론의 힘을 믿고 호시탐탐 끼어들 기회를 노리는 수컷들이 나타나는지 주변을 살폈는데, 거대한 장대를 들고 떡하니 버티고 서 있는 것만으로 그들의 기세를 꺾기에 충분했다. 암컷이나 팀원들에게 달려드는 수컷이 있으면 장대로 앞발이나 목을 최대한 세게 내리쳤다. 그 순간에는 꼭 내가 이빨을 드러낸 털북숭이 동물을 향해 창을 휘두르며 대단한 싸움을 벌이는 선사시대 인간이 된 기분이었다.

암컷이 그물에 걸리면, 맷 또는 내가 새끼를 다른 곳으로 데려가고, 샘과 휘트니는 암컷을 18미터쯤 떨어진 곳에 마련된 별도의 장소로 옮겼다. 그곳에서 샘과 휘트니, 마이크는 암컷의 주둥이에 원뿔 모양의 마개를 씌우고 가스 마취기를 연결했다. 암컷이 잠들면 여러 가지를 측정한 후 등에 장비를 붙였다.

시레프곶에서 연구 사업이 시작된 초창기에 마이크가 (나중에 호주 남극 연구단의 총책임자가 된) 수의학자와 함께 개발한 가스 마취법은 지금도 남극물개 암컷 연구에 활용되고 있다. 미래의 수의사 휘트니가 물개의 호흡과 심박을 유심히 확인하면서 기계를 조작했다. 가스 마취는 투여량이 과하면 물개가 죽을 수 있고, 너무 적으면 물개가 훤히 깨어 있는 상태로 인간들이 몸을 쿡쿡 찔러대는 불쾌한 과정을 고스란히 감내할 수밖에 없다. 하지만 우리의 휘트니는 능력자였다. 체계적이고, 세심하고, 정확했다.

　물개팀이 암컷에 집중하는 동안 맷과 나는 새끼를 가까운 장소로 옮겨서 표본(수염과 털)을 채취하고, 몇 가지를 측정한 후(몸의 길이와 둘레, 몸무게) 돌봐주었다. 물개 포획 기간에 만나는 새끼들은 대부분 태어난 지 24시간도 되지 않아서 꼼지락거리는 귀여운 털 뭉치에 가까웠다. 커다랗고 까만 눈에 촉촉한 코 양쪽으로 삐죽 자란 수염이 달린 새끼들은 아직 몸도 제대로 가누지 못했다. 나는 새끼의 몸 깊숙이 코를 박고 킁킁댔는데, 가장 어울리는 이름을 지어주기 위해서 그런 것이지, 그 보드랍고 따뜻한 털에 얼굴을 대고 싶어서가 절대 아니었다. 내가 포근한 털에 얼굴을 묻으려고 하는 찰나에 거침없이 으르렁대며 머리를 홱 돌리곤 조그마한 유치를 드러내는 새끼들이 있었는데, 대부분 암컷이었다. 영문을 모르겠다는 얼굴로 우리 몸에 올라와서 작은 주둥이로 콕콕 찌르거나 젖을 찾는 새끼들도 있었다. 내가 처음 만난 새끼는 내 무릎 위에서 잠이 들었는데, 곤히 자면서 꿈을 꾸는지 눈꺼풀 뒤로 눈알이 열심히 움직이는 게 보였다. 우리는 이 새끼에게 '외뿔고래'라는 이름을 지어주었다. 정말 사랑스러운 꼬마 물개였다.

　새끼 물개에게 이름을 지어주는 일은 시레프곶의 펭귄 연구자에게 주어지는 신성한 임무였다. 이름이 정해지면 나중에 어미가 바다에 나가고 새끼만 남아 있을 때 누구의 새끼인지 알 수 있도록 표백제로 새끼의 등에 글자나 숫자로 표시했다. 표백제로 표시한 글자는 몇 주 뒤에 털갈이가 시작되고 솜털이 벗겨지면 함께 사라졌다.

맷은 그전부터 내게 새끼 물개를 처음 돌봤을 때의 일들을 이야기하곤 했다. 시레프곶에서 보낸 첫 시즌은 폭풍이 심하고 바람도 거세서 도착한 지 한 달이 넘도록 산을 본 적이 없다고 했다. 눈이 그치지 않아 맑은 풍경도 볼 수 없었다. 30대 중반이 된 맷은 전부터 좀 더 안정된 생활을 꿈꾸고 있었지만, 세상에서 가장 외딴 대륙인 남극에서 두 시즌에 걸쳐 연구해볼 기회는 놓칠 수 없었다. 그는 첫 번째 시즌의 어느 날, 캠프에 아는 사람 하나 없고, 그런 캠프와도 멀리 떨어진 펭귄 군집에서 퍼붓는 바람과 눈을 홀로 견디고 있을 때 문득 '나는 여기서 대체 뭘 하고 있지? 이게 다 무슨 일이야?' 하는 생각이 들었다고 했다.

현장 연구자라면 갑자기 새로운 시야가 열리는 그런 순간을 반드시 경험한다. 나 역시 맷처럼 현장에서 비참한 상황에 놓이면 '내가 왜 이걸 하겠다고 했지?'라는 생각이 든다. 맷은 남극에서 첫 시즌을 보낼 때 주산기 물개 포획 기간에 해변에서 새끼 물개를 돌본 일을 내게 이메일로 전한 적 있다. 나는 그 이메일을 읽고 경이로움을 느끼는 동시에 또 다른 시야가 열렸다. 남극의 어느 해변에서, 태어난 지 하루도 채 안 된 새끼 물개를 돌보는 일을 하면서 돈을 벌다니. 그때 나는 이렇게 생각했었다. 삶이란 무엇일까? 맷은 어떻게 그곳에 가게 됐을까?

맷이 시레프곶에서 첫 번째 시즌을 보내는 동안 우리는 여러 통의 이메일을 주고받았지만, 그때 느낀 경이로움은 내 마음에 계속 남아 있었다. 그리고 지금, 불과 얼마 전까지도 엄마 배 속에 있었던 '외뿔고래'의 촉촉한 코가 내 허벅지에 닿아 있고 이 작은 생명체에 온 신경을 쏟고 있으니 나 역시 많은 생각이 들었다. 삶이란 무엇일까? 나는 여기서 뭘 하고 있나? 나는 어떻게 여기까지 오게 됐을까? 맷의 이메일을 읽으며 느꼈던 경이로움도 새롭게 밀려왔다.

물개팀은 정해진 작업을 마치고 나면 암컷을 가스 마취기와 분리하고 합판으로 만든 커다란 상자 안으로 옮겼다. 두 발로 걸어 다니는 낯선 인간들과 사나운 수컷 물개가 없는, 어둡고 안전한 환경에서 깨어나도록 하기 위해서였다. 새끼도 그쪽으로 데려갔다. 마이크는 새끼의 머리를 쓰다듬고, 휘트니는 "꼬맹아" 하고 불렀다. 샘은 새끼의 작은 얼굴을 뚫어지게 쳐다보면서 예리한 질문을 던졌다.

암컷이 어두운 상자에서 어느 정도 정신을 차리면, 마이크가 암컷 물개의 울음소리를 흉내 내며 새끼의 반응을 유도했다. 수십년간 갈고닦은 실력이라 진짜 물개 소리와 소름 끼칠 정도로 똑같았다. 마이크의 소리를 듣고 새끼가 응답해서 울면, 몽롱하던 암컷 물개도 얼른 깨어났다. 새끼 물개 소리에 암컷이 답한다는 건 수컷이나 다른 암컷들로부터 새끼를 지킬 수 있을 만큼 회복됐다는 의미이므로 이제 모두 풀어줘도 된다는 신호였다. 암컷이 이만큼 회복하기까지 시간이 그리 오래 걸리지는 않았다. 새끼의 소리에 응답하는 암컷의 다소 지친 울음소리가 들리면, 우리 중 한 명이 새끼를 하렘과 가까운 곳으로 데려가고 두세 명은 암컷이 담긴 상자를 그쪽으로 옮겼다. 그리고 새끼를 해변에 내려놓는 순간 암컷이 있는 상자의 뚜껑을 열고 상자를 옆으로 눕혔다. 암컷이 상자에서 나오자마자 우리는 상자를 들고 재빨리 물개들 눈에 띄지 않는 반대쪽으로 달려가서 몸을 숨겼다. 그곳에서 암컷이 새끼와 무사히 재회했는지 확인한 다음, 장비를 모두 챙겨서 다음 포획을 위해 다른하렘 쪽으로 이동했다. 상자에서 나온 암컷은 조금 얼떨떨한 상태로 새끼와 코를 맞대고 있다가 수컷이 대체 무슨 일이냐고 묻는 듯다가오면 수컷에게 확 달려들었다.

오후 내내 물개 포획을 마치고 나면, 샘과 휘트니는 우리 캠프의 작업장 한쪽에 있는 작은 물개 연구실에 틀어박혀 채취한 표본을 전부 처리하고 다시 몇 시간에 걸쳐 데이터 입력까지 마친 후에야 겨우 침대에 누웠다. 날이 밝으면 모든 과정이 반복되었다. 암컷 30마리를 포획해서 데이터를 얻는 게 이들의 목표였다. 대략 2주, 잘하면 열흘 만에 이 목표를 채울 수 있었다.

나는 휘트니가 나중에 훌륭한 수의사가 될 것임을 일찌감치 확신했다. 수의대 지원자 중에 남극의 어느 섬에서 물개 몸에 가스 마취기를 연결해보거나 하와이 제도 북서부의 섬에서 앨버트로스 수백 마리에게 식별 밴드를 달아본 사람이 얼마나 되겠는가? 휘트니는 현장 연구자로서도 뛰어난 인재였지만, 주산기 포획 기간에 발휘하는 집중력과 활기찬 모습에서 수의사의 자질이 분명하게 드러났다. 나는 휘트니가 자신이 나아갈 길을 알고 그 길이 자신에게 잘맞는 일임을 확신할 수 있다는 게 부러웠다. 시간이 흐르면 자연히그렇게 되는지, 나도 몇 해가 더 지나면 내가 해왔던 일들을 토대로 정말 하고 싶은 일이 무엇인지 깨닫게 될지 궁금했다. 다만, 수의사가 내 길이 아닌 건 분명했다. 나는 의대 공부를 마칠 만큼 꼼꼼한 사람이 아니었으니까.

휘트니는 포획 작업에서 빛을 발했지만, 혹시라도 힘들지는 않은지, 지독히 싫은 부분은 없는지 궁금했다. 휘트니는 한결같이 명랑한 사람이라 속마음은 어떤지 파악하기가 어려웠다. 가끔은 우리 앞에서 드러내기로 미리 정해둔 성격이 따로 있는 것 같아서 당황스럽기도 했다. 나는 휘트니가 아침마다 제일 일찍 일어나고 다른 사람들이 깨기 전에 1시간 정도 혼자 시간을 보낸다는 사실을 알고 있었다. 한번은 그렇게 일찍 일어나서 뭘 하냐고 물었는데, 휘트니는 운동도 하고 명상도 한다고 이야기하곤 말을 돌렸다. 매일 다 함께 식사한 후에 가장 먼저 설거지를 시작하고 쓰레기를 내다 버리는 사람, 항상 먼저 청소를 시작하는 사람도 휘트니였다. 우리가 그러지 말라고 해도 휘트니는 괜찮다고 했고, 내가 듣기에 억지로 꾸며낸 것 같진 않았다. 그녀에게 아침마다 혼자 보내는 시간이 구체적으로 어떤 의미인지는 몰라도 설거지나 축축한 침구를 견뎌야 하는 생활이나 길고 긴 근무 시간을 크게 신경 쓰지 않고 살 수 있는 원천이 되는 건 분명해 보였다. 나는 그 환한 미소 뒤에 무엇이 있는지 들여다보고 싶었지만, 휘트니는 쉽사리 내보이지 않았다. 만약 그녀가 투덜거리고, 뚱하고, 퉁명스러운 사람이었다면 대체로 다 파악했다고 생각했을 것이다. 하지만 이렇게 사생활이라곤 없는 환경에서는 남들의 침입을 견디기 위해 휘트니처럼 자신만의 벽을 세우는 사람도 있기 마련이다.

나와 맷이 그랬듯 샘과 휘트니도 함께 보내는 시간이 길어질수록 더욱 친해졌고 둘만의 언어와 습관도 생겼다. 물개의 주산기 포획이 집중적으로 진행된 기간에는 우리끼리 이해하는 농담도 많아졌다. 함께 지내는 사람들과 마음이 점점 더 잘 맞아서 우정이 견고해지면 모두가 더 편해지고 마음 편히 지낼 수 있다. 우정도 사랑처럼 발산된다.

샘과 나 사이의 공통점도 있었다. 우리는 같은 도시에서 대학에 다녔고, 둘 다 독서광이었다. 또한 둘 다 남극이라는 세상을 난생처음 경험하는 중이었다. 우리는 모두가 잠든 밤늦은 시간까지 공상과학 소설을 읽거나 접이식 탁자를 사이에 놓고 작은 목소리로 각자 읽은 소설 이야기를 나누곤 했다. 샘은 크로스핏과 코딩, 야구, 물개, 판타지 소설을 좋아하고 테일러 스위프트의 노래를 크게 틀어 놓고 즐겼다. 나는 샘이 늘 솔직한 사람이어서 좋았다. 나는 누구보다 강인한 척, 세상에 휘둘리지 않는 태평한 사람인 척하려고 내무른 면들, 가령 구닥다리 팝 음악과 로맨스 소설을 좋아하는 취향 같은 건 되도록 드러내지 않으려고 할 때가 많은데, 샘은 그런 나와는 전혀 다른 사람이었다. 진솔한 그와 함께 있으면 나도 마음이 편해져서 내 유치한 취향이나 허술한 면도 편히 드러낼 수 있었다.

휘트니와의 관계에는 그런 친밀감은 좀 덜했지만, 캠프에 여자는 우리 둘밖에 없었으므로 우리 사이에 자연스러운 동맹이 맺어졌고, 우리만의 비밀도 생겼다. 캠프에 온 지 한 달쯤 됐을 때, 휘트니는 내게 의료품이 담긴 가방 중 "여성 위생용품"을 따로 둔 주머니에 우리 둘 다 즐겨 먹는 에너지바를 탐폰과 함께 넣어두었다고 슬쩍 알려주었다. 남자들 손이 닿지 않도록 숨길 수 있는 가장 안전한 장소였다.

나는 휘트니의 긍정적인 성격과 일할 때 반드시 지키는 원칙들, 무엇이든 놓치는 법이 없는 예리한 눈, 유머 감각에 감탄했다. 결연한 의지도 존경스러웠다. 나도 언젠가는 휘트니처럼 구체적인 장기 목표가 생겼으면 좋겠다고 생각했다. 휘트니는 현장 연구 경험이 나보다 많았고, 현장에서 쌓은 경험을 바탕으로 인생의 다음 단계를 어떻게 만들어나갈지 결정했다. 나도 그럴 수 있다면 얼마나 좋을까.

✳

주산기 포획 기간에 빙산이 쪼개졌다. 일요일이라 다 함께 모여 와플을 먹고 있을 때 샘이 멀리서 쩍 하고 갈라지는 소리가 천둥처럼 크게 들렸다고 했고, 그 말에 모두 밖으로 달려 나갔다. 캠프 동쪽에 있던 판처럼 평평한 거대한 빙산이 두 덩어리로 쪼개져서 틈이 빠른 속도로 벌어지고 있었다. 물에 떠다니는 빙산에는 여러 가지 힘이 작용한다. 비나 눈 녹은 물이 빙산의 낮은 곳에 쌓이고 균열이 생긴 쪽으로 흐르다가 바닥에 점점 고인다. 이렇게 물이 고이면 빙산의 측면과 맨 아래쪽부터 녹기 시작한다. 남극해의 자연적인 난류도 빙산에 힘을 가한다. 빙산이 쪼개지고 뒤집히는 건 일반적인 일이지만, 매일 보던 풍경이 달라지는 일이라 적잖이 당황스러웠다.

빙산이 쪼개진 날 밤에 우리는 풍선이 땅에 닿지 않도록 서로 주고받는 놀이를 2시간 동안 여러 버전으로 하면서("이제 엉덩이랑 팔꿈치로만 치기로 하자!", "무릎이랑 얼굴만 쓰기로!") 미친 듯이 웃어댔다. 어느 때보다 활기가 넘치는 밤이었다. 나는 풍선을 어떻게든 떨어뜨리지 않으려고 바닥에 몸을 내던지고 얼굴로도 받아냈다. 다들 비닐 풍선 하나에 완전히 몰두해서 숨이 넘어갈 정도로 웃어대며 오두막 곳곳을 누볐다. 모두 제정신이 아니었다.

주산기 물개 포획이 끝나갈 무렵이 되자 너무 피곤해서 몸에 남은 에너지라곤 닳아서 끊어질 듯 간신히 이어진 전선에서 불규칙하게 탁, 탁 튀는 전기와 비슷한 수준이었다. 7주 내내 하루도 쉬지 않고 자기 업무를 마치고 10일 연속으로 물개 포획을 했다. 풍속이 초당 27미터를 계속 넘는 날은 공식적으로 그날 업무를 쉴 수 있었는데, 우리가 도착한 뒤로 일일 평균 풍속은 초당 20미터 아래로 떨어지는 법이 없었다.

내 손가락은 껍질이 벗겨지지 않는 날이 없었고 발도 엉망이 되었다. 발가락은 감각이 없어진 지 오래이고, 코는 매일 햇볕과 바람 공격에 시달리느라 딱딱해지고 쓰라렸다. 밤마다 지저분한 시트에 누워 따뜻한 바위에 늘어진 코끼리물범처럼 곯아떨어졌다. 빨래를 한번 하려 해도 너무 번거로워서 엄두가 잘 나지 않았다. 프로판 난로에 거대한 들통을 올려 물을 데우고, 데워진 물을 습한 방으로 옮기고, 양동이에 비누를 녹인 다음 그 물에 빨랫감을 담근 후에 땟국이 흐르는 옷가지를 빨래판에 문질러서 빨아야 했다. 무척 고된 일이었다. 몸이 못 견딜 만큼 지저분하게 느껴지는 날에는 면봉으로 귀를 열심히 닦아냈다. 그러면 일주일 정도는 더 견딜 수 있었다.

꾀죄죄한 상태로 지내는 생활에 적응하는 건 털갈이와 비슷하다는 생각이 들었다. 위생에 대한 일반적인 기대치를 잠시 잊고, 더 지저분하고 지독한 냄새를 풍기는 인간으로 변하는 것이다. 긴 내복은 내 새로운 피부나 다름없었다. 멀쩡한 척하려는 노력을 내려놓으니 한결 홀가분했다. 점차 캠프 전체에 집단적인 엉뚱함이 자리를 잡았다.

아침에 옥외 화장실 양동이에 용변을 보는 일, 조사 중에 갑자기 용변이 급해서 펭귄 군집 아래쪽 해변의 조간대(만조선과 간조선 사이 지대. 만조에는 바다에 잠겼다가 간조에는 드러나는 경계 지대다–옮긴이) 혹은 사방으로 돌아다니는 어린 물개들 틈에서 어느 물개의 영역도 아닌 곳을 찾는 일, 그런 장소에서 작업복을 발목까지 내리고 축축한 바위 위에 쭈그리고 앉아 용변을 보다가 물개가 다가오면 스키 폴로 쿡쿡 찔러서 더 가까이 오지 못하게 막는 일, 때마침 바다에서 사냥을 마치고 뭍으로 나온 펭귄들이 그러고 있는 나를 빤히 쳐다보며 가만히 서 있는 모습을 마주하는 일, 이 모든 일들을 겪고도 멀쩡한 척하기란 불가능했다. 새끼 물개를 처음 안아봤을 때처럼 그런 순간에도 '인생이란 무엇일까?'라는 생각과 함께 새로운 시야가 열렸다. 조간대로 달려가 용변을 볼 만큼 다급했던 적이 많지는 않았지만, 그때마다 펭귄 두어 마리가 이렇게 흥미로운 일은 처음이라는 듯 모든 과정을 지켜보고 가까이 다가와서 내 엉덩이를 열심히 살폈다. 펭귄들이 얼마나 당황스러울까 싶으면서도 그 순간 내가 반발심을 느낀다는 사실도 놀라웠다. 지난 몇 달 동안 펭귄을 관찰하면서 생긴 깊은 친밀감은 다 어디 가고, 그때만큼은 '제발 쳐다보지 마!'라는 생각밖에 들지 않았다. 서로의 입장이 단숨에 뒤집힌 순간이었다.

주산기 물개 포획이 끝나갈 즈음, 휘트니와 나는 새끼 물개들 등에 글자를 표시하고 남은 표백제로 머리카락을 염색했다. 물개 연구실 밖에서 어깨에 비닐을 두르고, 먼저 휘트니가 내 머리카락의 아래쪽 절반에 표백제를 발랐다. 다 끝나자 이번엔 내가 휘트니 머리카락에 열심히 표백제를 발랐다. 얼음처럼 차가운 물로 헹궈내고, 우리가 글자를 물들인 새끼 물개들의 등 털처럼 색이 빠진 새로운 헤어스타일을 다른 사람들에게 자랑했다.

다들 나름의 방식으로 스트레스를 풀었다. 휘트니는 기각류 데이터베이스를 들여다보다가 좌절할 때면 그 감정을 흡사 오페라 아리아처럼 노래로 표현했다. 샘은 밖으로 나가서 스트레칭하고 물구나무선 채로 주변을 걸어 다녔다. 맷은 사람들이 곁에서 부산스럽게 움직여도 꼼짝없이 몇 시간씩 벽을 뚫어지게 보고 있다가 저녁 7시면 자러 들어갔다. 나는 철봉에 거꾸로 매달려 있거나 저녁을 먹은 후 칠레 캠프로 가서 레나토, 페데리코와 어울렸다.

유독 흥이 넘치는 저녁에는 먼저 우리 캠프에서 놀다가 바로 곁에 있는 칠레 캠프로 자리를 옮겨 백야의 밤이 깊어지도록 한참을 더 놀았다. 가끔 샘이 함께 어울리기도 했는데, 그러면 나와 레나토, 페데리코는 셋 다 영어로 말해야 했지만 그런다고 흥이 깨지진 않았다. 페데리코는 수학을 정말 사랑하는 사람이었고, 레나토는 예술적인 기질이 많았다. 페데리코가 아내에게 보내줄 눈사람 사진을 찍고 싶다고 하더니 무슨 건물 도면을 그리듯 정교하게 스케치를 하고 당근과 삽, 올리브까지 눈사람 만드는 데 필요한 준비물을 챙기는 걸 보면서 레나토와 나는 배를 잡고 웃었다. 레나토는 시레프곶이 소박하지만 장엄한 풍경을 만끽할 수 있는 곳임을 알게 됐고, 이곳 생활의 단점도 하나씩 알게 됐다고 했다. 어느 날 저녁에는 내게 현장 연구자로 평생 일할 계획이냐고 물었다. 나는 이 일을 더 해봐야 알 수 있을 것 같다고 대답했다. 정말로 나도 내가 어떤 마음인지 알 수가 없었다.

현장 연구에는 내가 좋다고 느끼는 점들이 참 많았다. 나는 현란한 색과 자동차, 온갖 사람들, 주머니에서 울려대는 소형 컴퓨터 같은 기계 속 수천 가지 세상에는 흥미를 느낀 적이 없었다. 하지만 관심을 요구하는 게 하나도 없는 자연에는 기꺼이 관심을 쏟았다. 휴대전화의 각종 기능으로 얻는 도파민에 익숙해진 생활에서 벗어나면, 어느새 자연에서 내면의 평정심을 찾고 사색하며 사는 생활에 얼마든지 적응할 수 있었다. 현장 연구자가 되면 휴가나 주말 드라이브와는 작별해야 하고 정신을 쏙 빼놓는 인터넷이 없는 곳, 연구하는 장소 외에 다른 세상은 존재하지 않는 곳에서 생활해야 한다. 보통 섬은 일상에서 탈출할 수 있는 상징 같은 장소로 여겨지지만, 내게는 섬이 달아날 데가 없는 곳이었기에 바로 이 점에 가장 큰 의미가 있었다.

이 일을 영원히 할 수 없다는 건 알고 있었다. 양동이에 용변을 보고, 때가 꼬질꼬질한 옷을 입고 생활하고, 지독한 날씨에 얼굴은 나날이 엉망이 되고, 온종일 장비를 들고 옮기면서 살다 보면 모험이 주는 짜릿함이 사라지는 날이 올 것이다. 함께 지내는 사람들의 시간이 앞으로 어떻게 흘러갈지는 훤히 보였다. 휘트니는 수의학 공부를 시작할 것이고, 맷은 현장 연구자의 삶을 정리하고 앞으로 무엇을 할지, 그 새로운 일은 자신에게 어떤 의미가 있는지 계속 고민할 것이다. 레나토는 박사 학위를 받고, 페데리코는 잠시 벗어났던 칠레에서의 안정적이고 확실한 삶으로 돌아갈 것이다. 마이크는 곧 은퇴를 앞두고 있었다. 보통은 현장 연구자로 한동안 일한 다음 다른 일을 하면서 살지만 다 그런 건 아니다. 내가 만난 현장 연구자 중에는 수십 년째 현장에서 일하고도 여전히 외딴섬에서의 생활을 즐기는 사람들도 있었다. 그런 사람들은 다른 어떤 곳보다 현장 캠프가 편하다고 이야기했다. 그러나 나는 그렇게 살아도 그들처럼 현장이 편해지리라는 확신은 들지 않았다. 현장 연구를 정말 사랑하는 것과 별개로 이 일이 내 삶의 최종 목적지라고 생각한 적은 없었다. 그러기엔 원하는 게 너무 많고 궁금한 것도 너무 많았다. 내 안에는 새로운 것, 도전을 향한 갈망이 늘 가득했다.

현장 연구는 육체노동과 프로젝트 관리가 만나는 교차점이다.

또한 시설을 유지하고 관리하는 기술과 더불어, 오지의 비좁은 캠프에서 다양한 성격의 사람들과 부대끼며 살기 위해서는 사교 능력이 필수다. 몰입감과 성취감을 주는 일이었지만, 내 머릿속은 내가 하는 연구와 자연이 인간의 문화를 만드는 방식에 관한 고민과 철학적인 사색으로 방황할 때가 많았다. 내가 하는 일은 정해진 연구 계획에 묶여 있었다. 계획을 실행하는 방식은 내가 정할 수 있지만(타이밍, 날씨, 장비에 따라) 일 자체를 내 마음대로 정할 수는 없었다. 있는 그대로 부딪히는 경험들이 워낙 강렬해서 지력을 발휘할 일이 별로 없다는 점도 현장 연구의 특징이었다.

나는 10년 뒤에 내가 어떻게 살고 있을지 상상해보았다. 장비를 고치거나 사람들이 안전하게 지내도록 하는 일과는 무관하지만, 광범위한 정보를 토대로 더 중요한 아이디어를 비판적으로 숙고해서 해결 방법을 찾고 영향력 있는 결정을 내리면서 살게 될까? 뛰어난 지성을 발휘하며 남극 연구 사업을 이끈 더글러스 크라우제Douglas Krause, 마이크 괴벨Mike Goebel, 제퍼슨 힌케Jefferson Hinke 같은 사람들처럼 과연 나도 과학에 몸담고 살면 만족감을 느낄 수 있을지 확신할 수 없었다. 내가 아는 건, 결국에는 다른 걸 원하게 되리라는 것뿐이었다.

7

12월 중순

밝고 화창한 날, 우리는 오두막 덱으로 나가서 배를 기다렸다. 마이크가 돌아가는 날이었다. 현장 연구는 시즌마다 리더 두 사람이 교대로 일한다. 한 명이 먼저 와서 캠프를 열고, 그다음에 오는 리더는 시즌 마지막에 캠프를 닫을 때까지 함께 지낸다. 나와 같은 연구자들은 연구 기간 내내 머물면서 캠프를 운영한다. 정기적으로 남극에 식량을 전달하러 오는 로런스 M. 굴드호가 여름철에 필요한 물품을 싣고 와서 파머 기지에서 북쪽으로 가는 길에 시레프곶에 들러 마이크를 태워 가기로 했다. 마이크는 그의 고향이자 NOAA 남극 연구 사업 본부가 있는 샌디에이고로 돌아갈 예정이었다. 레나토와 페데리코도 우리 오두막 덱에서 함께 배를 기다렸다. 레나토는 조롱박으로 만든 찻잔에 '봄빌라'라고 부르는 빨대로 마테차를 마셨다. 얼마 지나지 않아, 익숙한 주황색의 커다란 선체가 느릿느릿 이쪽으로 다가오는 모습이 보였다. 해안과 1.5킬로미터 떨어진 곳까지 왔을 때 모두 선장과 무전으로 인사를 나누었다. 그리고 다 함께 해변으로 내려갔다. 바다에서 육지로 돌아오던 펭귄들이 불안한 눈빛으로 우리를 바라보았다.

해변에 정박한 고무보트가 꼭 다른 세상에서 온 우주선처럼 느껴졌다. 지난 몇 달 사이에 매일 밤낮을 함께한 사람들에게만 익숙해진 탓인지, 새로운 얼굴들과 마주하자 갑자기 너무 많은 정보가 눈앞에 쏟아지는 것 같아 혼란스러웠다. 맷과 나는 캠프에서 나온 쓰레기와 다 쓴 프로판가스통을 보트에 싣느라 분주히 움직이며 되도록 사람들과 눈을 맞추지 않았다. 우리보다 훨씬 사교적인 샘과 휘트니는 낯선 사람들과 아무렇지 않게 이야기를 나누었다. 마이크가 보트에 올라 해안에서 차츰 멀어지기 시작할 때는 시계가 벌써 저녁 6시를 가리켰다.

캠프로 돌아가는 길에 우리가 꼭 주말에 부모님이 외출하셔서 집에 남은 아이들 같다는 기분이 들었다. 마이크는 억압적인 면이라곤 전혀 없는 사람이었는데도 저명한 연구자이면서 사실상 우리 모두의 상사였기 때문인지 막상 우리만 남고 나니 캠프에 묘한 자유로움이 감돌았다.

마이크를 배웅하고 캠프에 돌아왔지만, 배를 보내느라 늦어진 그날의 업무를 시작해야 했다. 나는 고무보트가 떠날 때 바위에서 미는 일을 돕다가 옷이 무릎까지 젖어서 옷도 갈아입어야 했다. 그리고 나니 완전히 녹초가 되어 샘, 휘트니, 맷과 나란히 덱에 앉아 새끼 물개들이 근처에 쌓아둔 오두막 문 덮개들 위로 기어오르려고 버둥대는 모습을 지켜보면서 한참을 꾸물거렸다. 더 이상 미룰 수 없을 만큼 미적거리고 나서야 다들 몸을 일으켜 현장으로 향했다.

먹을 걸 좀 챙기고 작업복으로 갈아입은 후에 본격적으로 일을 시작한 시각은 저녁 7시였다. 해는 기울고, 서쪽에 남은 빛 사이로 옅은 안개가 흩어지는 모습이 보였다. 눈이 녹아서 생긴 물줄기가 부드럽게 반짝이며 컴컴한 땅속으로 흘러갔다. 그렇게 늦은 시각에 펭귄 군집에 온 건 처음이었다. 평지를 가로질러 도둑갈매기 오두막 쪽 오르막길에 들어서자 물을 잔뜩 머금은 흙에 부츠가 푹푹 빠졌다. 사방에서 물소리가 들렸다. 거칠게 으르렁대는 바다, 빠르게 흘러가는 시냇물, 바위에 한 방울씩 떨어지는 눈 녹은 물방울은 전부 아래로, 더 아래로 흘렀다. 그 물들이 바다와 합쳐지면 어디에서 온 물인지도 알 수 없게 될 것이다. 고래 뼈가 흩어져 있는 해변을 지날 때 물개들이 졸린 눈으로 쳐다보았다. 띄엄띄엄 자라난 이끼의 얇은 녹색 막 사이로 빛이 투과되고 있었다.

해변에 그렇게 많은 펭귄이 모여 있는 모습은 처음 보았다. 밤이 되자 해변은 짝이 있는 둥지로 돌아가려고 막 바다에서 나온 펭귄들로 북적였다. 밝은 분홍색 발들은 젖은 회색 바위와 대조를 이루고, 윤기가 흐르는 하얗고 까만 털은 새로 털갈이를 한 듯 말쑥하고 깔끔했다. 그런 펭귄들이 바위 위에 잔뜩 무리 지어 신나게 떠들면서 주변을 두리번거리고 있었다. 근처에서 배를 내놓고 느긋하게 누워 있던 웨들해물범 한 마리가 나를 유심히 쳐다보았다. 펭귄들이 부산스럽게 그 옆을 지나면서 저녁 공기에 열심히 털을 말렸다. 물범의 널찍한 회색 배에 젖꼭지가 있는 걸 보니 암컷이었다. 점이 콕콕 박힌 푸르스름한 회색빛 지느러미발을 감탄하며 바라보자, 물범도 나를 더 자세히 보고 싶은지 고개를 쭉 내밀었다.

봐서는 안 되는, 은밀하고 비밀스러운 장면 속으로 내가 불쑥 끼어든 것 같았다. 어리둥절한 기분으로 펭귄 군집을 돌아다니며 현장 기록용 노트를 들여다보는 내내 꼭 망원경 반대쪽으로 바라본 낯선 세상과 마주한 기분이 들었다. 요정의 나라에 온 것만 같은 이 감정을 이런 노트에, 여기 그려진 표에 어떻게 담을 수 있단 말인가? 내 담당 군집 중에 다른 군집들보다 알이 부화하는 속도가 빨랐는지, 새끼 펭귄들이 새된 소리로 울어대는 소리가 들렸다. 소리 자체는 속삭임처럼 희미했지만, 생소한 소리라 내 귀에는 쏙 들어왔다. 그 소리를 따라가니 부모 펭귄의 포근한 포란반 사이로 벨벳 같은 털이 덮인 작은 날개와 아직 제대로 가누지 못하는 조그만 물갈퀴가 보였다. 둥지 주변에 흩어진 알껍데기는 귀중한 새 생명이 부모의 털 아래에 있음을 짐작할 수 있는 단서였다. 부화 시기가 다 됐다는 건 알고 있었지만, 알에서 갓 나온 새끼 펭귄을 직접 본 건 그날이 처음이었다. 마치 작은 털 뭉치 같은 모습이었다. 해변의 바위에 앉아 나를 둘러싼 자연을 가만히 보았다. 감격스럽고 강렬한 감정과 함께 피로가 몰려왔다. 나는 그 모든 것에 경의를 느끼는 한 마리 포유동물이 되어 조용히 뜨거운 눈물을 흘렸다.

*

12월 중순이 되자 한 달 동안이나 이어진 펭귄들의 알 품기가 끝나고 부화가 시작되었다. 4일마다 알을 품고 있는 펭귄 꼬리를 들어 올리고 확인해보면 알 내부에서 가해진 힘으로 껍데기에 생긴 균열이 보였다. 새끼가 얼른 나오려고 애쓰는 중이라는 신호였다. 그러고 나면 얼마 지나지 않아 온통 축축한 몸에 사팔눈을 한, 잔뜩 굶주린 생명체가 나타났다. 나는 부화기가 절정에 이르는 시기가 정말 좋았다. 바닷새의 번식기 연구 기간을 통틀어 내가 가장 좋아하는 시기였다. 갓 태어난 귀중한 생명은 어색하고 흐느적대는 작은 펭귄으로 자라나거나 그러지 못하고 목숨을 잃었다.

턱끈펭귄의 새끼는 경이로울 만큼 제시간에 딱 맞춰서 태어났다. 부모가 알을 품기 시작하면 알 속에서 날짜를 세고 있다가 정확히 30일째 되는 날 때맞춰 태어나는 것 같다는 생각이 들 정도였다. 턱끈펭귄 새끼들은 에너지가 가득했고, 태어날 때부터 제 앞가림은 알아서 잘하겠다는 인상이 확실하게 느껴졌다. 젠투펭귄은 부화에 시간이 더 많이 걸렸다. 부화가 시작되는 시점도 늦고, 부화할 때도 2~3일 더 꾸물거렸다. 그러다 마침내 나오는 중임을 알 수 있는 징후가 나타나면 그다음 날에야 알에 터진 틈을 겨우겨우 열어젖히고 밖으로 나왔다. 젠투펭귄의 성격과 완벽히 맞아떨어지는 방식이었다. 다 큰 젠투펭귄들은 간혹 군집에서 돌아다니다가 멈춰 서서 약간 멍한 표정으로 두리번거리곤 하는데, 그럴 때의 모습은 방문을 열고 들어와 놓고 뭘 하러 왔는지 깜박 잊어버린 사람들과 비슷했다.

갓 태어난 젠투펭귄 새끼는 머리가 정말 작고 그보다 더 작은 주황색 부리가 달려 있었다. 털은 머리 맨 윗부분만 까맣고 몸에 난 솜털은 흐릿한 회색이었다. 양 날개는 사무용 클립만 했다. 몸무게는 대부분 동그란 배에 쏠려 있는 듯했고, 물갈퀴로 된 커다란 주황색 발 2개가 몸 전체 무게를 지탱했다. 펭귄의 짧은 어린 시절에는 위장이 가장 중요한 기능을 하는데, 자라면서 배는 점점 더 앞으로 튀어나온다. 새끼의 몸무게를 측정하려고 나이 조사 둥지에서 새끼를 들어 손에 올려보면, 속에 물고기 기름이 가득 채워져 있고 겉은 보송보송한 털로 감싸인 풍선을 쥔 기분이 들었다.

크기가 레몬 한 알 정도밖에 안 되는 새끼 펭귄들이 둥지에서 곤히 잠들어 있으면 꼭 죽은 것처럼 보일 때도 있었다. 새끼들은 잠이 깬 뒤에도 머리를 거의 가누지 못하고 부리만 겨우 벌려서 부모가 토해내서 먹여주는 크릴을 받아먹었다. 새끼를 향해 부리를 쩍 벌린 부모 펭귄은 토하기 직전에 늘 몸을 심하게 부르르 떨었다. 그 다음 순간에 보면 새끼의 머리가 어느새 통째로 부모 입속에 들어가 있었고, 새끼들은 그 자세로 부모의 위에서 쏟아지는 먹이를 먹고 있었다. 그 자그마한 녀석들은 희미한 소리로 줄기차게 울어대며 먹이를 달라고 계속 보챘다.

부화기에는 모든 펭귄이 군집지로 모여드는 것 같았다. 태어난 지 몇 년 되지 않아 아직 번식할 나이가 안 된 청소년기 펭귄들도 태어난 곳으로 돌아왔다. 생애 첫 겨울을 무사히 보내고 이제 겨우 한 살을 꽉 채운 펭귄들도 있었다. 시즌 내내 이런 청소년기 펭귄들이 보였다. 번식할 나이(최소 3년은 지나야 한다)가 안 된 펭귄들이 군집으로 돌아오는 이유는 아직 확실하게 밝혀지지 않았다. 턱끈펭귄과 아델리펭귄처럼 철 따라 이동하는 펭귄은 유소성, 즉 번식기가 되면 자신이 태어난 군집으로 돌아오는 경향이 강하다. 아직 번식할 때가 아닌데도 군집에 돌아오는 건 이런 본능 때문일 수도 있다. 또는 현실적인 전략일 가능성도 있다. 남극물개와 마찬가지로 펭귄도 충분한 시간을 보낸 익숙한 장소에서 번식에 성공할 확률이 더 높다. 나이가 더 많은 펭귄은 기술이 단련되어 먹이를 찾고 새끼를 키우는 능력이 상대적으로 어린 펭귄보다 더 우수하다. 그러므로 내가 펭귄 군집들에서 간간이 목격한 것처럼 번식기에 어른 펭귄들이 둥지를 지을 조약돌을 모으고, 짝을 찾고, 먹이를 구하러 바다에 다녀오는 과정을 지켜보고 직접 해보기도 하면서 실용적인 지식을 조금이라도 갖춰두면 나중에 자기 새끼를 낳고 기를 때 유리할 수 있다.

청소년기 펭귄은 쉽게 구분할 수 있었다. 턱끈펭귄의 경우 눈가가 반점처럼 검게 얼룩져 있고, 젠투펭귄은 머리의 하얀 띠가 아직 머리 꼭대기에서 연결되지 않았다. 또한 청소년기 펭귄은 안절부절못하고 불안한 기색이 역력하고 별 목적 없이 돌아다닐 때가 많아서 새끼를 키우는 어른 새들의 엄숙한 집중력과 대조를 이루었다. 군집 주변을 그렇게 어정거리며 돌아다니는 펭귄들이 보이면,

펭귄의 일생에서 가장 위태로운 시기인 첫해를 무사히 보내고 돌아왔구나, 하는 생각에 얼마나 반가웠는지 모른다. 난생처음 바다로 뛰어들어 펭귄으로 사는 법을 배우고 이렇게 군집으로 돌아올 만큼 잘 버틴 것이다. 정말 대단한 일을 해냈다고, 진심으로 자랑스럽다고 말해주고 싶었다.

펭귄의 부화 날짜는 현장 연구에서 수집하는 필수 데이터 중 하나이지만, 미래에는 지금처럼 펭귄 꼬리를 사람이 직접 들어 올려서 새끼가 태어난 날짜를 파악하는 방식은 사라질 것이다. 맷과 나는 펭귄을 정기적으로 모니터링하는 일과 별도로, 펭귄 연구에서 중요한 의미가 있는 날짜를 카메라로도 포착할 수 있는지 확인하는 유효성 검증 연구도 진행했다. 남극 연구 프로그램에서 바닷새 연구를 책임지고 있는 제퍼슨은 펭귄이 알을 낳은 날짜와 알의 개수, 부화일, 부화한 새끼의 수, 성체가 처음으로 군집에 새끼들만 두고 바다에 나간 날짜(이때 부모 없이 남겨진 새끼들의 무리 짓기가 시작된다)와 같은 데이터를 평소처럼 사람이 직접 수집한 결과와 카메라로 수집한 결과를 비교하는 연구를 설계했다.

맷과 나는 이 계획에 따라 삼각대에 고정한 카메라를 각 구획에 설치하고 오전 9시부터 오후 3시까지 30분 간격으로 사진이 촬영되도록 설정해두었다. 지난 수십 년간 수집된 모니터링 데이터가 있고, 이 데이터를 토대로 전후 상황을 추정할 수 있으므로 중요한 순간을 전부 카메라에 담을 필요는 없었다. 예를 들어 사진에 부화 장면이 포착되면 제퍼슨은 펭귄이 그 알을 약 30일 전에 낳았다고 추정할 수 있다. 같은 방식으로 암수 펭귄이 모두 둥지에 머무르고 있는 모습이 보이면 알을 낳는 중일 가능성이 크다고 추정했다. "가족이 완성되면(둥지에 알 2개를 다 낳고 나면)", 둥지에 한 마리만 남아서 바다로 나간 짝이 교대하러 올 때까지 알을 품는다. 이렇게 산란일을 추정하면 부화일도 계산할 수 있다.

내가 남극 해안에 첫발을 디딘 때로부터 1년 반이 지난 2018년 4월에 제퍼슨은 우리가 수집한 데이터를 근거로, 카메라를 이용해 펭귄을 모니터링하는 새로운 방법을 밝힌 논문을 발표했다. 이 논문에서 제퍼슨은 연구자가 직접 모니터링해서 얻은 정보와 카메라로 얻은 정보를 비교한 결과, 펭귄이 알을 낳는 기간에 암수 성체가 모두 둥지에 머무른다고 가정할 때 둥지에 있는 성체의 존재로 각 둥지의 연대순 변화를 80퍼센트까지 추정할 수 있다고 밝혔다. 카메라 설치는 간단한 일이고, 이 방법을 활용하면 미국을 포함한 CCAMLR 회원국들은 모니터링하는 둥지의 규모를 대폭 늘릴 수 있다. 또한 맷과 내가 한 것처럼 펭귄 군집을 매일 찾아갈 필요도 없다. 예산은 갈수록 빠듯해지는 가운데, 남극 연구 프로그램의 방향도 기술의 힘을 빌려 데이터를 얻어서 장기 연구에 활용하는 쪽으로 바뀌고 있었다.

나는 데이터 수집 능력이 향상된다면, 그리고 연구하려는 동물에게 방해가 덜 된다면 기술 활용에 대찬성이었다. 하지만 한편으로는 나보다 돈이 덜 들고 삼각대 위에 올려두기만 하면 먹을 것도, 난방도, 쉴 곳도 필요 없는 경쟁자를 내 손으로 훈련하고 있다는 생각이 드는 것도 사실이었다.

✳

펭귄들은 알을 품느라 먹이를 먹지 못해 주린 배를 채워야 하는 데다 새끼가 부화하면 먹일 입이 둘이나 늘어나므로 바다에 다녀오는 횟수가 더욱 늘어났다. 부모가 된 펭귄들은 해변에 나와 있는 다른 해양 동물들 사이를 지나며 매일 바다와 둥지를 오갔다. 주변에는 새끼를 보듬고 있는 암컷 물개들과 어미를 기다리며 옹기종기 모여 있는 새끼 물개들, 영역을 지키는 수컷 물개들, 가끔 나타나는 코끼리물범이 있었다. 해안에 다다른 펭귄은 커다란 발에 파도가 철썩 닿자마자 금세 사라졌다. 집중해서 잘 보면 깊은 바다로 들어가는 펭귄의 하얀 털이 살짝 보였는데, 입수 속도는 꼭 방금 발사된 대포알처럼 빨랐다. 펭귄은 날지 못하는 새라고 말하는 사람은 십중팔구 물속에서 작은 어뢰처럼 움직이는 모습을 본 적이 없을 것이다. 턱끈펭귄과 젠투펭귄 모두 사냥 목표는 크릴 떼다. 젠투펭귄은 크릴을 먹고 사는 부어(바다에서 수면 가까이에 사는 어류─옮긴이)도 먹이로 삼는다. 새끼 펭귄들은 이런 영양이 풍부한 먹이를 먹고 금세 쑥쑥 자랐다. 처음에 200그램 정도였던 몸무게는 태어나 2주가 지나면 거의 2킬로그램으로 열 배 가까이 불어났다.

보드랍고 여린 새끼 펭귄을 보는 건 늘 즐거웠지만, 이들이 얼마나 약한 존재인지도 마음이 찢어질 만큼 뚜렷하게 알 수 있었다.

펭귄 군집 주변을 낮게 날아다니며 먹이 사냥의 기회를 노리는 도둑갈매기의 밥이 되지 않으려면, 새끼 펭귄들은 되도록 빨리 자랄 수밖에 없었다. 도둑갈매기는 갓 부화한 새끼 펭귄들을 이미 꽤 많이 해치운 터였다. 일단 물면 힘껏 휘둘러서 죽인 다음 단 몇 입에 꿀꺽 먹어 치웠다. 도둑갈매기도 곧 부화할 자기 새끼들의 굶주린 배를 채워줄 먹이가 필요했다.

부화가 절정에 이르자 맷과 내가 할 일도 급속히 늘어났다. 우리는 펭귄 몸에 무선 추적 발신기를 부착할 준비를 시작했다. 무선 발신기는 식별 밴드와 달리 펭귄의 등에 부착되며, 도둑갈매기 오두막에 설치된 수신기 안테나의 측정 범위 내에서 펭귄이 현재 육지에 있는지 물가에 있는지를 기록한다. 또한 펭귄이 먹이를 구하러 군집을 떠나 있었던 시간도 기록한다. 경과 시간이 짧을수록 가까운 곳에 펭귄 먹이가 풍부히 있고, 경과 시간이 길수록 크릴 떼를 찾기가 어려웠음을 파악할 수 있었다.

무선 발신기 부착은 바람 불던 어느 흐린 날에 시작했다. 펭귄 군집 근처에서 그물을 들고 바다로 나간 젠투펭귄이 해변에 나타나기를 기다리는 게 첫 순서였다. 바다에서 펭귄이 나오면 둥지로 따라가서 둥지에 있는 새끼의 수(한 마리인지 두 마리인지)와 둥지의 위치, 바다에서 돌아온 부모와 둥지에 있던 부모의 성별 등 몇 가지 필수 정보를 확인했다. 펭귄의 성별은 구분하기가 상당히 어렵다. 부리 크기는 살짝 다른 정도이고, 그나마 나란히 섰을 때 가슴의 형태에서 확실하게 차이가 난다. 필수 정보를 확인하고 나면 부모 중 "지저분한” 쪽, 즉 둥지에서 새끼를 돌보다가 짝과 교대하고 바다로 먹이를 찾으러 가는 펭귄을 붙잡는다. 방금 바다에서 돌아온 펭귄은 둥지에 머무르면서 새끼들에게 먹이를 줘야 하므로 새끼를 돌봐야 하는 이들의 교대 근무를 최대한 덜 방해하려는 뜻이었다.

펭귄 포획에는 스키 폴 끝에 그물을 걸어서 크고 투박한 잠자리채와 비슷한 형태로 만든 포획 도구를 사용했다. 이 그물을 펭귄에게 씌운 다음, 안에서 퍼덕이는 양쪽 날개를 움직이지 못하도록 눌렀다. 그리고 두툼한 발목을 쥐고 그물을 벗긴 후 한 손으로 발을 꼭 붙들고 양팔로 안았다. 이 상태로 맷이 대기 중인 도둑갈매기 오두막으로 갔다.

가장 먼저 측정하는 건 펭귄의 몸무게였다. 침낭에 펭귄을 넣고 저울에 매달아서 측정하는데, 이때 펭귄은 날카로운 발톱으로 사방을 긁어대며 침낭 여기저기에 구멍을 뚫어놓았다. 몸무게는 대부분 4킬로그램 정도였다. 측정이 끝나면 펭귄을 침낭에서 꺼내주고 나는 뒤집어둔 18리터짜리 양동이를 의자 삼아 앉았다. 그리고 펭귄 배는 내 다리 위에, 머리는 내 팔꿈치 뒤로 가도록 안고, 양 날개를 몸으로 꽉 고정했다. 한 손은 펭귄 배에 대고 다른 손으로는 발을 붙잡았다. 그러면 맷이 앞에 웅크리고 앉아서 내 방수 점퍼를 양 옆으로 치우고 무선 발신기를 어디에 부착할지 신중하게 가늠했다. 까만색 정사각형 모양의 무선 발신기는 전선을 묶을 때 쓰는 케이블 타이와 강력 접착제로 펭귄 등에 고정했다. 발신기가 부착된 펭귄이 미끌미끌한 바위를 오르내릴 때면 발신기 몸체는 등의 털 속에 덮여서 거의 보이지 않고 삐죽 튀어나온 작은 안테나만 보여서 펭귄이 꼭 리모컨으로 조종되는 것처럼 보이기도 했다.

도둑갈매기 오두막에 설치된 수신기에는 펭귄에게 부착된 발신기에서 나오는 정보가 30분 간격으로 기록되었다. 펭귄이 육지나 가까운 물가에 있으면 정보가 기록되고 측정 범위를 벗어나면 아무것도 기록되지 않았으므로 먹이를 구하러 다녀온 시간을 30분 단위로 파악할 수 있었다. 펭귄이 사냥을 다녀오는 시간은 3시간에서 48시간까지 다양했는데, 이 데이터는 남극 생태계의 퍼즐을 푸는 여러 단서 중 하나로 쓰였다. 펭귄의 먹이 사냥 시간에는 아직 급격한 변화나 뚜렷한 추세가 없었으나 물개는 달랐다. 어미 물개가 새끼에게 줄 먹이를 구해 오는 시간이 점점 길어지고 있다는 사실이 뚜렷해지고 있었다.

기후 변화는 남극 크릴의 분포에 큰 영향을 준다. 크릴은 차가운 물을 좋아하는 생물로, 견딜 수 있는 최대 수온은 5도다. 지구 온난화로 남극 지역의 크릴 서식 범위가 줄었다는 증거도 있다. 일부 예측 모형에서는 기온이 계속해서 지금처럼 상승하면 21세기가 끝날 무렵에는 크릴 개체군의 서식지가 대부분 남쪽으로 더 내려가서 웨들해와 가까워질 것이라는 전망이 나왔다. 남극반도에 둘러싸인 웨들해는 남극 대륙의 큰 땅덩어리와 가까이 붙어 있다. 그러므로 이런 변화가 일어나면 크릴 서식지가 남극반도 서쪽에 형성된 펭귄과 물개의 주요 군집지로부터 멀어진다. 현재는 대서양 남서부 전체가 크릴 개체군의 산란지로 알려졌지만, 나중에는 그 지역에서 크릴이 전부 사라질 수도 있다.

　우리가 연구하는 생물이 이러한 변화에 적응하려면 얼마나 걸릴지, 또는 적응이 가능할지 파악하는 건 어려운 일이었다. 생물에 대해 더 깊이 알게 될수록 이렇게 과학적인 분석을 하는 일이 더욱 무겁게 느껴졌다. 가끔은 급격한 변화가 몰아닥치기 직전의 상황을 똑똑히 목격하고 있다는 기분도 들었다. 이 시점에 펭귄을 직접 보게 된 것에 감사함을 느끼는 동시에, 내가 사랑하는 이 생물이 쇠퇴의 길에 접어들었다는 사실이 통탄스러웠다. 광범위한 기후 변화를 펭귄이 얼마나 잘 견딜 수 있을지는 알 수 없었다. 10년, 20년 뒤에 시레프곶의 모습이 어떻게 변할지도 알 수 없었다. 변화의 속도가 너무 빨라서 바뀌기 전까지는 원래 기준점이 어디였는지도 모른 채 허우적대며 변화에 끌려다니는 것 같았다. 자연의 무수한 힘이 이 생물들에게 영향을 줄 것이다. 다른 모든 생태계와 마찬가지로 남극해도 그 내부가 복잡하게 서로 깊이 얽혀 있다. 이 시스템이 어떻게 작동하는지 우리가 완벽하게 알게 되는 날은 절대로 오지 않더라도 변화의 바람이 몰아치는 지역을 더 잘 관리하는 데 도움이 되는 통찰에는 조금씩 가까워질 수 있을 것이다. 과학자가 극 지역에 마음이 끌리면 치러야 할 대가가 크다. 크나큰 비통함을 견뎌야 할 수도 있으니 말이다.

　그러니, 이 일에 헌신적인 사람들만이 해낼 수 있다. 하루는 레나토가 밤에 피스코(나무통에 숙성한 포도즙을 증류해서 만드는 페루의 전통 브랜디-옮긴이)를 꽤나 들이켠 상태로 한 가지 아이디어를 떠올렸다. 물개 무역이 횡행하던 시기에 물개가 멸종 직전에 이르렀다가 물개 군집이 다시 형성된 곳에서, 그 물개들의 적응력을 연구해 보면 좋겠다는 것이었다. 늦은 밤이었고 꽤 취한 상태라 그 스스로도 이게 진짜 괜찮은 생각인지 의아해하면서도 어딘가에 끼적여두더니 다음 날도 그 아이디어를 붙들고 계속 고민했다. 연구 주제를 떠올리고 거기에 몰두해서 어떤 질문을 던져보면 좋을지 고심하는 것, 박사 과정을 다 마치기도 전에 그 이후에 해볼 만한 새로운 연구를 벌써 계획한다는 것이 내게는 굉장히 인상적인 일이었다. 나는 그가 이렇게 극 지역에 모든 걸 바치면서 살다가 나중에 생태계가 재앙 수준의 변화를 맞으면 그에 관한 데이터를 모으고 변화를 자세히 측정하기 위해 다시 극 지역을 찾아오게 될지 궁금했다. 남극의 세상에 일어난 대대적인 변화를 지켜본다면 어떤 기분일지도 궁금했다.

레나토가 하는 일은 나처럼 밖을 돌아다니면서 하는 일이 아니었기 때문에 내가 도둑갈매기를 조사하러 가는 날 그도 가끔 따라나섰다. 그럴 때 레나토는 내가 조사해야 하는 산들을 함께 오르내리면서 사진을 찍거나 풍경을 유심히 관찰했다. 레나토는 해조류 연구를 해본 적 있어서 해변에 밀려온 해초가 보이면 전부 이름을 알았고 자신이 좋아하는 건 무엇인지도 알려주었다. 물가에는 실가닥처럼 얇고 불그스름하면서 누런빛을 띠는 해초가 바위 위에 쌓여 있었다. 썰물 때가 되면 조간대를 가로지르는 지름길을 따라 얕은 물에서 볼 수 있는 해초를 보러 갔다. 조간대는 바다의 해초를 볼 수 있는 작은 창문과도 같았다. 남극처럼 추운 곳에서도 조간대에는 홍합, 해초부터 딱딱한 산호, 따개비, 무척추동물까지 분홍색과 진한 녹색, 보라색을 띠는 다양한 생물들이 잔뜩 모여 있었다.

베링해의 세인트조지섬에서 여름을 보낸 이후부터 만조선과 간조선 사이에 암석이 길게 이어진 조간대는 내가 특별한 애착을 느끼는 장소가 되었다. 세찬 바람이 몰아치던 그곳 툰드라의 가장자리를 이룬 해안에는 짙은 색 바위마다 진주색 조류와 불가사리, 연체동물들로 뒤덮여 있었다. 짠 바닷물이 고인 웅덩이 주변에는 빠르게 돌아다니는 갑각류가 보이고, 바위 아래쪽 어둑한 곳에는 따개비가 붙어 있었다.

조간대는 생태 이행대(또는 추이대)에 해당한다. 영어로 생태 이행대를 의미하는 ecotone이라는 단어는 '생태학'을 뜻하는 ecology와 '긴장'을 뜻하는 그리스어 tone의 합성어다. 초원과 맞닿은 숲의 가장자리, 바다와 접한 육지의 경계처럼 서로 다른 두 생태계가 만나는 공간을 생태 이행대라고 하며, 이러한 공간은 양쪽에 형성된 서로 다른 생태계보다 다양성과 생산성이 큰 경우가 많다.

지금 내 삶도 조간대처럼 서로 다른 세계와 서로 다른 문화 사이, 하나의 삶과 불분명한 미래 사이에 있다는 생각이 들었다. 그래서인지 두 세계가 접하는 경계가 더 풍부하다는 사실이 어쩐지 마음에 들었고 남극을 떠난 후에도 시레프곶의 생태 이행대를 자주 생각했다. 시레프곶이 속한 사우스셰틀랜드 제도는 남극 대륙의 북쪽 끄트머리, 즉 남극 대륙에서도 인구가 많은 육지와 가장 가까이 맞닿아 있다. 또한 남극 지역에서 가장 먼저 발견된 곳이자 물개의 생리학적인 서식 한계, 즉 물개가 생존할 수 있는 가장 추운 곳이다. 사우스셰틀랜드 제도는 이런 경계에 있어서 더욱 귀중하고 고유한 곳이었지만, 그만큼 환경 변화에 매우 취약했다.

✳

남극에서 지내는 동안에는 시레프곶의 명확한 경계가 곧 내 삶의 경계가 되었다. 리빙스턴섬의 나머지 땅과 이어지는 좁은 연결 통로 같은 남쪽 빙하를 제외하면 곶 전체가 바다에 둘러싸여 있었다. 우리 캠프가 있는 곳은 북쪽 끝부터 남쪽 끝까지 겨우 2.5킬로미터에 불과한 작은 반도였지만 불규칙한 형태인 리빙스턴섬 전체는 폭이 약 24킬로미터, 길이는 약 65킬로미터이고, 동쪽으로 불룩한 땅덩어리가 굽어지며 이어졌다. 날씨가 맑은 날에는 멀리 눈 덮인 산봉우리들이 보였다.

우리가 시레프곶의 경계를 벗어난 건 단 두 번, 도둑갈매기 둥지를 조사하기 위해 우리의 작은 세상 밖에 있는 푼타오에스테Punta Oeste라는 먼 곳까지 찾아갔을 때였다. 시레프곶 남쪽의 빙하를 가로질러 바위 많은 해변을 뒤로하고 산을 넘어 직선거리로 3.2킬로미터쯤 이동하면 푼타오에스테가 나왔다. 본래 목적은 그곳에 있는 도둑갈매기 서식지를 확인하는 것이지만, 물개 연구팀도 평소에 조사하지 않는 곳에서 식별 표지가 달린 물개를 발견할 수 있는지 확인하기 위해 동행했다.

푼타오에스테 탐험은 반드시 날씨가 좋은 날 떠나야 했으므로, 우리는 동지가 지난 후부터 매일 등산하러 가도 좋은 날씨인지 창밖을 살피기 시작했다. 크리스마스를 이틀 앞둔 날, 휘트니와 맷은 바람 한 점 없으면서 살짝 구름이 낀 아침 날씨를 확인하고 그날 떠나자고 했다. 나는 익숙한 풍경을 벗어나 새로운 곳에 간다는 생각에 잔뜩 들떴다. 푼타오에스테 탐험에는 하루가 꼬박 걸렸다. 우리 네 사람은 쌍안경과 노트를 챙긴 후 호기심 넘치는 새끼 물개들처럼 무리를 지어 반달처럼 부드럽게 굽은 '반달 해변^{Media Luna beach}'을 향해 남쪽으로 이동했다.

가는 길에 '진흙탕(코끼리물범이 털갈이할 때 뒹구는 흙탕물을 부르는 이름)'이 몇 군데 나타나서 연신 감탄하며 관찰한 다음, 빙퇴석 지대로 발길을 돌렸다. 빙하가 이동할 때 함께 딸려 온 흙이 수천 년 동안 쌓여 진흙과 테일러스(낭떠러지나 산허리의 급경사 아래쪽에 고깔 모양으로 쌓인 돌 부스러기, 흙모래 등의 퇴적물. '애추'라고도 한다–옮긴이)가 거대한 무더기를 이룬 곳이었다. 미끄럽고 온통 진창인 언덕을 넘자 해변까지 좁고 긴 도랑이 이어졌다.

우리는 빙하 가장자리에 넓게 펼쳐진 해변을 따라 계속 남쪽으로 이동하면서 여러 개의 산을 넘었다. 낯설고 새로운 땅에서 동굴이 나타나면 기어서 들어가고, 개울가가 나오면 위로 기어오르고, 다시 몇 개의 산등성이에 올랐다. 그러다 쌓여 있는 눈 더미에서 미끄러져 내려온 해변에서 동물 사체를 발견했다. 가까이 다가가서 살펴본 후, 임금펭귄 같다는 결론을 내렸다. 대체 어디에서 왔을까? 다들 의아해했다. 어디로 가는 길이었을까? 임금펭귄의 가장 가까운 서식지는 1,200킬로미터쯤 떨어진 아르헨티나 인근 포클랜드 제도나 남극과 가까운 여러 섬 중 하나로 여기서 1,600킬로미터 이상 떨어진 남대서양의 사우스조지아섬이었다. 펭귄은 여기에 와서 죽은 걸까, 아니면 바다에서 죽은 후 이곳까지 떠밀려 온 걸까? 크릴을 찾으려고 남쪽으로 이렇게 멀리까지 온 걸까? 임금펭귄 특유의 목 주변 깃털 색은 죽은 후에도 거의 그대로 남아서 회색의 바위틈으로 노란빛이 도는 밝은 주황색이 선명하게 두드러졌다.

　해변에서 시작된 산등성이는 젖은 진흙과 날카로운 돌이 가득하고 흙에는 하얀 석영이 잔뜩 박혀 있었다. 샘과 휘트니는 해변에 남아서 식별 표지가 달린 물개가 있는지 찾기로 했고, 맷과 나는 연한 적록색 이끼가 깔린 땅을 지나 도둑갈매기 둥지가 있는 쪽으로 갔다. 커다란 바위 사이, 단단한 지표면을 뚫고 지의류가 뭉텅이로 올라온 곳에 둥지가 끼어 있었다. 알 하나는 깨져 있고, 껍데기 안에는 새끼가 아닌 이끼가 자라고 있었다. 새끼가 죽은 지 오래됐는데도 부모 새들은 그 알을 충실히 돌보고 있었다. 이끼가 껍데기 속에서 양분을 얻고 자라면서 광합성을 하여 양수가 식물 조직으로 바뀐다는 사실이 끔찍하면서도 흥미로웠다. 나는 맷과 이끼를 찔러보면서, 이끼와 도둑갈매기가 합쳐진 새로운 존재를 우리가 최초로 발견했다고 농담을 주고받았다. 이끼의 적응력이 기적처럼 느껴질 만큼 놀라웠다.

둥지 내부를 확인한 후 그 둥지에 사는 도둑갈매기 성체 두 마리의 식별 밴드 번호를 기록했다. 푼타오에스테에 있는 도둑갈매기 둥지도 우리가 진행하던 도둑갈매기 모니터링 연구 대상에 포함되지만, 시레프곶과 너무 멀리에 있어서 1년에 두 번, 즉 새가 알을 낳은 후와 새끼가 부화한 후에만 조사했다. 도둑갈매기는 항상 같은 장소에 혹은 그 근처에 둥지를 짓는 경향이 있으므로, 나는 다음 시즌에 이 둥지를 쉽게 찾아오기 위해 GPS 정보를 확인했다. 그런 다음 맷과 함께 둥지에 남은 알의 크기와 무게를 측정했다. 도둑갈매기가 번식을 위해 에너지를 얼마나 축적할 수 있는지 파악하는 지표로 활용할 수 있는 데이터였다. 번식기가 되면 시레프곶 해안에 나타나는 대부분의 해양 생물처럼 도둑갈매기의 생사도 남극해에 달려 있다. 여름철에는 해안으로 밀려온 크릴과 동물 사체, 펭귄의 알과 새끼를 먹이로 삼고 번식기가 아닌 겨울철에는 바다로 나가서 먹이를 찾고 바다에서 생활한다.

맷의 현장 조사 노트에 모든 데이터를 안전하게 기록한 후, 산 정상에서 넷이 함께 점심을 먹었다. 나는 캠프에서 먹고 남은 음식을 담아온 밀폐용기를 열고 차가워진 덩어리를 여러 조각으로 잘랐다. 말린 재료, 통조림, 지난 2개월의 시간을 버티고 남은 채소로 만든 요리였다. 다들 편안한 침묵 속에 잠겼다. 나는 저 멀리 펼쳐진 리빙스턴섬의 거대한 육지를 응시했다. 처음 보는 풍경이었다. 빙하 위로 구름의 그림자가 드리워져 있고, 그 뒤로 멀리 하얀 산들이 보였다. 리빙스턴섬도 남극 대륙처럼 육지 대부분이 빙상에 덮여 있다. 종이에 톡 떨어진 잉크 자국 같기도 하고 이파리 모양과도 비슷한 이 불규칙한 모양의 섬에서 얼음이 덮이지 않은 해안은 시레프곶과 내가 앉아서 쉬고 있는 섬 북쪽 가장자리, 그리고 시레프곶의 남서쪽이자 리빙스턴섬의 서쪽 가장자리인 바이어스반도^{Byers} ^{Peninsula}였다. 시레프곶은 고작 2.5제곱킬로미터 면적에 불과한 아주 작은 땅인 데 반해, 바이어스반도는 총면적이 약 780제곱킬로미터인 리빙스턴섬에서 약 60제곱킬로미터의 면적을 차지하는 넓은 땅으로, 얼음이 없는 광활한 육지인 만큼 남방코끼리물범의 주요 번식지가 되었다(남극물개의 번식지는 아니다). 1800년대 초에 영국의 물개잡이들이 이곳에 대거 모여 살던 코끼리물범을 사냥하기 위해 수십 년간 몰려든 바이어스반도는 남극에서 역사적인 의미가 있는 장소들이 가장 많은 곳이기도 하다. 역사적인 중요성과 더불어 턱끈펭귄, 젠투펭귄을 포함한 바닷새들의 번식지이기도 해서 시레프곶과 함께 '남극 특별 보호구역'으로 지정되었다.

우리 캠프가 있는 섬 북쪽 해안의 반대편인 남쪽 해안에는 푹 들어간 만이 하나 있고 그곳에도 얼음이 없는 작은 땅이 있다. 그곳에는 우리 캠프처럼 여름에만 사람들이 머무르는 스페인과 불가리아의 연구 캠프가 있었다. 리빙스턴섬에서 절벽을 제외한 모든 해안에는 색이 짙고 매끄러운 돌이 가득한 해변이 펼쳐져 있다. 그 두 캠프도 그와 같은 해안 위쪽에 설치됐고, 우리 캠프와는 27킬로미터 정도 떨어져 있었다. 리빙스턴섬은 면적의 대부분이 빙하와 설원에 덮여 있고, 내륙은 암석으로 덮인 해안보다 지대가 살짝 더 높았다. 내륙의 가장 높은 지점은 둥근 봉우리와 뾰족한 산꼭대기 몇 군데로 구분할 수 있다. 두드러지게 높은 곳은 섬 동쪽의 얼음 덮인 땅에서 뾰족하게 솟은 가파른 탱그라산맥이다. 이 산맥 중에서도 가장 높은 프리슬란트산은 약 1,700미터 높이로 솟아 있고, 그 주변에 높이가 1,200미터쯤 되는 다른 산들이 둘러싸고 있었다. 탱그라산맥은 늘 뿌옇게만 보였는데, 가끔 우리 캠프에서도 선명하게 보일 만큼 날씨가 맑은 날 저녁에 보면 신비로운 분위기가 감돌았다.

바다 넘어 서쪽을 바라보니 멀리 바이어스반도 쪽 해수면 위로 높이 솟은 산들이 보였다. 샘이 고래 분수공에서 나는 소리가 들리는 것 같다며 귀를 기울였다. 우리가 앉아 있던 산 위에서 바다 쪽을 내려다보니 혹등고래 몇 마리가 근처에서 먹이를 찾고 있었다. 고래 머리가 물 밖으로 나와서 먹이를 먹으려고 입을 커다랗게 벌리자 불그스름한 입안이 보였다. 수면 위로 얼음덩어리처럼 쑥 올라온 거대한 몸체는 다시 바닷속으로 푹 안기며 그 속에 있던 크릴과 작은 물고기, 연체동물, 갑각류를 걸러내서 먹이로 삼았다. 바다에서 영양을 얻고 자라난 생명들은 그렇게 고래의 영양분이 되었다.

미지의 땅을 탐험하는 일을 비롯해, 털갈이하기 위해 해초가 깔린 바닥에서 뒹굴다가 몸이 해초처럼 분홍색으로 물든 코끼리물범과 죽은 생명이 남긴 양분을 먹고 자라는 이끼, 고요한 해변에 덩그러니 남아 있던 임금펭귄의 잔해까지 낯선 땅에서 마주한 놀라운 순간들은 모두 경이로운 즐거움을 선사했다. 작은 것들에 더 가까이 다가가서 자세히 관찰하고, 크고 중대한 질문들을 던지고, 다음 굽이를 돌면 다음 산을 넘어가면 무엇이 기다릴지 두근대며 기대하는 것 모두가 큰 즐거움이었다. 그날 탐험에서 나는 다시 어린아이가 된 것처럼 세상이 온통 수수께끼와 무한한 가능성으로 가득하다고 느끼며 그 기쁨을 만끽했다. 바위 많은 해변이나 가파른 산등성이는 평소에 보던 익숙한 풍경과 크게 다르지 않았지만, 처음 가본 곳이라 그런지 그런 풍경조차 전부 달라 보였다.

동료들과 산 정상에 앉아 있는 동안, 나는 인간에게 던져진 가장 오래된 질문과 그 질문에 답을 찾게 만드는 과학의 힘을 생각했다. 이 세상은 무엇인가? 세상은 어떻게 움직이는가? 과학과 젊음의 공통점은 무지가 앞으로 나아가게 하는 동력이 된다는 것이었다.

나는 더글러스와 제퍼슨, 마이크가 지난 오랜 세월 카메라를 이용해 축적한 데이터를 바탕으로 일궈낸 훌륭한 연구 성과를 떠올렸다. 정밀하고 분석적인 과학의 체계 안에서 그들의 생각이 얼마나 크게 피어났는지도 생각했다. CCAMLR의 기초적인 생태계 모니터링 연구 계획을 토대로 이들이 고안한 방법들은 현장 연구와 동물의 먹이 찾기 행동을 조사하는 추가 연구에 고스란히 반영되었다. 마이크는 생태계에 관해 이야기할 때마다 더 많은 연구가 필요하다고 강조했다. 그가 시레프곶에서 동물 배설물의 분포나 물개의 건강을 살피던 방식과 더 광범위한 생태계 관점으로 시야를 넓혀서 보다 거대한 것들을 추론하던 것도 떠올랐다. 이제는 샌디에이고에서 NOAA의 남극 연구 프로그램의 기각류 연구를 총괄하며 데이터를 분석하고, 논문을 쓰고, 미래를 계획하고 있으리라. 훗날 과학적으로 파헤쳐볼 만한 새로운 연구 주제를 떠올렸을 때 번뜩이던 레나토의 눈빛도 생각났다. 그러자 내가 막연히 그려온 내 미래에 의문이 들기 시작했다. 나는 과학적인 질문을 떠올리고 그 답을 찾고 싶었던 적이 한 번도 없었음을 깨달았다. 내게는 레나토, 마이크, 제퍼슨과 같은 면이 없었다. 나는 과학을 사랑하고, 과학 공부를 좋아한다. 현장에서 데이터를 수집하는 일도 좋고, 다른 사람들이 발견한 것들을 배우는 것도 좋다. 이 정도면 충분하다고, 이런 것들이 나중에 내가 연구자로 살아가는 토대가 되리라고 생각했지만, 어쩌면 내가 좋아하는 일과 내가 나아가야 할 길을 착각했을지도 모른다는 생각이 들었다. 갑자기 아무것도 확신할 수가 없었다.

8

12월 말

1900년대 초에 남극은 마지막 남은 거대한 수수께끼였다. 1920년대 이후 "기계"의 시대가 태동하면서 탐험의 고생스러운 부분들이 줄어들기도 전인 이 시기는 미지의 땅이 끌어당기는 힘이 유독 강했다. 남극 탐험의 '영웅시대'라 불리는 이때, 사람들은 남극으로 떼지어 몰려와 스키, 개, 썰매 등을 타고 새하얀 평원을 누볐다. 여행을 무사히 마친 사람은 소수였고(남극 탐험 역사가 시작되고 첫 100년 동안은 탐험가가 남성뿐이었다), 대부분 이 새하얀 대륙에서 상상할 수도 없었던 고난과 맞닥뜨렸다.

양말이 항상 뻣뻣하게 얼어 있거나 땀에 절어 있고 축축한 합판 바닥이 일상인 세상에서 살아보니, 예전에 맷이 들려준 호주의 탐험가이자 지질학자의 남극 탐험 이야기가 자주 떠올랐다. 긴 고통의 연속이던 탐험으로 죽음의 문턱까지 갔던 그 탐험가의 경험은 이곳의 생활이 어떤지를 보여준다.

　1911년에 오스트랄라시아(호주, 태즈메이니아, 뉴질랜드 및 그 부근의 남태평양 제도를 통틀어 이른다-옮긴이) 남극 탐험대를 지휘한 더글러스 모슨^{Douglas Mawson}은 풋내기가 아니었다. 1909년에 로버트 팰컨 스콧^{Robert Falcon Scott}과 어니스트 섀클턴^{Ernest Shackleton} 두 영국인이 처음 남극으로 떠날 때 동참해서 훌륭한 탐험대원임을 입증한 모슨은 큰 키에 영리하고 강인한 스물일곱 살의 건장한 젊은이였다. 수완도 뛰어났다. 스콧은 1910년에 혼자 극지 탐험을 떠날 때도 모슨을 데려가려고 했지만 뜻을 이루지 못했다. 모슨에게는 다른 계획이 있었다. 자신이 직접 탐험대를 이끌고 고향인 호주 남쪽에서 출발해 남극으로 가서 세상에 거의 알려지지 않은 땅, 누구도 본 적 없는 해안을 보겠다는 계획이었다.

　탐험대는 짧은 여름 동안 최대한 넓은 면적을 볼 수 있도록 탐험 기지를 호주와 남극 중간에 있는 매쿼리섬에 한 곳, 남극 대륙에 두 곳을 설치하고, 남극 기지 중 모슨이 지휘하는 곳을 지휘 본부로 정했다. 모슨은 새로운 땅에서 할 수 있는 모든 지리학적 조사를 수행하고 부족한 부분은 해상 조사로 보완한다는 계획을 수립한 후, 오스트랄라시아 과학진흥협회의 후원으로 탐험대를 꾸리기 시작했다. 호주와 뉴질랜드 소재 대학들에서 선발한 기상학, 자성학, 지질학, 생물학 분야의 과학자들과 더불어 스위스 스키 챔피언 출신 산악인 자비에르 기욤 메르츠^{Xavier Guillaume Mertz}, 부친이 1875년에 영국의 남극 탐험대 일원이었던 벨그레이브 에드워드 니니스^{Belgrave Edward}

Ninnis도 합류했다.

그리 순탄하지 않았던 출발이 어쩌면 이후에 닥칠 엄청난 고난을 예고한 것이었는지도 모른다. 탐험대를 태우고 남쪽으로 떠난 오로라Aurora호는 얼음과 험한 날씨에 시달리다 가까스로 육지에 도착했다. 가을이 막 끝나갈 무렵, 탐험대는 마침내 바다 쪽으로 튀어나온 남극의 작은 땅에 발을 디뎠다. 호주 남쪽, 시레프곶에서는 동쪽으로 마주 보는 지점이었다. 모슨은 탐험 후원자인 휴 데니슨Hugh Denison 경의 이름을 따서 그곳을 '데니슨곶'으로 명명했다. 데니슨곶은 지구상에서 해수면 풍랑이 가장 거센 곳이지만 당시에는 모슨도 탐험대원 누구도 그런 사실을 알지 못했다. 눈보라와 거친 폭풍이 쉴 새 없이 몰아치는 가운데, 탐험대는 그곳에 겨우겨우 오두막을 짓고 겨울이 지나가기만을 기다렸다.

과거에 남극 탐험은 대부분 늦여름에 남쪽으로 떠나 남극에 도착하면 캠프를 설치하고 그곳에서 겨울을 보낸 다음 기온이 올라 육지를 돌아다녀도 될 정도로 날씨가 풀리자마자 곧바로 탐험을 시작했다. 모슨도 겨울이 지나고 남극에 여름이 오면 미지의 해안을 탐험한 후 다시 가을이 오면 해안에 해빙이 생겨 배가 다니기 어려워지기 직전에 오로라호로 돌아올 계획이었다.

하지만 겨울은 길고 혹독했다. 바람은 믿기 힘들 만큼 거세게 불어댔다. 탐험대는 기상 관측소를 세우고 매일 극단적인 날씨 변화를 기록했다. 풍속을 측정하는 방법은 간단하다. 풍속계에 달린 바람개비가 돌아가는 속도를 측정하면 된다. 지금 우리가 쓰는 풍속계도 그때보다는 개량됐지만 큰 차이는 없다. 모슨 탐험대가 사용한 풍속계는 아날로그 다이얼로 회전수가 풍속으로 변환됐다면 우리가 쓰는 건 작은 디지털 화면으로 대체됐을 뿐이다. 1912년 5월, 남극의 가을에 모슨 탐험대의 기상학자가 계산한 평균 풍속은 초당 약 30미터였다. 돌풍보다 훨씬 세고 허리케인 기준에 약간 못 미치는 수준이었다.

혹한에 시달리던 탐험대는 마침내 육지에서 봄의 첫 징후를 발견했다. 10월이 되자 해안에 펭귄이 나타난 것이다. 남극에서 처음 만난 야생 동물이었다. 한 대원은 펭귄을 보고 너무 기쁜 나머지 얼른 다가가서 당황하는 펭귄을 꼭 끌어안고 오두막으로 데려왔다. 대원들은 펭귄을 공동 식탁 위에 올려놓고 축배를 들었다. 내 생각에 그 불쌍한 펭귄은 분명 대원 19명이 길을 떠날 준비를 시작했을 즈음에야 겨우 풀려났을 것이다.

여름 탐사는 네 팀으로 나누어서 진행되었다. 한 팀은 자남극(지구 자기의 축이 지구 표면과 만나는 남극점-옮긴이)을 향해 남쪽으로 가고 다른 한 팀은 캠프 서쪽의 고원 지대를 탐험하기로 했다. 세 번째 팀은 해안을 따라 데니슨곶의 동쪽 해안을 조사하기로 했고 마지막 팀은 극동부, 즉 캠프에서 동쪽으로 약 560킬로미터 떨어진 오츠랜드Oates Land까지 다녀오기로 했다. 대원 중 일부는 탐험에 필요한 물자를 운반하고 탐험팀들을 지원하기로 했다. 오로라호가 탐험대를 태우러 오기로 한 1913년 1월 15일까지는 모두 데니슨곶에 돌아오기로 약속했다.

1912년 11월 10일, 극동부 조사팀이 오두막을 떠났다. 모슨과 개들의 총관리를 맡은 벨그레이브 니니스, 스키 챔피언 자비에르 기욤 메르츠 세 사람으로 구성된 이 팀은 개 두 마리가 각각 끄는 썰매 세 대로 바람을 뚫고 동쪽으로 달려갔다. 험한 날씨에도 여행길은 순탄해서 34일 동안 480킬로미터를 이동할 수 있었다. 세상에 알려진 적 없는 세계 최대 규모의 빙하를 건너고, 크레바스(빙하 표면의 깊은 균열–옮긴이)가 나타나면 그 위에 쌓인, 언제 무너질지 모르는 눈 더미를 다리 삼아 위태롭게 건넜다. 그러다 니니스가 크레바스 아래로 추락하는 사고가 일어나고 말았다. 그와 함께 뒤에서 달리던 썰매 한 대와 최고의 썰매 개였던 여섯 마리의 개들도 함께 추락했다. 남은 대원들이 쩍 갈라진 틈 가장자리에서 이제 어떻게 해야 할지 고민하고 있을 때, 어디선가 슴새 한 마리가 나타나 크레바스 위를 빙빙 돌더니 다시 새하얀 풍경 속으로 사라졌다. 메르츠와 모슨에게 그토록 외딴곳에 나타난 새는 너무나 특별한 의미로 다가왔고, 다른 세상에서 온 생명체를 본 듯한 기분마저 느꼈다. 메르츠는 니니스의 영혼이 그 새를 통해서 작별 인사를 건넨 것이라고 믿었다.

두 사람에게 남은 유일한 선택지는 갖고 온 식량이 다 떨어지기 전에 지금껏 달려온 480여 킬로미터를 되돌아 오두막으로 가는 것이었다. 일행에게 남은 건 12일 치 식량과 몸집이 작은 개들이 끄는 썰매 두 대가 전부였다. 돌아가는 길은 지독히도 힘들었고, 쉴 새 없이 퍼붓는 눈보라로 속도는 계속 느려졌다. 쓰러진 개들은 남은 개들과 두 남자의 식량이 되었다. 메르츠와 모슨은 개의 간을 아껴 두었다가 먹었는데, 그때는 간에 비타민 A가 농축되어 있다는 사실이 알려지기 전이었다. 비타민 독성에 관한 심층적인 연구가 진행된 후에야 역사가들은 두 사람이 비타민 A를 적정치의 60배가량 섭취해서 중독됐을 것으로 추정했다. 얼마 지나지 않아 둘 다 걸음이 느려졌고 찌르는 듯한 복통과 구역질에 시달렸다. 균형 감각에도 문제가 생겼다. 피부도 벗겨지기 시작해서, 낡고 너덜너덜하게 해진 옷 사이로 맨살이 혹독한 날씨에 그대로 드러났다.

오두막으로 되돌아가기 시작한 지 10일째 되던 날, 모슨과 메르츠는 마지막까지 남아 있던 개들도 죽였다. 오두막까지 절반쯤 남았을 무렵 메르츠는 극심한 우울증과 광기에 사로잡혀 한 발짝도 더 걸을 수 없는 상태로 침낭에만 누워 있었다. 모슨은 남은 식량이 거의 없다는 사실에 극도로 예민해져 빨리 돌아가야 한다는 생각으로 메르츠를 억지로 일으켜서 걸으라고 종용했다. 결국 메르츠는 밤사이 영원히 잠들고 말았다.

모슨은 금지된 땅에 홀로 남았음을 깨달았다. 오두막까지는 아직 160킬로미터가 남았고, 그때까지 목숨이 부지되리란 희망은 조금도 품을 수가 없었다. 비타민 A 중독 증상이 온몸을 덮쳐 다리와 사타구니, 귀에서 피부가 계속 벗겨졌다. 그래도 계속 걸었다. 필요 없는 건 전부 버리고, 남겨야 하는 건 개 몸에 매였던 줄에 연결해서 자기 가슴에 묶고 끌고 갔다. 메르츠가 죽고 며칠이 지났을 때 모슨은 문득 발이 불편해진 걸 느꼈는데, 밤이 되어 신발을 벗어보니 발바닥 피부가 다 벗겨져 있었다. 그때부터 그는 매일 행군을 시작하기 전에 벗겨진 피부를 발바닥에다 동여매야 했다. 맷은 어느 오후에 도둑갈매기 오두막에서 내게 이 이야기를 들려주면서 이 대목을 강조했다. 맷에게는 그 상황이 가장 생생하게 와 닿는 사건이었는지, 눈을 커다랗게 뜨곤 손동작도 극적으로 써가면서 이게 얼마나 정신 나간 상황인지를 열심히 설명했다. "아침마다 그랬다고 생각해봐. 자기 발에, 자기 피부를 붙이는 거야. 매일, 아침마다." 모슨은 발로는 걸을 수 없을 정도로 힘들면 양손과 무릎으로 기어서 몇 킬로미터를 이동했다.

오늘날 '메르츠 빙하'로 불리는 빙하를 절반쯤 지났을 때, 모슨은 크레바스를 지나기 위해 얼음 다리를 건너다가 아래로 추락했다. 3.6미터 정도 떨어지다가 틈에 썰매가 걸리는 바람에 미끄러운 얼음벽 사이에서 밧줄을 붙들고 매달린 그는 이제 다 끝났다고 생각했다. 얼음 위로 몸을 끌어 올릴 힘이 남았는지 스스로도 알 수가 없었기 때문이다. 뒷주머니에 넣어둔 작은 접이식 칼을 꺼내서 밧줄을 끊고 그대로 떨어져 즉사하려던 찰나, 그는 썰매에 묶어둔 얼마 남지 않은 식량을 떠올렸다. 그 순간 정신이 번쩍 들었다. 귀중한 식량을 낭비할 수는 없다는 생각 하나로 밧줄을 붙잡고 한 손씩 움직여 위로, 또 위로 몸을 끌어 올렸다. 마찰로 손바닥 피부가 다 벗겨졌다. 마침내 얼음 다리까지 올라온 그는 지쳐서 털썩 드러누웠는데, 그 바람에 다리가 부서지면서 또다시 크레바스 아래로 곤두박질쳤다. 그 순간에 그가 어떤 기분이었을지 나는 상상할 수도 없었다. 손에는 피부가 하나도 남지 않았고 몸은 이미 죽음의 문턱에 이른 상태였다. 그런데도 모슨은 또 위로 올라가기 시작했고, 다 올라와 썰매 옆에서 정신을 잃었다. 한참 후 의식이 깨어난 그는 그날 밤을 그곳에서 보내면서 몸을 추스르고 글을 썼다. 가까스로 빙하를 다 건너자 가파른 길이 나타났다. 모슨은 경사를 따라 남극 고원으로 올라갔다. 벗겨진 발바닥 피부는 몇 주가 지나자 딱딱해져서 새로 돋아난 살에 닿으면 너무 아파 아예 벗겨내야 했다.

약속한 날짜에 맞춰 데니슨곶의 오두막으로 돌아온 다른 탐험 대원들은 모슨과 니니스, 메르츠가 도통 나타나지 않자 걱정이 깊어졌다. 오로라호도 이미 도착해 해안에서 대기 중이었다. 정해진 출항일보다 3주 가까이 지체되자 결국 오로라호는 날씨가 더 나빠지기 전에 떠나야 했고, 대원 다섯 명이 남아서 돌아오지 않은 사람들을 수색하기로 했다. 오두막에서 1.5킬로미터쯤 떨어진 곳에서 마침내 모슨이 나타났다. 해안에 몸을 숙이고 뭔가를 찾고 있는 남자 셋을 발견한 모슨은 반쯤 죽은 사람 같은 몰골로 그쪽을 향해 손을 흔들었는데 사람들이 자신을 발견하자마자 그대로 썰매에 쓰러졌다. 모슨에게 다가간 사람들은 처음에 그가 누군지 알아보지도 못했다. 얼굴에는 크게 벌어진 심한 상처가 있고 머리카락은 다 빠지고 몸은 뼈만 앙상했다. 몇 달 전 캠프를 떠날 때 봤던 사람의 모습은 거의 남아 있지 않았다. 대원들은 그를 오두막으로 데려와서 상처를 치료하고 배를 채울 수 있게 도와주었다. 모슨이 6시간만 일찍 왔어도 모두 오로라호를 탈 수 있었을 것이다. 데니슨곶에서 또한 번의 겨울을 보내게 된 모슨은 쭉 쉬면서 그간 겪은 고통에서 점차 회복되었다.

데니슨곶에 남은 탐험대는 두 번째 겨울을 보내는 동안 호주와 남극의 중간 지점인 매쿼리섬의 중계소와 무선 교신에 성공해서 마침내 세상과 연락할 수 있게 되었다. 남극과 다른 땅 사이에 최초로 이루어진 무선 교신이었다. 1년 전에도 시도는 있었지만 바람과 기술적인 문제로 실패했었는데, 이번에는 해결한 것이다. 대원들은 한 겨울에 송신탑이 강풍의 기세로 쓰러지기 전까지 이 방법으로 연락을 취할 수 있었다.

오스트랄라시아 남극 탐험은 전체적으로 규모가 엄청났다. 데니슨곶에서 썰매로 탐험에 나선 탐사대만 총 네 팀이고, 데니슨곶 서쪽으로 약 965킬로미터 떨어진 곳에도 기지가 추가로 세워졌다. 매쿼리섬의 탐험대와 오로라호에서 해상 연구를 진행한 과학자들도 있었다. 이 모든 인원이 남극이라는 새로운 곳에서 모아온 정보에는 남극 대륙의 극단적인 환경과 고유한 생물종에 관한 내용이 상세히 담겨 있었다. 이 탐사로 얻은 자성, 기상, 지질, 지리, 생물학적인 세부 정보는 이후 30여 년에 걸쳐 긴 논문들로 정리되어 발표되었다. 이때의 탐험 성과는 호주가 남극 대륙의 특정한 "땅 조각"을 자신들의 영토라고 주장하는 핵심 기반이 되었다.

훗날 모슨은 기사 작위를 받고 교수도 되었다. 이후 호주, 뉴질랜드와 마주 보는 쪽의 남극 해안 지도를 제작하기 위해 다시 남극을 탐험했다. 남극 코먼웰스만의 빙하는 지금도 니니스 빙하, 메르츠 빙하로 불린다. 데니슨곶과 가장 가까운 호주의 남극 기지는 '모슨 기지'로 명명되었다.

*

남극의 초기 역사는 다 남자들 이야기이지만, 영웅시대에 작성된 기록을 보면 남극 대륙 자체에는 여성성이 부여된 경우가 많다. 엘리자베스 린^{Elizabeth Leane}은 저서 《소설 속의 남극^{Antarctica in Fiction}》에서 남극을 니니스를 삼켜버린 빙하의 깊은 틈처럼 사람을 삼키는 큰 균열이 있는 땅으로 묘사했다. 더불어 여성의 몸에 비유해 "부풀었다가 줄어들고 일부가 떨어져 나오는, 더 정확히는 '새끼를 낳듯 일부가 떨어져 나오는' 남극의 특징은 모체가 경험하는 고통과 일치한다"라고 썼다. 시인 어니스트 섀클턴은 1901년에 스콧의 남극 탐험에 처음 동행했던 경험을 쓴 글에서 로스 빙붕^{Ross Ice Shelf}을 다음과 같이 묘사했다. "장엄한 빙산의 어머니 (…) 음울하고 거대한 거인들이 젖을 떼고 / 당신의 넓고 새하얀 가슴에서 떨어져 나온다."

19세기와 20세기 소설에서는 남극이 광활하고 낯선 미지의 땅, 인간의 무의식에 잠재한 두려움과 어둠이 집합된 곳으로 그려졌다. 공포소설 작가들은 남극을 괴기스럽고 음산한 배경으로 활용했는데, 모슨을 비롯한 여러 탐험가가 실제로 겪은 고난은 그러한 해석에 불을 붙였다. 에드거 앨런 포^{Edgar Allan Poe}가 쓴 《아서 고든 핌의 모험^{Narrative of Arthur Gordon Pym of Nantucket}》(1838), H. P. 러브크래프트^{H. P.}

Lovecraft 의 《광기의 산맥 *At the Mountains of Madness*》(1936), 머리 라인스터 Murray Leinster 의 《지구 끝에서 온 괴물 *The Monster from Earth's End*》(1959)과 같은 소설은 모두 남극을 배경으로 작가가 상상한 갖가지 반전, 가령 남극이 지구 내부로 들어가는 통로가 된다거나 얼음 아래에 낯선 괴물들이 묻혀 있는 땅, 또는 초능력을 가진 생물체나 거대한 기형 동물, 좀비가 사는 땅이라는 이야기가 펼쳐졌다. 그러한 고딕풍 분위기는 남극의 실제 지명에도 반영되어, 리빙스턴섬과 가까운 섬들 중에는 데솔레이션섬 Desolation Island (영어에서 desolation은 '황량한', '적막한'이라는 뜻이다-옮긴이)과 디셉션섬 Deception Island (deception은 '속임', '기만', '거짓'을 뜻한다-옮긴이)과 같은 이름도 있다. 린은 지구의 가장 밑바닥에 있는 남극을 '지하 세계 underworld'로 묘사하기도 했다(underworld는 문자 그대로 아래에 있는 세상이란 뜻과 함께 이승과 대비되는 '저승'이라는 뜻도 있다-옮긴이).

*

사람이 머문 역사가 짧은 남극은 그곳에서 지내는 우리의 집단정신이 그대로 그려지는 빈 캔버스와 같았다. 늘 비슷한 풍경인 이곳에서 맷, 샘, 휘트니, 그리고 내가 특별한 날을 기념하는 방식도 그랬다. 외딴곳에서 지내는 현장 연구자의 삶에서 내가 특히 좋아하는 부분 중 하나는 무엇을, 어떻게 축하할지 마음대로 정할 수 있다는 것이다. 본래 전통이 어떻든 현장마다 우리가 놓인 특정한 상황에 맞춰서 변형될 수밖에 없었다.

　　어느새 새해가 성큼 다가왔다. 나는 사람들에게 남극에는 새해맞이 풍습이 따로 없으니 내가 하자는 대로 해보자고 설득했다. 우리 가족은 이사를 하도 많이 다녀서, 새해가 되면 그 당시 머무르던 나라의 새해 전통을 따르곤 했다. 자연히 시간이 갈수록 1년을 무사히 보내려면 새해에 반드시 지켜야 하는 각국의 미신들이 계속 늘어났다. 새로운 나라에서 새해를 맞이할 때면 원래 하던 풍습에 그 나라의 새해 전통을 추가했는데, 남극에서는 모든 걸 변형할 수밖에 없었다. 일단 우리 네 사람은 창밖으로 동전을 던지면서 행운을 빌고(스페인 전통이다), 쓰레기 투기는 남극 조약에 위배되므로 바로 나가서 눈에 파묻힌 동전을 전부 주웠다. 그런 다음 내가 냄비에 물을 받아서 들고 캠프 전체를 돌아다니며 사악한 기운을 쫓아냈다. 그 물은 나중에 설거지할 때 사용했다. 해가 바뀌는 순간 입안 가득 과일을 먹으면서 새해를 맞이하기 위해(이것도 스페인 전통이다) 건포도도 미리 물에 불려두었다. 불린 건포도는 지나가는 해의 마지막 12초 동안 1초에 하나씩, 딱 12개를 차례로 먹어야 행운이 따른다. 스페인에서는 마드리드 중심 광장에서 새해를 알리는 종을 칠 때 종소리에 맞춰서 포도를 한 알씩 먹는다. 우리는 종이 없으므로, 야외 덱에서 큰 철재 볼을 엎어놓고 내가 휘트니의 시계를 보면서 국자로 볼을 꽝꽝 치면 다들 불려놓은 건포도를 하나씩 먹었다. 금을 넣은 잔으로 샴페인을 마시는 전통은 캠프 장식에 있던 금색 포일을 조금 뜯어서 쓰는 것으로 대신했다. 행운을 가져다준다는 이 금

잔 의식은 내가 부모님에게 배운 것까지만 기억할 뿐 어느 나라 전통인지도 모른다. 혹시라도 어느 날 내가 길 가다가 벼락을 맞는다면 여러 전통을 이렇게 불경하게 마구 변형한 대가일 것이다. 하지만 나는 머무르는 곳마다 주어진 상황에서 전통을 최대한 잘 지키려고 최선을 다했다.

막 새해가 된 자정에는 모두 샴페인 잔을 부딪치며 남은 건포도를 마저 먹었다. 그런 다음에는 곧바로 물건이 젖지 않도록 보관할 때 쓰는 커다란 가방을 들고 밖으로 나가서 양쪽 캠프 건물을 한 바퀴 돌았다. 새해 첫날에 여행 가방을 들고 동네를 한 바퀴 돌면 한 해 동안 여행을 많이 다니게 된다고 하는데, 우리 집에서는 해마다 어느 도시에 있건 이 전통을 꼭 지켰다. 미신을 너무 좋아하는 우리 엄마는 가는 곳마다 새로운 전통을 수집해서 팔찌에 달린 작은 장식들처럼 모아두었다.

맷은 새해를 축하하는 이 소란 속에서 빠져나와 덱 반대쪽에 앉아 있었다. 그는 저물어가는 해를 바라보며 턱수염에 덮인 얼굴로 깊은 생각에 잠겼다.

펭귄과 빙하의 땅, 지구의 맨 밑에 있는 어둑한 이곳에도 비록 호락호락하지 않을지언정 우리가 인간이기에 몰두하는 일들이 끼어들 틈이 남아 있었다. 우리만의 문화를 재창조하거나 편안하고 복잡한 인간관계가 형성되는 것처럼 말이다.

어느 날 밤, 모두가 자러 들어간 후에 나는 레나토에게 살사 춤을 가르쳐달라고 했다. 레나토는 내 양손을 잡고 방 안 여기저기로 끌고 다니면서 박자와 발동작을 가르쳐주었다. 한창 배우던 중에 스피커 배터리가 다 되어 음악이 꺼졌다. 그래도 우리는 계속 춤을 추었다. 턱을 당당하게 들고서 주방 옆을 지나고, 레나토가 숙련된 춤 선생답게 부드러운 음성으로 "하나, 둘, 셋. 다시 다섯, 여섯, 일곱" 하고 메트로놈처럼 딱딱 정확히 짚어주는 박자에 맞춰 빙그르르 돌았다. 머리 위에 줄줄이 걸린 젖은 양말들, 방구석에 놓인 부츠 건조대가 눈앞에서 빠르게 지나갔다. 오두막 안을 채운 희미한 곰팡내도 느껴졌다. 낡은 바닥을 밟으며 창밖을 보니 늦은 시각이라 해는 거의 다 기울고 옅은 빛만 남아 있었다. 나는 레나토와 오랫동안 나누는 대화도 좋았고, 무엇이든 철학적으로 생각하려고 하는 충동에 서로 공감하는 점도 좋았다. 사실 나는 춤 잘 추는 남자에게 쉽게 반하는 편이다. 남극의 섬에서 공존하는 것만으로도 끈끈해진 사이가 또 다른 친밀한 관계로 넘어가는 건 쉽고 자연스러운 일이었다. 우리는 오두막 의자에 앉아 키스했다. 창밖에서 바람 소리와 물개 우는 소리가 들렸다.

연구 현장에서 연애는 큰 위험이 될 수도 있지만, 직업 특성상 새로운 사람과 사귈 여유가 거의 없는 우리 같은 사람들에게는 기쁨이 되기도 한다. 늘 이 섬 저 섬으로 돌아다니는 생활을 하면서 연애하기란 쉽지 않다. 시레프곶에서 세 번, 네 번, 그리고 다섯 번의 시즌을 연달아 함께 일한 두 사람이 사랑에 빠졌고 지금도 그 관계가 이어지고 있다는 이야기도 전설처럼 전해진다. 현장 연구자는 늘 멀리 떠나 있으므로 그렇게 둘 다 같은 장소에서 일하는 게 아닌 이상 관계를 유지하기 어렵다. 우리 중에 멀리 두고 온 연인이 있는 사람은 휘트니가 유일했다. 그래서 휘트니는 종종 위성 전화를 쓰려고 오두막의 물개 연구실로 사라지곤 했다.

현장 연구자는 생활의 모든 것이 일과 엮여 있다. 이곳에 오기 전 각자가 갖고 있던 관점도 스파르타식으로 운영되는 현장 캠프와 남극의 혹독한 환경에서 생활하려면 반드시 지켜야 할 요소들이 반영되어 새롭게 바뀌었다. 내가 어린 시절에 다닌 여러 나라의 국제 학교들과 크게 다르지 않았다. 학교에서 만난 친구들은 다들 그곳이 고향이 아닌데도 그 지역과 환경에 강한 애착을 느끼면서 공동체의 일원이 되었다. 나는 문화에 있어서는 기본적으로 '로마에 왔으면 로마법을 따라야 한다'는 원칙을 따르며 살아왔지만 만약 따를 로마법이 없다면? 인간에게는 맞지 않는 것들이 가득한 세상에서 지극히 인간적인 것들을 만들어가는 건 특별한 경험이었다. 미지의 세계로 가보려는 욕구는 인간의 본성이지만, 인간은 불확실성만으로는 생존할 수 없다. 그래서일까. 우리는 늘 본연의 모습으로 돌아가려고 하고 다른 인간에게 이끌린다. 특별한 날 치르는 의식들, 친구가 주는 편안함, 연인에게 느끼는 친밀감, 밥 먹을 시간이 되면 식사를 할 수 있다는 기대처럼. 모슨이 죽지 않고 살기로 결심한 건 썰매에 남아 있던 식량 때문이었다. 그 순간에 그가 떠올린 건 위대한 목표나 경이로움, 광활한 미지의 세계가 아니었다. 인간에게는 놀라운 회복력이 있지만 그 능력이 발휘되려면 갖춰져야 하는 조건들이 있다. 경이로움만으로는 살 수 없다.

시작하려면 발판이 있어야 한다. 우리도 철썩이는 파도처럼 가까이 도달했다가 물러나고, 다시 도달했다가 물러난다. 반복되는 평범하고 인간적인 일상이 우리의 토양을 풍요롭게 만들고 그 속에서 시적인 통찰이 꽃처럼 피어난다. 모슨은 길고 고통스러운 고투를 벌였지만 멈추지 않았고, 그건 그에게 꼭 필요한 일이었다. 모슨이 쓴 아래 글에도 나오듯, 그 고생 덕분에 경험한 것들이 있었다.

물의 평온함은 이 얼어붙은 세상을 최상으로 만든다. 장엄하고 평평한 빙산의 갈라진 틈에서는 숨을 내뱉듯 하늘빛 수증기가 피어나고, 찌르듯 뾰족한 첨탑들과 환하게 빛나는 작은 탑들, 아름다운 성들, 벌집처럼 빼곡한 얼음덩어리가 희미한 초록빛으로 빛날 때 그 사이사이를 미로처럼 가늘게 흐르며 씻어내고 거품을 일으키는 물줄기가 나타난다. 꿈속의 베네치아 같은 이곳에서 물개들, 펭귄들이 마법의 곤돌라를 타고 조용히 지나간다. 한여름, 한밤중에 부드럽게 빛나는 태양 빛 아래 우리는 황홀한 경이로움, 비현실적인 세계가 선사하는 귀한 스릴에 사로잡혔다.

3부

늦여름
: 무리 짓기에 들어가다

9

1월 초

새끼 펭귄들이 자라기 시작한다는 건 연구 시즌의 절반이 지났다는 신호다. 1월 초에 맷과 나는 새끼가 생후 일주일 된 어른 턱끈펭귄을 찾아서 몸에 무선 발신기를 달기 시작했다. 자그마한 새끼들은 둥지에서 쑥쑥 자랐다. 이 작업과 별도로, 나는 매일 펭귄 둥지를 돌면서 새로 부화한 새끼가 있는지, 없어진 새끼가 있는지 확인했다. 있던 새끼가 없어졌다면 도둑갈매기가 낚아채 갔을 가능성이 컸다. 새끼가 스스로 체온을 유지할 수 있고 도둑갈매기가 휙 물고 갈 위험이 없을 만큼 몸집이 커지기 전까지는 부모 펭귄들이 새끼를 보호한다. 부화 후 4주 정도가 지나면 부모 펭귄은 더 이상 둥지에서 새끼를 지키지 않고 군집에 새끼들만 남겨두는데, 이를 크레슈crèche(새끼들의 '무리 짓기'를 의미한다)라고 한다.

크레슈 단계가 지나면 새끼의 몸에는 육지에서 체온을 유지할 수 있는 보송보송한 털 대신 바다에서 체온을 유지하는 데 도움이 되는 진짜 깃털이 자라기 시작한다. 새끼의 털갈이가 끝난 이후부 터는 턱끈펭귄과 젠투펭귄 각 부모 펭귄의 생활사에 확연히 차이가 난다. 턱끈펭귄 부모는 새끼에게 먹이를 먹여주는 일을 단숨에 중 단한다. 새로운 깃털이 충분히 난 새끼는 해변으로 가서 파도에 몸 을 던져 직접 사냥을 시작한다. 바다로 나간 새끼는 대륙붕을 따라 다른 곳으로 이동하면서 겨울을 보낸다. 이와 달리 젠투펭귄은 새 끼에게 먹이를 먹여주는 기간이 턱끈펭귄보다 더 길다. 깃털이 다 자란 새끼는 바다에 짧게 다녀오기도 하지만 부모가 먹이를 계속 보충해준다. 그렇게 새끼는 점진적으로 홀로서기를 준비하다가 마 침내 완전히 독립한다. 겨울은 태어난 군집 주변에서 보낸다.

하지만 크레슈가 시작되려면 아직 한참 남았다. 새끼들은 몸집 은 작아도 체계적인 순서에 따라 성장했다. 먼저 머리를 가눌 수 있 게 되고, 울음소리도 '삐약삐약' 하는 느낌이 줄어든다. 이어 새끼들 은 둥지 주변을 돌아다니면서 계속 자라고 있는 자기 몸의 움직임을 직접 시험해본다. 이때 펭귄다운 특징이 더욱 발달하기 시작한다.

✳

1월 초, 우리 캠프에 새로운 연구원 두 명과 추가 식량이 도착했다. 물개 연구자이자 우리 연구팀의 새로운 리더인 더글러스 크라우제 와 물개 연구를 도울 NOAA 파견부대의 물류 담당자 제시였다. 나는 남극에 오기 전 샌디에이고에서 두 사람과 만난 적이 있었다.

외부인들과의 접촉은 곧 바이러스, 세균과의 접촉을 의미했다. 이들이 오기 며칠 전부터 우리는 면역력을 강화하려고 이머전시(Emergen-C. 물에 타서 음료처럼 마시는 분말 형태의 비타민 제품–옮긴이)를 연거푸 들이켰다. 샘은 가루부터 입안에 털어 넣은 다음 오렌지 주스나 물을 벌컥벌컥 마셨다. 한번은 대신 우유를 마셨다가 "두 번 다시 안 해"라고 선언했다. 마침내 새로운 사람들이 도착하기로 한 날, 다들 누구든 절대로 몸에 손대지 말자고 다짐했다.

파머 기지로 가는 연구자들과 그들을 돕는 보조 인력들이 고무보트로 함께 와서 우리가 내놓은 쓰레기를 싣고 농산물과 장비 내리는 일을 도왔다. 다들 우리처럼 미국에서 칠레까지 비행기로 온 다음 푼타아레나스에서 며칠을 지내며 배가 출항하기를 기다렸을 것이다. 파머 기지도 남극에 설치된 다른 기지들처럼 남극의 생태와 빙하, 지질, 미생물, 그 밖에 다양한 분야의 연구를 하러 찾아오는 과학자들로 붐볐다. 해양 생물의 번식기인 여름철에는 가장 많은 연구가 이루어졌다. 각자의 임무를 위해 파머 기지로 가는 사람들은 원하면 배가 중간에 들르는 섬에 함께 와서 짐 옮기는 일을 돕고 그 대가로 보호 지역으로 지정된 섬에 상륙해 캠프를 방문할 수 있었다. 이번에도 서너 명이 우리 캠프로 와서 합판 벽에 잔뜩 붙어 있는 지도들이며 카드들, 그림들과 간소한 주방, 매일 밤 우리가 저녁을 먹는 탁자를 조심스레 들여다보았다. 이상한 눈초리를 던지거나 무례한 사람은 아무도 없었지만, 나는 어쩐지 전시실에서 구경당하는 표본이 된 기분이었다. 사적이고 내밀한 생활이 까발려지는 기분이 들기도 했다.

낯선 방문자들의 시선에는 어떻게 보일까 상상하면서, 나도 우리가 요리하고, 먹고, 일하고, 잠을 자는 큰 오두막과 창고로 쓰는 오두막, 옥외 화장실, 가까이 붙어 있는 작업장과 물개 연구실을 천천히 둘러보았다. 선반이 들어갈 만한 공간마다 빠짐없이 선반이 설치되어 있고 그 위에는 음식과 가방들, 장비들이 꽉 차 있었다. 비어 있는 벽면은 전부 이곳에 머물렀던 사람들이 남긴 흔적들로 채워졌다. 새겨 넣은 펭귄 그림, 누텔라 한 통을 다 먹어버려서 미안하다는 메모("정말 대단한 식사였습니다"), 특별한 날 만든 메뉴들, 압정에 걸어놓은 자질구레한 장신구들도 있었다. 도둑갈매기 오두막에서 칵테일파티가 있으니 참석하라고 적힌 2012년도의 초대장에는 마티니 잔을 치켜든 펭귄이 그려져 있었다. 시레프곶 지도 바로 옆에는 물개를 그린 그림들이 붙어 있었다. 태양열로 작동하는 플라스틱 꽃 세 송이는 해가 지면 창틀에서 흔들거리거나 고개를 까딱거렸다. 쓰레기통 위에는 나무로 만든 공룡 모빌이 걸려 있었다. 현장 캠프는 어딜 가나 과거의 흔적들로 가득한데, 남극의 우리 오두막도 예외가 아니었다.

방문객들이 모두 떠나고 낡은 토템과 점점 기울어지는 선반들, 역사로 꽉 찬 벽들, 몇 번이나 발이 걸려서 넘어질 뻔한 합판 바닥과 우리만 남고 다시 일상으로 돌아오자 안도감이 밀려왔다.

샌디에이고에서 온 더글러스(우리는 '더그'라고 불렀다)는 남극 연구 프로그램 소속 과학자였다. 얼룩무늬물범 연구로 박사 학위를 딴 그는 시레프곶에서 수집되는 모든 물개 데이터를 연구했다. 마이크의 은퇴가 임박해지자, 더그가 남극 바닷새 연구를 총괄하는 제퍼슨처럼, 물개 연구의 총지휘자 역할을 넘겨받기로 했다. NOAA 파견부대는 NOAA 연구와 사업에서 현장 지원을 담당하는 일원화된 서비스 조직으로, NOAA의 모든 사업에 조종사와 엔지니어, 과학자, 프로젝트 관리자를 배치한다. NOAA 파견부대 장교는 19주간 기본 훈련을 받고 3년간 일할 프로그램을 배정받는다. 제시가 배정받은 업무는 물류와 행정, 과학 연구 보조였다. 물개 연구자들이 매일 하렘을 찾아가서 새끼 물개와 암컷을 확인하고 위치를 기록하는 한편, 주변에 무선 표지가 부착된 다른 물개가 없는지 찾는 일을 제시도 돕기로 했다. 우리 캠프의 전체적인 관리와 개선 또한 제시의 업무였으므로 이번 시즌이 시작되기 전부터 샌디에이고에서 우리가 남극에서 사용할 모든 물품의 구입과 포장, 배송을 전담했다. 더그도 과거에 NOAA 파견부대원 자격으로 처음 시레프곶에 와서 지금 우리가 하는 연구를 시작한 사람 중 하나였다. 이후 현장 연구자로 계속 일했고 얼룩무늬물범 연구로 박사 과정을 마쳤다. 더그와 제시는 여러모로 정반대였다. 마르고 큰 더그와 달리 자그마하고 다부진 체격인 제시는 근엄하면서도 엉뚱한 면이 있었다. 그리고 언제나 냉정하리만치 솔직했다. 느긋하고 외향적인 더그는 꼭 연기자처럼 이야기를 맛깔나게 하는 재주가 있었다. 둘 다 똑똑하고 위트가 넘쳐서, 두 사람의 합류로 캠프 내 생활 공간은 좁아졌지만 웃음은 엄청나게 늘어났다.

우리 해변을 다녀간 배는 이 두 사람과 함께 너무나 반가운 선물도 실고 왔다. 바로 과일과 채소였다. 곰팡이 핀 양배추만 남아 있던 우리의 신선 식품 보관실은 다시 각종 채소로 꽉 차서 들어갈 때마다 다채로운 색과 냄새, 비타민에 어지러울 정도였다. 나는 아보카도와 상추, 고추는 물론 영양이 가득한 각양각색의 아삭하고 신선한 채소를 마음껏 즐겼다.

식료품이 다시 채워진 날의 저녁 메뉴는 타코였다. 아직 추위에 적응하지 못해 실내에서도 옷을 세 겹이나 껴입고 있던 제시가 반죽을 꾹꾹 눌러가며 토르티야를 구우면서 우리에게 그동안 어떻게 지냈냐고 물었다.

바람과 길고 긴 근무 시간, 등산의 괴로움, 무거운 짐을 지고 다니는 일, 고립감에도 불구하고 나는 사실 남극 생활이 '재밌다'고 느꼈다. 펭귄은 내가 예상했던 것보다 훨씬 개성이 강했다. 부화가 모두 끝나고 아이젠 없이도 걸을 수 있을 만큼 눈이 녹은 이후부터 맷과 나는 무선 발신기를 달고 부화일을 기록하느라 바쁘게 지냈다. 나는 내가 맡은 조사 구획 15곳과 나이 조사 둥지 38개를 매일 같은 경로로 하나하나 찾아갔고 펭귄 배설물로 뒤덮인 익숙한 바위를 지나갔다. 둥지에서 새끼들이 자라는 동안 우리는 먹이를 구하러 다녀오는 성체의 몸에 부착해둔 장비로 펭귄이 바다에서 이동하는 수심과 위치를 확인하는 한편, 펭귄 식생활 표본을 채취하고 새끼가 생후 21일째가 되면 몸무게를 측정해야 한다. 새끼의 개체 수 세기,

새끼 몸에 식별 밴드를 부착하는 작업도 기다리고 있었다. 매일 할 일이 태산이었다.

나는 필요한 모든 게 이 작은 반도에, 이 자그마한 오두막에 다 있는 단순한 생활이 무척 마음에 들었다. 오두막에는 늘 식량이 있고, 함께 생활하는 공동체가 있고, 매일 해야 하는 일이 있었다. 교통 체증에 시달릴 일도 없고, 꼬박꼬박 장을 보러 갈 필요도 없다. 광고나 낯선 사람들, 콘크리트, 소셜미디어도 없다. 불편한 점들도 여전히 많았지만 축축한 부츠와 더러워진 양말, 무거운 양동이를 나르고 추위를 견디고 샤워를 자주 할 수 없는 건 도시에서 겪는 불편함과는 달랐고, 마음의 평화를 얻는 대신 치러야 하는 소소한 대가 정도로 느껴졌다. 나는 그냥 '나다운' 모습으로 지내는 생활이 편했다. 그렇지만 한편으로는 속에서 불확실함이 뭉근하게 끓고 있었다. 이제는 더 이상 내 미래를 연구자로만 한정 짓지 않았다. 내 일부는 그저 매 순간을 만끽하며 표류하고 있었다. 어차피 미래는 잘 보이지 않으니까.

어떻게 지냈느냐는 제시의 질문에 나는 대답할 말을 쉽게 찾을 수가 없었다. 그간 차곡차곡 쌓인 일들을 어떻게 압축해서 전해야 할지 알 수 없었다. 하지만 나를 비롯한 모두의 공통적인 대답은 '좋았다'였다.

더그와 제시는 창고로 쓰는 오두막 뒤편의 작은 방("노인네 방")을 함께 쓰기로 했다. 두 사람이 차지하게 된 면적만큼 우리의 생활 공간은 줄었다. 지금까지 마음대로 쓰던 공간을 다시 나눠 쓰자니 저주로 느껴질 만큼 괴로웠다. 큰 오두막은 이제 더 이상 더 늘리거나 활용할 여유 공간이 없었다. 더그와 제시는 우리와 달리 모습도 냄새도 말끔했다. 우리가 샤워를 평균 2주에 한 번씩 한다고 하자 제시가 눈썹을 치켜올렸다.

이들이 오기 전부터 감염을 우려했던 게 괜한 걱정이 아니었다는 건, 제시가 배에서 내릴 때 병도 갖고 내렸다는 사실이 드러나면서 입증되었다. 제시는 내내 코를 훌쩍이며 실내에만 머물렀다. 이어서 더그도 몸이 안 좋아졌다. 나머지는 손 세정제를 끼고 살면서 물건들을 최대한 자주 씻고 헹구며 제발 괜찮기를 빌었다. 남극에서 병드는 건 아주 좋게 표현해서 작은 재앙이다. 제대로 된 치료를 받을 수 있는 곳과 너무 멀리 떨어져 있기 때문이기도 하지만 매일 습하고, 바람이 심하고, 혹독한 추위 속에서 장시간 일하며 밖에서 살다시피 해야 하기 때문이다.

새끼 펭귄들이 자라는 동안 맷과 내가 펭귄 군집에서 해야 하는 일도 계속 늘어나서 절정에 이르렀다. 젠투펭귄 새끼들은 생후 2주 정도가 되자 몸집이 코코넛만 해졌다. 턱끈펭귄 새끼들은 대부분 아직 태어난 지 일주일밖에 안 되어서 둥지마다 보드라운 솜털이 가득한 작은 오렌지가 들어 있는 것 같았다. 나는 계속해서 조사 구획 15곳을 찾아가 둥지를 점검하고 나이 조사 둥지 38개도 하나씩 돌면서 부화일을 기록했다.

무선 발신기를 부착한 다음에는 성체 펭귄의 몸에 수심 기록계와 위치 추적기를 부착했다. 펭귄이 어디에서, 어떻게 먹이를 구하는지 정보를 얻을 수 있는 장치들이다. 우리가 부착해둔 무선 발신기로는 펭귄이 둥지에 머무르고 있는지 아닌지 여부와 먹이 사냥을 다녀오는 시간을 알 수 있었는데, 이 장치는 부모 펭귄이 새끼를 돌보는 기간 내내 몸에 붙어 있다가 털갈이할 때 털과 함께 떨어졌다. 수심 기록계는 시간의 흐름에 따른 이동 깊이(수압으로 측정)를 측정하므로 먹이를 구할 때 펭귄의 잠수 특성을 파악할 수 있다. 위치 추적용 발신기로도 불리는 위치 추적기는 먹이 사냥에 나선 펭귄의 등에 붙여두면 펭귄이 수면 아래로 들어갔을 때 지리적인 위치 정보를 위성에 보낸다. 위치 추적기와 수심 기록계는 더그와 제시가 올 때 추가 물품으로 가져왔고 펭귄 몸에 부착해둘 수 있는 시간이 일주일로 한정되므로, 새끼들이 크레슈에 들어가기 전에 이 조사를 끝내려면 최대한 빨리 작업을 시작해야 했다. 현장 연구에는 이처럼 각종 작은 기계들이 무수히 쓰일 때가 있다.

도둑갈매기 새끼도 부화하기 시작했다. 부화일을 정확히 알려면 이들의 둥지에도 매일 찾아가야 했다. 도둑갈매기는 새끼가 알을 깨고 나올 때 극도로 예민해져서, 가까이 다가가면 소리를 꽥 지르고 번개처럼 달려들어 공격하는 경향이 있다. 맷과 나는 종일 펭귄들을 붙들고 한바탕 씨름한 다음 도둑갈매기 둥지로 가서 공격을 피해가며 알을 확인하느라 매일 몸이 가루가 될 지경이었다. 펭귄 부리에 물리고 날개에 두들겨 맞아서 온몸은 멍투성이가 되었다. 스트레스가 심해서 잠을 통 못 자던 맷은 큰 오두막에서 다른 연구원들이 밤늦도록 깨어 있는 바람에 더더욱 잠을 이루지 못했다. 나도 저녁에는 칠레 캠프에서 한참을 놀다 오느라 잠을 푹 못 잤다. 그렇게 둘 다 체력이 바닥난 상태라 맷이 몸져누웠을 때도 별로 놀랍지 않았다. 그는 심하게 앓았다.

여느 때처럼 긴 하루를 보낸 다음 날 아침, 맷이 침대에서 나오질 않았다. 늦잠을 자나 보다 싶어 기다렸지만, 아무리 기다려도 일어나지 않았다. 그의 침대로 가서 불러도 반응이 없었다. 머리를 만져보니 열이 펄펄 끓었고, 그는 심한 두통으로 괴로워했다. 그날도, 그다음 날도 맷은 일어나지 못했고 커튼 친 침대에서 조용히 힘들어했다. 나는 수프를 가져다주고, 물병이 비어 있으면 채워주고, 타이레놀을 삼키도록 도와주었다. "물맛이 역겨워." 맷은 가느다랗게 겨우 눈을 뜬 채 갈라진 음성으로 투덜댔다. "못 마시겠어." 나는 물병에 복숭아 맛이 나는 티백을 넣고 꿀도 조금 넣은 다음 잘 흔들어서 커튼 뒤에 두고 펭귄 데이터를 기록하기 위해 밖으로 나갔다. 그 기간에 맷의 모습은 옥외 화장실을 오갈 때 외에는 거의 볼 수가 없었다. 다른 팀원들은 화이트보드에 "맷 일지"라는 제목을 쓰고 맷이 약 먹은 횟수와 열이 있는지, 부르면 반응이 있는지 등을 기록했다. 다들 매일 동물들을 관찰할 때처럼, 동물들보다 더 위태로운 맷의 건강 상태를 성실하고 꼼꼼하게 점검했다.

의학적인 도움이 필요하면 위성 전화로 의사와 상담할 수 있었고 의사의 지시대로 약을 꺼내서 쓸 수 있도록 다양한 처방 약이 갖춰진 커다란 의료품 상자도 마련되어 있었다. 우리가 연락하는 의사들은 주로 화물선이나 다양한 해상 시설에 있는 사람들, 직접 의료 서비스를 받을 수 없는 위험한 환경에서 일하는 사람들에게 이와 같은 원격 의료 서비스를 제공했다. 미국 전역의 의사들이 이런 원격 진료를 맡고 있었다. 나는 그중 한 명에게 전화를 걸어 맷의 증상을 설명했다. 두통이 굉장히 심하다고 하자 의사는 수막염일 가능성이 있고 혹시 정말로 그렇다면 목숨을 잃을 수도 있는 문제라고 했다.

남극에서 병원으로 환자를 옮길 수 있는 선택지는 몇 가지밖에 없었다. 가까운 킹조지섬에서 헬리콥터를 보내 환자를 싣고 칠레 푼타아레나스로 데려가는 게 한 가지 방법이었다(킹조지섬에는 작은 활주로가 마련되어 있었다). 하지만 최소 이틀이 걸리고, 헬리콥터가 뜰 수 있을지는 날씨에 달려 있었다. 배로 환자를 옮기는 방법도 있었다(오갈 수 있는 배가 있는지와 날씨 상황에 따라 약 10일이 걸린다). 어느 쪽도 확실하지 않은 방법이므로 의학적으로 응급한 상황이 발생하면 대부분 우리가 알아서 해결해야 했다. 의료 관련 자격증을 가장 최근에 취득한 내가 우리 캠프의 의료 책임자였다. 남극에 오기 전에 공부한 '야외 응급의학' 코스에서는 오지에서 발생하는 응급 상황에 대비하고 환자가 병원에 옮겨지기 전 몇 시간, 또는 며칠을 대기하는 동안 상태가 더 위독해지지 않도록 시간을 버는 법을 배웠다. 동료들에게 의학적인 문제가 생기면 내가 어려운 결정을 내려야 하므로 하루하루를 모두 건강에 큰 이상 없이 잘 보내고 있다는 사실에 늘 안도하곤 했다.

하지만 맷이 몸져눕자 캠프에 응급 상황이 생기면 내가 책임져야 한다는 불안감이 고개를 들었다. 심지어 캠프에서 내게 가장 중요한 사람에게 그런 일이 생긴 것이다. 속이 조여오고 심장이 빠르게 뛰기 시작했다. 어릴 때 엄마가 장을 보러 가서 너무 늦게까지 돌아오지 않거나, 형제가 밤늦도록 귀가하지 않거나, 부모님 중 한 분이 위험한 나라로 출장을 갈 때마다 겪던, 내게는 너무나 익숙한 증상이었다. 나는 항상 걱정하고, 걱정하고, 또 걱정했다. 쉽게 긴장하는 아이였던 나는 내 삶에서 유일하게 변하지 않는 환경이었던 가족들에게 비정상적으로 깊은 애착을 느꼈다. 집이 아닌 곳에서는 하룻밤도 편하게 지내지 못할 정도였다. 여덟 살인가 아홉 살 즈음 학교 하키팀에서 1박 2일 일정으로 여행을 다녀온 적이 있었는데, 같은 방 친구에게 휴대전화를 빌려달라고 부탁했던 기억이 난다. 그날 밤에 엄마한테 전화를 걸곤 전화통을 붙들며 엉엉 울었다. 그러지 않으려고 했지만 견딜 수가 없었다.

겁이 너무 많아서 가족 곁을 떠나지도 못하던 여자아이가 성인이 되자 큰 여행 가방을 둘러메고 아무 망설임 없이 비행기에 훌쩍 올라 머나먼 곳으로 떠나고 그런 곳에서 몇 년씩 살고 있다니, 생각해보면 참 신기한 일이다. 어릴 때 시달리던 불안감은 크면서 사라졌지만, 내가 아끼는 사람이 위험에 처하거나 크고 복잡한 세상에서 스스로 무력한 존재라고 느낄 때는 속을 휘젓는 불안이 되살아났다. 어릴 때와 똑같이, 불안한 생각들이 하늘을 맴도는 독수리처럼 머릿속을 맴돌았다. 맷이 위험해졌는데도 내가 도울 방법이 없으면 어쩌지? 당장 병원으로 옮겨야 하는 순간이 왔을 때 기상 악화로 헬리콥터가 올 수 없고 내가 할 수 있는 일은 아무것도 없다면? 중요한 결단을 내려야 할 때 내가 잘못된 선택을 한다면? 맷의 상태가 아주아주 심하게 나빠지고 여기서 빠져나갈 길이 없어서 그대로 고립된다면?

나는 오지 생활이 좋았지만, 그건 현대 기술의 이용 가능 여부에 사람의 생사가 달린 상황을 겪기 전까지였다. 실제 상황이 아니라 내 머릿속에서만 벌어진 일이라도 마찬가지였다. 갑자기 섬 생활이 그리 재밌지가 않았다.

캠프에서 바닷새를 조사할 사람도 나밖에 남지 않아 업무량도 대폭 늘어났다. 나는 내가 맡은 펭귄 둥지를 둘러본 다음 맷이 맡고 있는 군집들을 둘러보며 부화가 임박한 둥지가 있나 확인했다. 그리고 내 도둑갈매기 둥지를 둘러본 다음에는 맷의 도둑갈매기 둥지도 둘러보며 부화를 앞둔 알이 있는지 확인했다. 모든 균형이 다 깨진 기분이었다. 맷이 없으니 팔다리 하나를 잃은 것 같았다. 맷이 몸져누운 지 이틀째 되던 날, 나는 그의 담당 구획을 다 둘러본 후에 광합성을 좀 하려고 햇볕이 드는 어느 언덕 끄트머리에 잠시 앉았다. 괜찮을 거야, 다 괜찮을 거야, 하고 되뇌다가 일어나서 내리막길을 따라 걸어갔다. 근처 해변에서 물개팀과 만나 새끼 물개의 몸무게를 측정하기로 한 날이었다.

계속 걸어가는데, 시야 한쪽 끝에 언뜻 낯선 색이 보여서 걸음을 멈추고 그쪽을 돌아보았다. 펭귄 군집이 있는 북쪽에서 누가 내려오고 있었다. 놀라서 쌍안경을 들고 살펴보니, 내가 조금 전 앉아서 볕을 쬐던 언덕 쪽으로 그 사람과 함께 두 명이 더 다가오고 있었다. 뒤에 따라오는 그 두 사람의 밝은색 옷을 가만히 쳐다보고 있는데, 한 명이 내게 손을 흔들기 시작했다. "올라(Hola)!" 나는 남자의 목소리를 듣자마자 스페인 사람임을 확신했다. 빙하 건너 리빙스턴 섬 남쪽에 작은 스페인 기지가 있다는 이야기를 들은 적은 있어도 우리 캠프와는 거리가 너무 멀어서 다른 섬, 심지어 다른 행성의 일이라고만 생각했다. 1988년에 문을 연 스페인 기지에는 당시 스페인 왕이던 후안 카를로스 1세의 이름이 붙여졌다.

휴대전화도, 인터넷도 없던 18세기에 어느 불모지를 여행하다 갑자기 사람들과 마주친 탐험가가 된 것 같았다. 내 허리춤을 더듬어보면 칼이 꽂혀 있고 바람이 불면 부풀어 오르는 가죽 망토를 걸친 듯한 기분마저 들었다.

내 스페인어가 라틴아메리카 사람들의 발음과 비슷하게 들렸는지, 그 스페인 사람들은 내가 칠레인이라고 착각하고 칠레 연구팀에 관해서 물었다. 나는 내가 스페인 사람이고 미국 연구팀에서 일한다고 설명했다. 다들 내 이야기를 듣곤 당황했다. 어디서 태어나 어떻게 살아왔는지 남들에게 설명하는 게 너무 오랜만이기도 했고, 갑자기 사람들과 마주쳐서 놀란 마음은 쉬이 진정되지 않았다. 스페인 사람 특유의 혀 짧은 발음과 'j'를 강하게 발음하는 소리(스페인어에서 알파벳 'j(호타 jota)' 발음은 성대를 마찰해서 내는 게 특징이다. 한국어에서 'ㅎ' 소리를 낼 때와 비슷하다-옮긴이)를 들으니, 문득 마드리드에 갔을 때 할머니가 사시던 아파트에서 풍기던 토르티야 데 파타타(스페인식 오믈렛) 냄새와 사촌들과 수영장에서 거의 살다시피 하며 보냈던 무더운 여름날들, 하몬 세라노(스페인 햄 종류)를 입안 가득 우물대던 크리스마스와 서늘하고 환한 스페인의 밤들이 우르르 떠올랐다. 모래에 그은 선을 오가듯 국경을 넘나들던 시절, 너무 다양한 문화들을 접하며 살아서 할머니와 공감대를 형성하기가 어려웠던 여자아이의 모습, 늘 조바심 내고 걱정이 많아 가장 가까운 사람들을 마치 광활하고 사나운 바다에서 만난 부표처럼 꼭 끌어안고 살던 내 모습도 떠올랐다.

그 스페인 사람들은 훗날 스페인 빙하 연구자들이 이 부근에 빙하를 관찰하러 올 때 길을 안내하기로 하여 미리 경로를 확인하러 온 산악 가이드였다. 리빙스턴섬에 형성된 빙하의 역학적인 특징을 연구해온 스페인 과학자들이 연구 범위를 스페인 기지에서 북쪽으로 멀리 떨어진 빙하까지 확장하려는 모양이었다.

스페인 가이드들은 스페인 기지부터 우리 캠프까지 설상차로 몇 시간이나 걸렸다고 했다. 레나토가 이들에게 캠프 주변을 둘러봐도 좋다고 했다. 대화를 마치고 작별 인사를 나눈 뒤 다들 멀어지자 웃음이 터졌다. 그 사람들과 갑자기 마주친 일이 너무 낯설게 느껴지기도 했지만, 그동안 정갈하게 정돈되어 있던 내 세상이 무너졌기 때문이기도 했다. 온몸에 긴장이 쌓여서 쏟아낼 필요도 있었다. 해변에서 그물을 들고 새끼 물개를 쫓아다니는 동안에도 웃었다. 두려워서 계속 웃음이 났다.

✳

정말 다행스럽게도, 3일 동안 커튼 뒤에서 잠만 자던 사람이 조금씩 되살아나기 시작했다. 평소에 맷은 단단하고, 강단 있고, 차분하고, 사려 깊은 내향적인 사람이다. 그가 식물이라면 나는 행복한 기운을 마구 발산하며 정신없이 그 식물 주변을 뱅뱅 도는 벌이었다. 내가 맷의 일을 대신하고 그를 돌보는 동안 우리의 이런 관계는 우스꽝스러울 만큼 극단적으로 굳어졌다. 맷은 몸을 거의 움직이지 않았고, 나는 쉴 새 없이 움직였으니 말이다.

몸 상태가 차차 괜찮아지기 시작하자 그는 (느릿느릿하게나마) 산에 오를 수 있을 만큼 회복되었다. 우리는 서둘러 펭귄 식생활 표본 채취부터 시작했다. 맷이 없는 동안 미루어두었지만 더 이상은 지체할 시간이 없었다. 식생활 표본은 맷이 아프기 전에 딱 한 번밖에 얻지 못했고 그사이에 다른 팀원들의 도움을 받아서 나 혼자서 진행한 적도 있었다. 나는 맷 주변을 부산스럽게 돌아다니며 필요한 장비를 챙기고, 펭귄을 데려오고, 움직이지 못하게 한 다음 토하게 만들고, 다시 군집에 데려다 놓았다.

1월은 펭귄 조사 기간 중 가장 바쁜 시기였다. 새끼가 부화하면 성체 펭귄들은 먹이를 구하기 위해 군집과 바다를 하도 자주 오가서 대략적으로 '먹이 사냥을 마치고 곧 둥지로 돌아오겠구나' 하는 정도만 파악할 수 있었다. 게다가 1월에는 위치 추적기와 수심 기록계를 두 차례에 걸쳐서 펭귄 몸에 부착하고, 생후 21일이 된 새끼 펭

귄의 몸무게를 측정하고, 펭귄 식생활 표본을 채취하고, 매일 도둑
갈매기 둥지를 찾아가서 부화일을 확인하는 일도 빠짐없이 마쳐야
했다(원래 도둑갈매기 둥지는 4일 간격으로 찾아갔지만, 부화기에는 매일
가야 한다). 허비할 시간이 없었다.

펭귄의 식생활 표본을 채취하는 일은 바닷새 연구자가 이곳에
서 하는 모든 일을 통틀어 업무 강도가 가장 높고 아마도 가장 괴로
운 일일 것이다. 많은 시간과 집중력이 필요하고, 준비할 것도 많고,
고도의 기술도 발휘해야 했다. 감정 소모도 컸다. 하지만 식생활 표
본은 펭귄이 번식하는 군집의 인근 바다에서 무엇을 사냥해오는지
를 두 눈으로 직접 확인하고, 사냥한 크릴의 크기를 측정할 수 있는
귀중한 자료였다. 모두 펭귄의 식생활과 직결되는 데이터였다.

식생활 표본 채취는 펭귄을 연구하는 방법 중 가장 침습적이
고, 샘과 휘트니의 도움도 필요했다. 표본을 채취하는 날은 두 사람
이 펭귄 군집으로 와서 펭귄을 잡을 때부터 도왔다. 바다에서 돌아
온 펭귄은 배 속에 담아온 크릴을 게워내서 새끼에게 먹인다. 우리
는 짝이 기다리는 둥지로 돌아가는 펭귄을 따라가서 둥지에 있는
새끼의 수와 둥지에 남아 새끼를 돌보고 있었던 짝의 성별을 기록
한 후, 바다에서 돌아온 펭귄에게 그물을 씌웠다. 그리고 도둑갈매
기 오두막으로 데려와서 "펌프질"로 표본을 얻었다.

오두막 덱에는 온수가 담긴 물주머니와 비닐 호스, 양동이, 채
를 미리 준비해두었다. 펭귄을 데려와서 내가 다리 사이에 끼우면
맷이 펭귄 입을 벌리고 호스를 식도까지 밀어 넣었다. 그런 다음 그

가 호스에 연결된 물주머니를 들어 올려 펭귄의 위로 물을 흘려 넣었다. 꾸르륵하는 소리가 나면 내가 펭귄의 발을 꽉 잡고 일어나서 펭귄 등을 내 다리로 받치면서 펭귄을 거꾸로 뒤집는다. 그러면 맷이 부리를 벌리고 목을 문질렀다. 먼저 물을 토하고, 이어서 새끼에게 먹이려고 모아온 먹이가 뿜어져 나오기 시작했다. 주로 분홍빛 크릴이었다. 맷은 내게 펭귄 목을 어떻게 문질러야 배 속의 먹이가 나오는지 가르쳐줬는데, 무척이나 어려웠다. 펭귄의 목은 피부가 두껍고 털도 두툼하다. 올바른 각도로, 힘을 적당히 가하면서 정확한 지점을 손으로 눌러야 했다. 잘못하면 펭귄이 죽을 수도 있었다.

토해내는 양이 줄어들면 같은 방법으로 한 번 더 펌프질해서 속을 완전히 비워냈다. 그리고 펭귄이 둥지로 돌아갈 수 있도록 군집 가장자리에 데려다 놓았다. 그럴 때 펭귄들은 늘 멍한 상태였다. 맷은 펭귄이 정신을 차리려고 몸을 가다듬는 모습이 꼭 "방금 트럭에 치인 것 같다"라고 표현했다.

펭귄은 혹독한 환경에서 살아간다. 바다에서 뭍으로 나올 때는 파도에 밀려 바위로 내던져지고, 드넓은 바다에서 얼음장 같은 해류에 휩쓸리며 길을 찾고, 얼룩무늬물범을 피해 달아나야 하고, 험한 싸움에도 자주 휘말린다. 패기만만하게 생존하는 펭귄을 보면서 감탄하지 않은 적이 없었다. 그래서 이런 일을 겪어도 견딜 수 있다는 것을 알고는 있었지만, 내가 사랑한다고 주장하는 동물을 내 손으로 괴롭히고 있다는 죄책감을 떨칠 수 없었다. 표본 채취가 대부분 별 탈 없이 무사히 끝나더라도 괴로운 건 마찬가지였다. 남극의 펭긴 개체군을 확실하게 보호하려면 펭귄이 무엇을 먹는지 직접 확인해야 하는데, 식생활 표본 채취는 그걸 확인할 수 있는 유일한 방법이었다. 펭귄 전체를 위해 부득이 몇 마리가 스트레스 상황에 놓이는 일이지만, 그렇게 생각한다고 해서 그 일이 수월하게 느껴지지는 않았다.

표본 채취에는 침착함과 단호함, 정확성이 필수였다. 우리는 각 "회 차"마다 펭귄 네 마리에게서 표본을 얻었다. 젠투펭귄과 턱끈펭귄의 부화가 절정에 이르면 그로부터 일주일 뒤에 채취를 시작해서 5~7일 간격으로 네 마리씩 데려왔다. 두 종류의 펭귄들이 새끼를 키우는 동안 각각 5회 차씩 표본을 얻었다(총 40마리). 전 과정은 부화가 절정에 이른 시기부터 크레슈가 가장 활발히 이루어지는 시기까지 보통 4주가 걸렸다.

채취 회 차마다 펭귄 네 마리에게서 표본을 모두 얻고 나면, 맷과 샘, 휘트니, 나는 도둑갈매기 오두막에서 표본을 하나씩 맡아서 처리했다. 도둑갈매기 오두막에는 이 작업을 할 때 항상 위스키 한 병이 준비되어 있었다. 펭귄 네 마리를 붙들고 표본을 얻고 나면 다들 술 생각이 간절해졌다. 그때 우리가 마신 위스키를 떠올릴 때면 늘 4개의 체에 걸러진, 펭귄이 토해낸 불그스름하고 걸쭉한 덩어리가 프로판 난로의 온기에 천천히 데워지면서 풍기던 지독한 생선 비린내가 함께 떠오른다. 표본 처리에는 1시간, 어떤 날은 2시간이 걸렸고 맷과 나는 뒷정리까지 하느라 더 오래 걸렸다.

표본 처리란 각자 맡은 축축한 분홍빛 덩어리에서 모양이 가장 멀쩡하게 남아 있는 크릴 50마리를 건져내는 일이었다. 이렇게 선별한 크릴은 성별을 구분하고(수컷은 배에 작고 붉은 점이 있다) 새까만 눈알부터 꼬리 끝까지 몸길이를 쟀다. 시레프곶 펭귄 서식지 인근 해역의 크릴 떼에 관한 정보를 직접 수집할 수 있는 자료였다. 크릴은 죽을 때까지 몸집이 계속 커지므로 몸길이를 재면 나이를 알 수 있다. 또한 학자들은 표본에 포함된 어린 크릴의 비율로 크릴의 번식이 그해에 얼마나 왕성하게 일어났는지 파악했다. 펭귄, 물개와 마찬가지로 크릴 역시 생후 첫해가 계속 살아남아서 성체가 될 수 있을지를 좌우하는 중요한 시기다.

크릴 암컷은 산란기가 가까워지면 앞바다에서 아래로 깊이 들어가기 시작한다. 알은 해수면으로부터 1.6킬로미터 내려간 깊은 수심의 압력을 받고 부화한다. 갓 부화한 크릴은 길이가 1밀리미터밖에 안 되는 작은 몸으로 해수면까지 헤엄쳐서 올라와야만 한다. 2주 정도가 걸리는 이 기간이 지나야 초기 형태가 잡히고 입이 발달해서 해수면에 도착하면 먹이를 먹을 수 있다. 어린 크릴은 얼음 아래, 틈 깊이 숨어 빙하 표면에 자라는 조류를 먹으면서 생애 첫 겨울을 보낸다. 빙하는 크릴의 탁아소다. 포식자를 피해 비교적 안전하게 지낼 수 있고 먹이도 충분해서 겨울을 무사히 날 수 있다. 봄이 오고 해빙이 녹고 나면 남은 담수에서 조류가 대거 자라기 시작해 크릴의 먹이도 풍부해진다. 사람으로 치면 청소년기에 이른 크릴은 더 이상 해빙에 크게 의존하지 않고 넓은 바다로 나간다. 그때부터 이 자그마한 생물의 주요 특징인 무리 생활이 시작된다. 크릴은 태어나 2~3년이 지나면 성체가 된다.

다 자란 크릴은 거대한 무리에 섞여 수심 200미터 깊이의 해수 기둥 안을 돌아다니면서 깃털처럼 가느다란 앞다리로 바다를 샅샅이 훑어 플랑크톤을 잡아먹는다. 더 깊이 해저 근처까지 내려가서 먹이를 찾아다니기도 한다. 그래서 크릴은 해저와 해수면 사이를 오가며 양쪽 환경의 영양소를 이동시키는 중요한 연결 고리가 된다. 크릴은 쉬지 않고 헤엄치면서 계속 먹이를 먹고 끊임없이 노폐물을 내보낸다. 크릴 몸에서 나온 배설물은 바다 깊이 가라앉아 비료가 되며, 해저의 탄소를 가두는 기능도 한다. 매년 남극 크릴이 제거하는 대기 중 이산화탄소는 2,300만 톤에 이른다. 이는 해마다 자동차 3,500만 대에서 발생하는 이산화탄소의 양이다.

펭귄 배 속에서 나온 덩어리를 뒤적이며 죽은 크릴을 골라내다가 문득 바람이 심하게 불던 어느 오후에 맷과 대조군으로 분류된 펭귄 둥지의 개체 수 조사를 마치고서 쭉 이어진 조수 웅덩이들 가장자리에 서 있었던 날이 떠올랐다. 바위 끝에 웅크리고 앉아서 웅덩이 안을 들여다보았는데, 물이 고여 있는 바위 옆면에 분홍색과 녹색의 산호 조류가 딱지처럼 잔뜩 붙어 있었다. 맑은 바닷물에 손가락을 집어넣고 그중에 좀 큼직한 덩어리가 보이는 쪽을 훑어보니 살아 있는 남극 크릴이었다. 작은 동전만 한 그 크릴은 웅덩이에 갇혀 원을 그리며 뱅글뱅글 헤엄쳤다. 광활한 바다에 있다가 그곳에 왔으니 불룩 튀어나온 까만 눈으로 보는 세상이 엄청나게 축소된 것처럼 보이겠구나, 하는 생각이 들었다. 크릴은 인어 꼬리를 닮은 길고 투명한 꼬리로써 추진력을 얻고 수십 개나 되는 작은 다리를 계속 움직이며 돌아다녔다. 몸 전체가 거의 투명했고, 군데군데 불그스름한 빛이 돌았다. 등뼈를 따라 붉은 점이 쭉 이어졌고, 눈 뒤쪽으로는 크릴이 먹는 모든 조류가 처리되는 기관이 큼직한 녹색을 띠며 자리하고 있었다.

우리가 리빙스턴섬에 온 핵심 목적도 크릴이었다. 크릴은 국제 조약으로 보호하는 대상이자 남극 생태학의 기반이고, 우리가 연구하는 동물의 식량, 대기 중 탄소를 포집하는 엔진과도 같은 생물, 전 세계 해양 먹이사슬의 핵심이다. 작은 웅덩이에서 헤엄치던 작은 생명체가 그 주인공이다. 물속에서 우아하게 움직이던 크릴이 떠올랐다. 불특정한 형태의 거대한 무리에서 혼자 떨어져 나왔을 그 크릴은 살아 있었고, 아름다웠고, 독보적인 존재였다.

✳

대학 시절, 생물학 교수님의 연구실에서 이석(동물의 내이에 있는 뼛조각-옮긴이)을 분류한 적이 있다. 연구실의 판지로 된 수납 상자에는 사우스셰틀랜드 제도에 서식하는 펭귄의 식생활 표본에서 나온 이석이 담겨 있었다. 어류의 내이 일부를 구성하는 작고 둥근 뼈인 이석은 어류에서 연골이 아닌 유일한 진짜 뼈다. 펭귄이 물고기를 먹으면 소화가 끝난 후에도 이석은 펭귄의 몸에 남아 있다. 이렇게 남은 이석만으로 어류의 종류와 나이, 성별, 심지어 왼쪽 귀와 오른

쪽 귀 중 어디에서 나온 이석인지까지 어류에 관한 놀랄 만큼 상세한 정보를 얻을 수 있다. 이석은 바닷새의 식생활과 바다의 광범위한 생활 환경을 파악할 수 있는 귀중한 단서다.

그 시절에 나는 실험대에 놓인 현미경 앞에 웅크리고 앉아 이석의 살짝 솟은 부분을 뚫어져라 보면서 대체 이런 뼈는 어디에서 왔는지, 어떤 사람들이 이런 걸 모으는 일을 하는지 상상하곤 했다. 그 상상 속에서 나는 작은 뼈에 남은 흔적이 안내하는 대로 남쪽으로, 더 남쪽으로, 내가 아는 모든 대륙을 지나 더 아래로 내려가서 세상에서 폭풍이 가장 거센 해협을 지나, 남극 대륙의 가장자리로 향했다. 도둑갈매기 오두막에서 펭귄이 먹은 어느 물고기의 자그마한 이석을 골라내고 작고 둥근 판지 상자에 넣으면서, 그때의 나처럼 이 돌을 들여다볼 또 다른 학생을 생각했다.

학생 시절에 펭귄이 춥고 습한 섬에서 가득 모여 사는 풍경을 상상할 때는 이석을 그만큼 많이 모으려면 모든 게 순탄하게 흘러갔을 때라야 가능하다는 사실까지는 알지 못했다. 실제 현장에서의 일은 의도치 않게 아주아주 심하게 잘못되기도 한다는 걸.

식생활 표본을 얻으려고 펭귄의 몸을 거꾸로 세웠을 때 부리에서 피가 흘러나오는 순간 마음이 철렁 내려앉는 기분, 표본 채취 후 유독 스트레스를 많이 받은 기색이 뚜렷한 펭귄을 군집에 다시 데려다 놓고 돌아설 때의 괴로움 같은 건 학생 시절에는 상상할 수도 없는 일이었다. 4회 차 식생활 표본 채취를 끝낸 다음 날 아침, 죽어 있는 펭귄을 발견했다. 나는 그런 상황에 아무런 준비가 되어 있지 않았다. 하지만 다른 건 몰라도, 전날 우리가 표본을 채취한 펭귄이라는 사실만은 정확히 알 수 있었다. 피를 보곤 제발 아무 일이 없기를 바랐지만, 그 소망은 이루어지지 않았다.

펭귄이 죽는다는 건, 열 살이 넘은 펭귄 한 마리를 잃었을 수도 있다는 것뿐만 아니라, 그 펭귄의 새끼까지도 잃게 된다는 것을 의미한다. 새끼는 부모 중 하나라도 없으면 살아남지 못한다. 때때로 펭귄 배 속에 물을 집어넣다가 뭔가 잘못되거나 다른 문제로 펭귄을 죽게 하는 일이 정말로 일어난다. 지난 몇 년 동안 없었던 일이었지만, 식생활 표본 채취는 까다롭고 침습적인 방식이어서 죽음을 초래할 가능성이 늘 존재한다. 하나, 펭귄이 죽을 가능성까지 고려해서 이런 방식의 연구가 허용된 것이다. 특정 연구의 허가 여부는 미국에서 이루어지는 모든 동물 연구의 실험 계획을 감독하는 동물 실험 윤리위원회Institutional Animal Care and Use Committee, IACUC가 결정한다. 야생동물에게 영향을 주는 미국의 모든 남극 연구에 적용되는 〈남극 보존법〉에 따라, 미국 국립 과학재단이 발행하는 허가도 따로 마련되어 있다.

펭귄의 사체를 발견했을 때 나는 군집지에 혼자 있었다. 맷은 도둑갈매기 둥지를 확인하러 간 후였다. 연구 계획서에는 표본 채취 과정에서 펭귄이 죽으면 반드시 부검하고 위 내용물을 분리해서 중요한 데이터를 얻을 기회를 놓치지 말아야 한다고 명시되어 있다. 나는 죽은 펭귄을 도둑갈매기 오두막으로 옮기고, 가슴 근육 바로 아래를 칼로 그어서 배를 갈랐다. 단단하고 검붉은 근육이 드러났다. 흉강에서 위를 분리하고 양동이에 위 내용물을 따로 모은 다음 빗물에 헹궈 위 내용물에 섞여 있던 이석을 전부 골라냈다. 어제까지만 해도 이 펭귄이 건강하고 생생하게 살아 있었다는 사실이 믿기지 않았다. 위를 다시 흉강에 집어넣는 동안 꺼져버린 한 생명의 무게가 내 마음을 무겁게 짓눌렀다.

조간대로 내려가서 바위 위에 펭귄을 올려두고 조금 떨어져서 기다렸다. 단 30초 만에 큰풀마갈매기가 나타나 펭귄의 지방과 단백질을 게걸스럽게 먹기 시작했다. 이름처럼 몸집이 거의 앨버트로스만큼 크고 먹이를 찢기 좋은 모양의 부리를 가진 큰풀마갈매기는 남극 주변 지역(남극권 바로 바깥 지역)과 남극 해양 생태계의 주요 사체 처리반이다. 죽은 동물을 처리하는 동물들은 보통 몸집이 큰 편이다. 이들의 생활은 먹이가 심하게 부족하거나 넘쳐나는 양극단을 오가므로, 먹을 수 있을 때 몸 안에 최대한 비축해둔다.

곧 다른 새들도 나타났다. 그들은 바위 주변으로 모여들더니 죽은 펭귄의 살을 찢고, 뜯고, 꿀꺽 삼켰다. 그중 덩치가 큰 새들이 다른 새들을 다 쫓아버리고 날개를 반쯤 편 자세로 사체 주변을 자기 영역처럼 지키면서 매서운 눈으로 살폈다. 나는 죽은 펭귄의 몸이 거의 다 사라질 때까지 머물렀다. 갈매기들은 굶주린 모양이었다. 그날따라 사냥이 시원치 않았는지도 모른다.

큰풀마갈매기를 보고 있으니 겁이 났다. 밝은 노란색 바탕에 새까만 홍채가 구슬처럼 박혀 있는 두 눈에는 늘 초조한 빛이 감돌았다. 뜯어 먹을 먹이가 없나 살피는 것 같았다. 먹이를 먹다가 뒤집어쓴 피가 머리에 그대로 남아 있는 새들도 많았다. 큰풀마갈매기는 소란스러운 동물들 틈에 있을 때는 가까이 다가와도 모를 만큼 조용히 움직였다. 나는 이들이 큰 무리를 지은 모습을 많이 봤는데, 그렇게 떼 지어 다닐 때는 대부분 가까이에 먹이가 있다는 의미였다. 남극에 서식하는 야생 동물 대부분이 육지에는 포식자가 없어서 사람이 가까이 가도 피하지 않지만, 공격적이고 호시탐탐 기회를 노리는 이 새들은 인간을 멀리했다. 죽은 동물을 처리하는 동물들에게 느낀 불쾌감은 죽음에 대한 내 두려움에서 비롯됐는지도 모른다. 나도 피와 살로 이루어진 존재라는 것, 흙에서 나왔고 언젠가는 흙으로 돌아가게 된다는 사실을 선명하게 상기시키는 광경이었다.

나는 젖은 바위에 앉아 죽은 펭귄의 생을 애도했다. 처음으로 겪는 일이었다. 죽은 동물을 처리하는 다른 동물들처럼 큰풀마갈매기도 생태계에서 중요한 역할을 한다는 건 물론 잘 알고 있었다. 사체가 썩기 전에 먹어 치우고 뼈만 깨끗하게 남기면, 죽은 동물의 에너지가 살아 있는 동물의 세포 속에서 신속히 재활용된다.

사람들로 북적이는 곳에서는 별로 뚜렷하지 않은 일들이 외딴곳에서는 증폭되기도 한다. 모든 게 더욱 강렬하게 느껴진다. 친구나 동료가 위험에 처하면 그 일이 무척 생생하게 다가오고 마음이 급박해진다. 죽음이 가까이에, 늘 곁에 있다는 기분도 든다. 바로 모퉁이 너머에 어둠이 도사리고 있는 듯한 이런 감정은 경이로움에 사로잡히는 강렬한 순간의 감정들과 선명한 대조를 이룬다. 고립이

주는 이 강렬한 감각에서 뜻밖의 유대감이 생겨난다. 고립은 항상 비교 대상이 있어야 하기 때문이다. 무엇으로부터의 고립인가? 친구들과 가족들, 도시의 편의 시설, 현대 사회의 편리함으로부터 분리된 건 사실이지만, 상호 연결이 생활 깊숙이 파고든 세상에서 정말로 고립되는 경우는 별로 없다. 연결의 형태만 바뀔 뿐이다. 나는 나와 분리된 것들 대신에 지금 내 주변에 있는 동료들, 어린 시절의 나, 죽음과 죽은 것들의 단순한 현실과 새로운 유대가 생겼음을 깨달았다. 이 새로운 유대감은 살아 있다는 생동감, 바람이 몰아치는 산속에서 느낀 내 삶의 풍성한 질감과의 유대감으로 이어졌다.

내가 맡은 펭귄 군집 중 한 곳은 바로 아래에 해변이 있었는데, 그곳에 종종 큰풀마갈매기 무리가 다리를 날개 아래에 집어넣은 자세로 바위 위에 앉아 있곤 했다. 내가 다가가면 그들은 얼른 멀리 달아났다. 물갈퀴 달린 발과 날개를 활짝 펼치고 처음에는 땅을 달리다가 물 위로 훌쩍 날아갔다. 그 모습이 앨버트로스와 무척 닮았다. 갈색 점이 박힌 베이지색 새들도 있고 진주처럼 새하얀 새도 있었지만, 그 둘을 섞은 듯한 색이 가장 많았다. 하얀색과 갈색이 뒤섞인 새들이 날개를 펼치고 소리 없이 날아올라 공기 중으로 떠오르는 모습은 정말 아름다웠다. 이승과 저승의 경계에서 유령처럼 양쪽 세상을 오가는 존재들 같았다.

10
1월 중순

여름이 절정에 달한 1월 15일, 시레프곶은 작은 생명들로 가득했다. 해변에는 새끼 물개들이 자라고 새끼 도둑갈매기들은 비틀대는 타조처럼 언덕을 달렸다. 새끼 펭귄들은 군집에서 쑥쑥 자랐다. 젠투펭귄의 새끼가 태어난 지 3주가 지나 생후 21일이 된 새끼의 몸무게를 측정하는 일도 마무리되었다. 바로 이어서 턱끈펭귄 새끼들의 몸무게도 측정했다. 태어난 지 21일 된 새끼의 몸무게를 재는 건 우리가 하는 데이터 수집 업무 중에 가장 지저분한 일이었다. 그 시기의 새끼들은 데려올 때부터 이미 배설물을 뒤집어쓴 상태인데, 우리가 집어 들면 겁이 나는지 계속 똥을 쌌다. 우리는 다른 새끼들의 배설물이 이미 잔뜩 묻어 있는 봉투에 새로 데려온 새끼를 담아서 몸무게를 쟀다. 나는 봉투를 조금이나마 깨끗하게 만들어보려고 매일 조간대로 가져가서 배설물을 씻어냈다.

키가 부모 펭귄의 절반 정도까지 자란 펭귄들은 둥글둥글하고 말랑한 버터너트 호박(땅콩호박-옮긴이) 같은 모습으로 다 큰 펭귄들보다 훨씬 발발거리며 돌아다녔다. 어른 펭귄들의 울음소리도 따라 하기 시작했는데, 아직은 목소리가 거칠고 꽥 소리 지르는 느낌이 강했다. 둥지 주변을 헤매다가 이웃 둥지를 쿡쿡 쪼아보고 바위를 기어오르기도 했다. 벌써 크레슈가 시작된 젠투펭귄들도 보였다. 생후 3주 반에서 4주쯤 된 새끼들이 부모 없이 군집에 옹기종기 붙어 있었다.

새끼 물개들도 호기심이 더 왕성해져서 해변 근처의 작은 못을 탐험하기도 하고 네다섯 마리가 무리를 지어 과감하게 내륙으로 들어오거나 조수 웅덩이에 뛰어들었다. 어미 물개가 먹이를 구하러 가면 어미가 돌아올 때까지 태어난 해변 근처에서 다른 새끼들과 그렇게 신나게 놀면서 기다렸다. 어미 물개가 뭍에 머무르는 짧은 며칠 동안은 익숙한 자세로 어미에게 폭 안겨서 열심히 젖을 빨며 배를 채웠다.

어린 물개의 생활이 먹이와 놀이로만 채워지는 건 아니었다. 물개 번식기에는 남극에서 가장 무서운 포식 동물이 나타났다. 바로 얼룩무늬물범이다. 이들은 육지와 이어진 앞바다에 숨어 있다가 군집을 떠나 바다로 향하는 펭귄이나 해변을 돌아다니는 새끼 물개를 낚아채 물속 깊이 데려갔다. 뭍으로 나와 평화로이 낮잠을 즐기면서 얼마 전 배불리 먹은 먹이를 소화시키는 얼룩무늬물범이 수시로 눈에 띄었다.

얼룩무늬물범은 남방코끼리물범에 이어 세계에서 두 번째로 몸집이 큰 물범으로, 얼굴 생김새가 독특하다. 파충류의 느낌이 뚜렷하며, 거대하고 뾰족한 입에 콧구멍은 길쭉하다. 탄탄한 근육질 몸과 길고 두꺼운 목, 거대한 아래턱에서는 엄청난 힘이 나온다. 펭귄, 물개 같은 덩치 큰 먹이의 살을 찢을 수 있도록 둥글게 휘어진 날카로운 송곳니 뒤에는 차가운 바닷물에서 크릴과 플랑크톤을 걸러내서 먹을 수 있도록 위아래가 맞물린 어금니가 이어진다. 얼룩무늬물범은 굉장히 다양한 생물을 먹이로 삼는다. 해저에서는 물고기도 사냥한다. 매끈한 근육질의 몸이 바위에 널브러져 누워 있을 때 측정해보면 몸길이가 1.8미터에서 2.7미터 사이다.

내가 상상하는 바다 괴물의 모습은 뱀과 비슷하면서 몸집은 훨씬 크고 인간보다 힘이 센 물에 사는 육식 동물인데, 얼룩무늬물범은 거기에 가장 근접한 동물이다. 만약 물속에서 이 생물과 맞닥뜨린다면, 나는 너무 놀라서 그 자리에서 정신을 잃고 말 것이다. 실제로 뭍에 나온 얼룩무늬물범을 처음 발견했을 때는 너무 놀라서 이후로도 몇 번 마주칠 때마다 멍하니 쳐다본 적도 있다. 하지만 육지에서 보는 얼룩무늬물범은 그저 졸려 보였다. 잠든 물범 주변에는 펭귄들이 돌아다니고 새끼 물개들도 놀고 있었다. 물속이었다면 전부 잡아먹었을 텐데 그렇게 한가로이 낮잠에만 빠져 있는 물범의 모습을 보고 있으니, 이 바다 동물이 육지에서는 사냥을 멈추고 다른 동물들은 이들의 사냥감이 될 걱정 없이 그냥 각자 할 일을 하기로 휴전 협정이라도 체결했나, 하는 생각이 들었다.

시레프곶 주변에 얼룩무늬물범이 주로 사냥하는 장소는 나이 많은 암컷 몇 마리가 지배했다. 나보다 앞서 이곳에서 일한 연구원들은 근방에서 몸집이 가장 큰 얼룩무늬물범 암컷에게 '멜바'라는 이름을 붙여주었다. 멜바가 주는 공포는 남달랐다. 나는 멜바가 해변에서 젠투펭귄 무리 근처에 드러누워 있을 때 처음 보았다. 내가 느끼기에 멜바는 사람의 존재를 알아채는 여섯 번째 감각이 있는 것 같았다. 그날 내가 뚫어져라 보고 있을 때, 멜바는 눈을 감은 채로 입을 쩍 벌려 크게 하품했다. 벌어진 입속에 다용도로 쓰일 이빨들이 드러나 햇볕에 번쩍였는데, 그 모습이 꼭 무기 창고 같았다. 입안은 전체적으로 분홍색이고 입천장 곳곳에 짙은 반점이 보였다. 목구멍은 그 뒤로 넘어갔을 동물들에 비해 지나치게 커 보였다. 나는 잔뜩 긴장해서 가만히 지켜보았다. 멜바가 정말로 나를 겁주려고 했는지는 알 수 없지만, 그 하품이 어쩐지 경고처럼 느껴졌다. 천천히 돌아서서 휘둥그레진 눈으로 평소보다 더 조심스럽게 바위를 건너갔다. 멜바가 달콤한 잠에 취해 있는 동안, 나는 녀석과의 거리를 유지하면서 그 주변을 뒤뚱거리며 걸어가는 펭귄들을 지켜보았다.

얼룩무늬물범은 경쟁심이 강한 동물이라 영역을 놓고 싸우다가 또는 먹이를 서로 차지하려고 싸우다가 생긴 흉터가 몸에 남아 있는 경우가 많았다. 식별 태그가 없어도 이런 상처로 개체를 구분할 수 있을 정도다. 내가 해변에서 본 그 하품하던 물범이 멜바였다는 사실도 나중에 사진을 보고서야 알았다. 물개 연구진은 이미 여러 해 전부터 멜바의 앞다리에 태그를 부착하려고 시도했지만, 곤히 잠들어 있을 때 살금살금 다가가도 퍼뜩 깨어나는 바람에 매번 실패했다.

물개팀은 주요 업무인 남극물개 모니터링 외에도 식별 태그가 부착된 얼룩무늬물범과 코끼리물범의 데이터도 수집했다. 주로 금요일에 시레프곶 전역에서 벌이던 물범과(바다표범이라고로도 불리는 물범이 속한 물범과는 물개와 바다사자가 속한 물갯과와는 다른 분류다. 물범과와 물갯과는 모두 상위 분류인 기각류에 포함된다-옮긴이) 동물 전체 조사로 이 데이터를 확보했다. 얼룩무늬물범의 사냥 습성은 이 외딴 생태계의 역학 관계를 밝혀낼 수 있는 아주 중요한 자료다. 이들의 사냥은 시레프곶의 남극물개가 줄어드는 주된 요인 중 하나이기도 하다.

얼룩무늬물범은 얼음을 정말 좋아한다. 부빙, 즉 탁 트인 바다에 둥둥 떠다니는 얼음덩이에서 물고기와 크릴을 사냥하고, 역시나 얼음을 좋아하는 또 다른 물범인 게잡이물범의 새끼도 사냥한다. 게잡이물범은 이름과 달리 게를 먹지 않는다. 대신 체처럼 생긴 이빨 사이로 물속에 사는 크릴을 걸러내서 거의 크릴만 먹고 살아가는 독특한 환경 적응이 일어났다. 바다에 사는 게잡이물범은 남극권 전체에 분포하고 부빙에서 연중 내내 번식하며 남극물개처럼 번식지를 따로 형성하지는 않는다. 암컷 게잡이물범은 얼룩무늬물범 암컷처럼 홀로 부빙에 올라가서 새끼를 낳는다. 수컷은 암컷이 새끼를 낳고 나면 다시 교미를 할 수 있을 때까지 암컷과 새끼를 돌보며 함께 지내다가 짝짓기가 끝나면 떠난다. 이처럼 게잡이물범은 광활한 바다에 넓게 흩어져서 사는 데다 각 개체가 따로 생활하는 습성이 있어서 연구하기가 까다롭다. 그래서 아직도 정확한 개체 수는 파악되지 않았다.

1979년 이후 서남극 반도에 동물들이 생활하는 얼음 서식지가 거의 절반으로 줄었다. 이런 변화는 이 지역에 엄청난 영향을 일으켰다. 얼음이 줄자 얼룩무늬물범이 육지에서 사냥하기 시작했다. 젖을 잔뜩 먹고 통통하게 살찐 새끼 물개들이 순진하게 돌아다니고 바다를 오가는 펭귄들도 있는 시레프곶은 얼룩무늬물범들에게 다양한 먹잇감을 구할 수 있는 장소였다. 시레프곶이 늘 사냥터였던 건 아니다. 얼룩무늬물범은 얼음을 매우 좋아하므로 얼음이 있으면 육지로 오지 않는다. 1996년 전까지만 해도 시레프곶에 사냥하러 온 얼룩무늬물범이 한 번에 두 마리 이상 발견된 적은 한 번도 없었다. 그러다 1998년부터 2011년까지 시레프곶에 나타나는 얼룩무늬물범의 수가 급증했고, 2010년 이후에는 매년 시레프곶에서 태어나는 새끼 물개의 평균 70퍼센트가 이들의 먹이가 되었다.

연구 시즌 초반에는 한 주 건너 한 번 정도로 드문드문 보이던 얼룩무늬물범이 12월 중순이 되자 매주 물범과 동물 전체 조사를 벌일 때마다 네다섯 마리씩 발견되었다. 1월 중순에 물개팀이 발견한 물범은 11마리로 늘었다. 그즈음에 이미 물개팀이 조사하던 새끼 물개 30마리 중 절반이 사라졌다. 최근 몇 년간 집계된 수치와 비슷한 수준이었지만, 그런 사실은 별로 위로가 되지 않았다. 새끼를 잃은 암컷 물개는 허공을 향해 구슬프게 울부짖었다. 황량한 산턱과 부딪히며 울리는 동물의 비통하고 처절한 울음소리는 시레프곶 전체로 퍼져서 내내 귓가를 떠나지 않았다. 스페인어로 물개는 "바다 늑대"라는 의미인 '로보 마리노$^{lobo\ marino}$'로 불리는데, 나는 이보다 더 어울리는 이름은 들은 적이 없다.

암컷 물개는 바다에 먹이 사냥을 갔다 오면 해변에서 새끼가 나타나길 기다렸다. 어미가 돌아왔을 때 새끼가 해변에 없는 건 그다지 이상한 일이 아니었다. 어린 물개는 갈수록 덩치가 커지고 모험심도 강해져서 놀랄 만큼 먼 곳까지 돌아다녔다. 어미는 해변에서 어서 돌아오라고 새끼를 불러댔다. 보통은 어미가 없는 동안 배고팠던 새끼가 얼른 나타나서 진하고 영양이 풍부한 젖을 허겁지겁 삼켰다. 어린 새끼 물개와 어미는 서로의 음색을 정확히 알아듣는다. 시레프곶 인근 바다로 먹이를 찾으러 갔던 어미가 돌아온 후 4일 안에 새끼가 나타나지 않으면, 그 새끼는 공식적으로 죽었다고 기록되었다. 새끼가 잡아먹히는 모습을 목격하는 경우는 드물었다. 그냥 사라졌다.

우리가 이름을 지어주고 돌봐주던 새끼 물개들도 매일 얼룩무늬물범에게 잡혀갔다. 우리는 시레프곶 전통에 따라 새끼가 사라질 때마다 다 함께 잔에 스카치위스키를 채우고 건배했다("스카치가드"라는 위스키였다). 어떤 날은 몇 잔을 연달아 채워야 했다. 얼룩무늬물범의 식욕은 그만큼 대단했다. '외뿔고래'가 사라지고 '귀뚜라미', '쇠똥구리'라고 부르던 새끼들까지 사라진 주에는 마음이 더욱 쓰라렸다. 맷은 그 이름처럼 쾌활했던 귀뚜라미의 울음소리와 살짝 금빛이 돌던 머리의 털을 떠올리며 그리워했다. 나는 내 무릎에 포근히 안기던 외뿔고래를 떠올렸다. 샘이 아끼던 쇠똥구리는 그 시즌에 태어난 새끼 물개 중 가장 통통해서 그런 이름이 붙여졌었다.

시레프곶의 물개 개체 수는 급격히 감소하고 있다. 그런데도 세계자연보전연맹International Union for Conservation of Nature, IUCN 은 남극물개를 "관심 필요 종"으로 분류한다. 남극 전체에 서식하는 개체 수가 기준이 되기 때문이다. 남극물개는 물개잡이가 기승이던 19세기에 멸종 수준에 이르렀다가 사우스조지아섬에 남아 있던 물개들이 사우스셰틀랜드 제도에 서식하기 시작했다는 사실은 오래전부터 전해오는 이야기다. 현재 사우스셰틀랜드 제도에서 발견되는 물개들은 남극 전체 물개의 97퍼센트가 서식하는 사우스조지아섬 물개들의 자손이라는 의미다.

시레프곶의 물개들은 사우스조지아섬이 아닌 사우스셰틀랜드 제도에서 번식하는 그 3퍼센트 중 일부다. 사우스조지아섬에 물개 대부분이 살고 있으니 시레프곶의 개체군 감소는 별로 중요하지 않다고 생각할 수도 있지만, 시레프곶에 서식하는 물개가 다른 종류라면 이야기가 달라진다. 더그는 2022년에 시레프곶에서 수십 년간 수집된 데이터를 토대로 사우스셰틀랜드 제도의 남극물개는 유전학적으로 다른 하위 개체군이라는 연구 결과를 발표했다. 사우스셰틀랜드 제도에서 소규모로 번식하는 물개들은 사우스조지아섬에서 온 게 아니라, 물개잡이가 극성이던 시절에 살아남은 물개가 과거 번식지였던 해변을 다시 찾아와서 머물기 시작했을 가능성이 크다는 내용이다. 유전학적인 증거도 있지만, 실제로 시레프곶의 물개들은 사우스조지아섬의 물개들보다 몸집이 더 크다. 기후가 더 추운 환경에 적응할 때 흔히 나타나는 특징이다.

생물종의 여러 하위 종 중에서도 개체 수가 극소수인 하위 집단은 대부분 유전적 다양성이 보존되어 있다. 생물이 가진 다양한 유전자는 그 생물종의 회복력에 중요한 기능을 하므로, 그러한 다양성은 남극물개가 기후 변화로 달라진 환경에 적응하는 열쇠가 될 수도 있다.

✽

시레프곶의 물개 하렘은 분위기가 살벌했다. 어미 물개가 깊은 혼란과 절망을 쏟아내는 대상에 인간도 예외가 될 수는 없었다. 바람이 거세던 1월의 어느 날, 매일 다니던 길로 해변을 지나 펭귄 군집으로 가는 도중에 암컷 물개 한 마리가 으르렁대며 나를 쫓아왔다. 시즌마다 물개가 맹렬히 달려와서는 공격 직전에 딱 멈추는 행동을 보일 때가 있었는데, 이는 일종의 경고로 여겨졌다. 보통은 아직 덜 자란 수컷들이 많이 보이는 행동이었고, 그럴 때 내가 물러나면 물개도 대부분 돌아서기 마련이었다. 하지만 그날 만난 암컷은 단순히 경고하려는 게 아니었다. 40미터 넘게 쫓아오기에, 나는 돌아서서 물개가 뒤로 물러서게 했다. 물개를 피해 다니다가는 펭귄 조사를 할 수가 없을 것만 같았다. 이럴 때를 대비해서 등산을 많이 해야 하는 날마다 배낭에 묶어 다니던 스키 폴로 물개를 몇 번 쿡쿡 찔렀다. 물개는 아무것도 느껴지지 않는다는 듯 숨을 거칠게 내쉬며 내 눈을 똑바로 응시했다. 그러다 나를 내리치려는 척 앞발을 휘두르기에 나도 똑같이 했다. 순간적으로 서로 몸이 닿는 바람에 둘 다 당황한 순간, 물개가 내 바지의 무릎 부분을 찢어버렸다. 젠장, 하고 생각하자마자 물개가 또 달려들었고 나는 부리나케 뛰기 시작했다.

다행히 나는 두 발로 더 빨리 달릴 수 있는 동물이므로 얼른 물개를 따돌릴 수 있기를 바랐지만, 격분한 물개는 바위에 몸을 마구 던져가며 바짝 따라붙었다. 나는 펭귄 배설물이 덕지덕지 붙은 미끄러운 바위 위를 질주했다. 초속 18미터로 불어대는 바람과 맞서느라 눈에 눈물이 맺혔다. 적이 어디까지 왔는지 보려고 슬쩍 돌아보니 물개는 날카로운 송곳니를 드러내며 집요하게 따라오고 있었다. 우리는 펭귄 군집들 사이, 낮은 지대를 빠른 속도로 가로질렀다. 부산하게 돌아다니는 새끼 펭귄들이 여러 그룹으로 다닥다닥 모여서 보송한 솜털이 달린 날개를 퍼덕이고 있었다. 나는 규모가 가장 큰 턱끈펭귄 군집이 있는 가파른 오르막길을 올라갔다. 그리고 잔뜩 겁을 먹고 엄마 치맛자락 뒤에 숨는 아이처럼 펭귄들 뒤에 숨어 몸을 낮추고 웅크렸다. 산까지 따라 올라온 내 적은 턱끈펭귄들의 사나운 매질을 감당할 수는 없었는지, 추격을 포기하고 해소되지 않은 분노가 가득한 눈으로 내가 있는 쪽을 응시했다. 어쩌면 그 암컷 물개는 새끼를 잃고 나를 범인이라고 생각한, 상처 입고 화가 난 어미 물개였는지도 모른다. 얼룩무늬물범을 쫓을 수는 없으니 대신 나를 쫓아왔는지도 모른다.

✳

1월 중순, 연이은 상실로 무거운 분위기가 감돌던 캠프에 식구가 한 명 더 늘었다. 이번 시즌 내내 캠프를 지킨 우리 네 사람과 얼마 전 합류한 더그와 제시, 바로 옆 캠프에서 지내는 페데리코와 레나토에 이어서 합류한 새로운 구성원으로, 사실 나는 그다지 반길 기분이 아니었다. 캠프에 리모델링이 필요한 곳을 확인하는 시설 평가를 위해 2주 반 정도 머무를 예정으로 온다는 NOAA의 행정관인 앤서니가 그 주인공이었다. 더는 남는 침대가 없어서, 우리는 앤서니가 오기 전에 이틀 동안 오전에 시간을 내서 '웨더포트^{WeatherPort}'라는 임시 방수 구조물을 세웠다. 웨더포트는 전체적인 틀이 금속이라 텐트보다는 튼튼하지만, 제대로 된 벽이 있는 공간만큼 추위를 막지 못한다. 나는 아침에 옥외 화장실을 다녀올 때면 그쪽을 멍하니 쳐다보곤 했다. 팔레트와 합판 위에 툭 올려놓은 듯 홀로 나지막하게 솟아 있는 웨더포트는 어쩐지 쓸쓸해 보이기도 하고 시적으로 느껴지기도 했다.

　앤서니는 굉장히 특이한 경로를 거쳐 캠프에 도착했다. 먼저 칠레에서 킹조지섬의 칠레 기지까지 비행기로 와서 헬리콥터로 칠레 선박에 올랐다. 배가 리빙스턴섬 인근에 도착하자 고무보트로 우리 반대쪽에 있는 스페인 기지에 도착했다. 그곳에서 스페인 산악 가이드 여럿이 모는 설상차를 얻어 타고 빙하를 건너서 마침내 우리 캠프로 온 것이다. 그 가이드들은 마침 우리 캠프에 와본 적이 있어서 기꺼이 앤서니를 데려다주겠다고 했다. 예전에 왔던 길에는 크레바스가 너무 많아서(제시의 표현을 빌리자면 "죽음이 도사리는 길"이었다), 이번에는 다른 경로로 빙하를 건넜다. 하지만 설상차 맨 앞에 앉아 엄청난 속도로 운전하는 스페인 사람을 단단히 붙들어야 했던 앤서니에게는 그 길도 그리 편안하지는 않았다.

펭귄 군집들을 둘러보고 내려오니 스페인 사람들은 막 떠난 후였다. "인사 전해달라고 했어요." 더그가 전해주었다. 그들은 템프라니요(주로 스페인에서 재배되는 포도의 품종-옮긴이) 와인 한 병과 둥근 스페인산 치즈(바스크 지역의 양젖 치즈), 스페인 캠프에서 가져온 티셔츠 두 장과 스티커 몇 장을 우리 선물로 가지고 왔다고 했다. 와인은 정말 기가 막히게 맛있었다. 그걸 마시니 갑자기 내 혈통에 대한 자긍심이 솟구쳐서, 내 동포들과 만나지 못한 내가 위로 차원에서 티셔츠 한 장을 가져야겠다고 주장했다.

앤서니가 오면서 그렇지 않아도 혼잡했던 오두막은 더욱 비좁아졌다. 잠은 웨더포트에서 잤지만, 식사와 다른 생활은 전부 큰 오두막에서 했기 때문이다. 아침에 우리가 일하러 나갈 준비를 하느라 분주할 때면 앤서니는 방해가 안 될 만한 곳을 찾아다녔다. 여기면 되겠다 싶어 겨우 앉거나 자리를 잡고 서면, 매번 누가 다가와서 뭔가를 꺼내야 하니 비켜달라고 하기 일쑤였다. 결국 앤서니는 계속 오두막 안을 서성이다가 구석에 최대한 몸을 구겨 넣곤 했다. 이메일 보낼 때 쓰는 컴퓨터도 차례를 잡기가 한층 어려워졌다. 일곱 명이나 되는 사람들이 전부 잠깐이면 된다고, 얼른 이메일을 읽고 친구와 가족에게 답장만 쓰고 비키겠다고 부르짖었다. 저녁 식사를 할 때는 탁자의 양옆 사람과 팔꿈치가 닿을 만큼 바짝 붙어 앉아야 했다.

맷과 나는 아침마다 되도록 일찍 캠프를 빠져나와서 도둑갈매기 오두막으로 향했다. 그리고 그럴싸한 이유를 대가며 그곳에서 최대한 늦게까지 머물다가 돌아왔다. 나는 아침에 잠에서 깨자마자 정신은 이미 펭귄 군집에 가 있었다. 새끼가 크레슈에 들어간 둥지들이 하나둘 늘어가고, 이제 온종일 새끼만 돌보지 않아도 되는 시기가 되자 군집에 남은 성체 펭귄들은 눈에 띄게 줄었다. 몸집이 부모의 4분의 3 정도 크기로 자라서 크레슈에 들어간 새끼들은 저희들끼리 오종종히 모여 재잘재잘 떠들거나 바위에도 올라가보고 신기해하면서 하루를 보냈다.

맷과 나는 아직 새끼를 돌보고 있는 성체 펭귄들과 크레슈를 이룬 새끼들에게 위치 추적기와 수심 기록계를 계속 부착했다. 이 소형 장비는 총 11대밖에 없어서 일주일간 붙여두었다가 회수하여 다시 다른 펭귄에게 부착해야 했다. 우리는 젠투펭귄들에게 부착하고 일주일 뒤에 회수한 다음 턱끈펭귄 아홉 마리에게 부착하고 다시 회수한 후 새끼가 크레슈에 들어간 젠투펭귄 성체를 찾아서 다시 부착할 준비를 했다.

회수한 장비는 깨끗이 씻은 후에 저장된 데이터를 추출했다. 그리고 장비의 설정을 확인하고 전기 테이프를 감았다. 펭귄 등에는 까만색 케이블 타이와 강력 접착제로 붙였다. 일주일이 지나면 먼저 케이블 타이를 자르고 펭귄 몸에 강력 접착제로 붙어 있는 전기 테이프를 잘라내서 장비만 분리했다. 펭귄 등에 있던 테이프 잔여물은 펭귄이 털갈이할 때 함께 제거되었다. 맷과 나는 각자 맡은 군집에서 새끼가 크레슈에 들어간 둥지를 찾고, 생후 21일이 된 새끼가 있으면 몸무게를 재고, 장비를 설정해서 테이프를 감고, 펭귄 몸에 붙였다. 그렇게 장비를 달아둔 펭귄이 일주일 뒤에는 제발 돌아오길 초조하게 기다리며 하루하루를 보냈다.

사람들로 북적이는 캠프로 퇴근하는 시간은 점점 늦어졌다. 저녁 식사는 시즌이 시작될 때부터 돌아가며 당번이 담당했고 저녁 준비는 대부분 예상보다 늦게 끝나는 편이었으므로 우리는 최대한 뭉그적대다 식사가 시작되기 직전인 저녁 8시나 8시 반쯤 들어갔다. 장비를 부착한 펭귄을 기다리느라 늦었다고 둘러댔지만, 사실 비좁은 데서 부대끼는 시간을 1분이라도 줄이고 싶었다.

시레프곶에서 생활한 지도 어느덧 석 달이 지났다. 이제 남은 시간은 두 달 정도였다. 혼자 조용히 있을 시간도, 장소도 희박해지자 맷은 점점 말수가 줄고 속으로 침잠했다. 원래 혼자 있기를 좋아하는 사람이라 우리 캠프의 상황이 그에게 얼마나 끔찍한 악몽일지 나는 어느 정도 짐작할 수 있었다. 도둑갈매기 오두막에 있을 때면 맷은 분통을 터뜨렸다. 업무량이 너무 많은 상황, 평화롭게 쉬고 싶어도 그럴 수 없는 현실이 그에게 얼마나 큰 스트레스일지 느껴졌다. 나도 옆에서 음식이며 이메일 컴퓨터 쓰는 일에 관해 불만을 터뜨렸다. 그렇게 우리는 나란히 뜨개질하면서 끊임없이 투덜대는 이모들처럼 수다를 떨었다.

나는 저녁에 칠레 캠프로 자주 도망갔다. 그곳에는 늘 반겨주는 사람들이 있고 공간도 여유로웠다. 가끔 페데리코, 레나토와 함께 영화를 보거나, 레나토와 칠레 캠프의 큰 오두막 옆에 있는 보다 작은 대장 오두막에서 오붓하게 시간을 보내기도 했다. 레나토와 페데리코가 그곳에서 지낼 시간은 2주 정도밖에 남지 않았다.

어느 저녁, 나는 미리 약속한 대로 저녁 식사가 끝나자마자 최대한 일찍 대장 오두막으로 갔다. 레나토는 테킬라 한 병과 함께 스피커를 챙겨왔다. 우리는 태양 전지판으로 충전해서 쓰는 그 스피커로 미리 내려받아둔 음악을 들었다. 레나토는 미국 캠프에서 있었던 일들에 대해 흥미롭게 귀를 기울였다. 나는 성격이 제각기 다른 사람들이 비좁은 공간에 한데 엉켜서 생활할 때 벌어지는 온갖 소소한 일들을 그에게 전하며 즐거움을 선사했다. 제시는 늘 너무 춥다고 난리이고 맷은 늘 너무 덥다고 투덜대는 통에 창문을 얼마나 열어둘 것인지를 두고 무언의 신경전이 벌어진다는 것, 앤서니가 아직 캠프 생활에 적응을 못 했고 위생 기준에 문제가 좀 있다는 이야기, 휘트니가 만들어주는 마르가리타가 얼마나 금세 동나는지, 마르가리타가 몇 잔 들어가면 더그의 이야기가 얼마나 더 생생하고 재밌어지는지도 열심히 전했다.

음악과 춤, 해양 생태계에 큰 열정을 가진 레나토는 흥이 넘치고 장난기도 많은 사람이었다. 정말 좋아하는 것들을 이야기할 때면 자신만의 세계에 푹 빠져서 눈이 반짝였다. 그는 내가 맷과 처음 만난 곳이기도 한 알래스카 알류샨 열도 북쪽의 프리빌로프 제도에서 석사 학위 연구로 바다의 켈프(다시마목 대형 갈조류. 주로 북아메리카 대륙 서해안의 서늘하고 얕은 물에 무성한 숲을 이루며 서식한다-옮긴이) 숲을 조사했던 시절의 이야기도 들려주었다.

레나토는 북극과 가까운 곳에서 지내는 동안 극 지역에 애정이 생겼고, 박사 과정 연구는 남극에서 하기로 결심했다. 그러다 예전부터 알고 지내던 교수가 남극반도에서 켈프 숲 데이터를 수집할 잠수부를 구한다는 소식에 마침내 기회를 얻었고, 킹조지섬의 칠레 기지에 머물면서 그 연구를 진행하던 중, 시레프곶에서 미국으로 돌아가는 길에 교통편을 갈아타느라 킹조지섬에 잠시 머무르고 있던 마이크와 만났다. 레나토는 마이크와의 첫 대화 중에 자신의 박사 학위 연구 주제를 떠올렸다고 했다. 그리고 곧장 해양 연구가 아닌 육지에서 남극물개를 연구하기로 방향을 틀었다.

레나토는 늘 내게 오늘은 어떻게 지냈냐고 진심으로 안부를 물었다. 그럴 때마다 나는 모든 걸 내려놓을 수 있었고 힘을 얻었다. 그와 함께 보낸 시간 덕분에 마음이 한결 진정되고 포근해졌지만, 결코 진지한 관계는 아니었다. 바위와 눈, 펭귄이 가득한 오지에서 함께 지내다가 생겨난 유대감이었다.

캠프가 발 디딜 틈 없이 혼잡해진 후부터 혼자 펭귄 군집에 가 있거나 산을 오르내리는 시간이 더 소중해지고 점점 길어졌다. 고요하고 눈부시게 찬란한, 시적인 순간들이었다. 동시에 고요함이나 찬란함과는 거리가 멀지만 평범하고, 지극히 인간적이고, 편안함을 주는 순간들도 있었다. 내 일상도 그랬다.

아침을 먹고 나면 펭귄 군집으로 갈 준비를 시작했다. 눈을 막아줄 작업복과 고무장화, 플리스 점퍼, 바람막이를 껴입고 선크림을 바르고 모자와 선글라스를 쓴다. 그리고 필요한 걸 다 챙겼는지 가방을 확인했다. 라디오, 현장 노트, 필기구, 점심밥, 간식, 껴입을 옷들, 손난로, 쌍안경, 물병을 모두 챙겼으면 군집지로 향했다. 맷은 보통 나보다 먼저 출발해서 대부분 혼자 걸어갔다. 도둑갈매기 오두막에 도착하면 고무로 된 펭귄 조사용 작업복으로 갈아입고 필요한 장비를 모두 챙겨서 내가 맡은 군집으로 갔다. 15곳 조사 구획과 나이 조사 둥지 38개를 모두 동일한 순서로 쭉 점검한 후 오두막으로 돌아왔다. 점심을 먹고, 펭귄에게 부착해야 할 장비가 있으면 맷과 함께 그 작업을 하고 없으면 오두막을 정비하고, 물통을 비우고, 청소하고, 장비를 준비하거나 수리하는 등 다른 자질구레한 일들을 했다.

저녁에 캠프로 돌아오면 그날의 데이터를 정리하고, 이메일을 쓰고, 책을 읽고, 음료를 홀짝이며 사람들과 어울렸다. 캠프에서 지내는 모두가 돌아가며 저녁 식사를 준비했다. 식사 준비는 내가 좋아하는 집안일 중 하나였다. 내 차례가 오기 며칠 전부터 요리책을 뒤적이며 어떤 재료를 어떻게 조합해서 무슨 요리를 할까 구상했다. 내게 요리는 창의력을 발산하고 싶은 충동을 마음껏 해소하고 나다운 모습으로 돌아갈 수 있는 기회였다.

낯선 나라들, 새로운 문화 속에서 떠돌던 우리 가족에게 음식은 늘 중요한 버팀목이었다. 나는 부모님이 만들어주는 음식을 통해 엄마 아빠가 태어나고 자란 곳과 가까워질 수 있었다. 매콤한 맛에 초콜릿의 달콤함이 어우러진 엄마의 주특기 몰레 포블라노(고추로 만든 소스라는 뜻으로, 고추와 과일, 견과류, 씨앗에 초콜릿을 섞어서 만든 진한 소스를 다양한 재료에 끼얹어서 먹는 멕시코 요리-옮긴이)와 아빠가 만드는 스페인식 파에야, 여름 채소를 볶아서 만든 피스토(갖가지 채소를 잘게 썰어 만든 스페인의 전통적인 스튜 요리-옮긴이)가 그런 음식이었다. 부모님이 만든 요리에는 그때그때 우리가 머물던 나라의 전통 음식의 특징들이 섞여서, 집과 뿌리에 관한 추상적인 감각이 담긴 요리들이 나오기도 했다.

엄마는 어디서든 사람들과 어울리며 공동체를 형성하는 놀라운 능력이 있었고, 엄마의 요리도 그런 관계의 영향을 받았다. 다른 학부모들, 채소 상인, 친구가 된 이웃들이 전수해준 요리 중에는 남아프리카공화국 요리인 보보티와 이집트 음식인 팔라펠도 있었고, 달콤한 쿠키며 폭발 직전의 화산처럼 생긴 파이도 있었다. 평소에는 대부분 엄마가 우리 식사를 책임졌고 아빠는 간혹 귀한 휴일이 생기면 메뉴부터 정한 다음 정성스레 만든 음식을 내놓곤 했다. 그런 날 아빠는 앞치마를 단단히 두르고 온종일 주방에서 우리 형제에게 칼 쓰는 법과 재료를 잘게 다지는 법을 가르쳐주고 식재료에 관해서도 설명해주었다. 우리 가족에게 음식은 우리의 정체성과 뿌리를 기억하는 일종의 의식과도 같았다.

내가 대학에 입학해서 미국으로 떠날 때, 엄마는 작별 선물로 우리 가족의 레시피를 전부 정리해둔 요리책을 건넸다. 우리가 머물렀던 도시와 나라들이 모두 담겨 있는 자료집이었다. 나는 하도 많이 봐서 닳고 닳은, 엄마가 직접 쓴 그 요리책을 시레프곶에서도 펼치고 그다지 신선하지 않은 재료들을 최대한 활용해서 내게 친숙한 요리들을 만들며 위안을 얻었다. 몇 년간 어딜 가나 갖고 다니며 연구 현장에서 만난 동료들이 알려준 레시피를 꽤 많이 추가했다. 미드웨이 환초에서 일할 때 배운 태국 음식 랍과 팟타이, 똠얌 레시피도 휘갈겨 써넣었다. 세인트라자리아섬에서 현장 팀의 리더가 만들었던 샐러드드레싱, 세인트조지섬에서 맷의 생일에 내가 동료와 함께 만든 파인애플 업사이드다운 케이크 레시피도 추가했다. 내가 일했던 섬들이 요리책에 기록된 다른 음식들처럼 그렇게 내 삶의 기록으로 남았다.

시레프곶에서 음식은 우리가 누릴 수 있는 몇 안 되는 사치 중 하나였다. 특히 채소는 귀한 보물과도 같았다. 하루는 앤서니가 남아 있던 가지를 몽땅 털어서 영 시원치 않은 음식을 만들었다. 내가 제일 좋아했던(지금도 가장 좋아하는) 채소가 고무처럼 질기고 덜 익은 음식이 되고 말았다. 이제 남은 가지도 없었다. "너무 아깝잖아요!" 다음 날 나는 도둑갈매기 오두막에서 맷에게 속내를 드러냈다. 그도 공감한다는 듯 고개를 끄덕이며 말했다. "그놈의 가지마저도 이제 없다니." 속이 부글부글 끓고 너무 분했다. 속 좁게 괜히 심술을 부릴 때가 많던 시기였다. 지금 생각해보면 어처구니없지만, 그때는 정당한 분노라고 느꼈다.

보통 우리가 현실에서 보내는 시간은 일과 여가 활동, 휴식 시간으로 나뉘고 현실에서 만나는 사람들은 가족과 친구, 동료, 고용인, 명백히 모르는 사람으로 나뉜다. 그리고 현실의 공간은 일하는 곳과 주방, 침실, 거실 등으로 구분된다. 누구나 직장에 있을 때, 친구와 있을 때, 집에 혼자 있을 때 각기 다른 사람이 된다. 하지만 남극 생활에서는 이 모든 구분이 무너졌다. 우리에게는 방 한 칸과 한 무리의 사람들, 한 가지 생활 방식만 존재했다. 당번 순서가 돌아와서 요리하는 시간은 업무 시간으로 봐야 할까? 음식물 찌꺼기와 배설물이 담긴 통을 비우는 일은 또 어떤가?

이렇듯 모든 게 합쳐지는 환경은 여러 의미로 다가온다. 가끔은 사무실에서 살고 있는 기분이 들다가 여름 캠프에 온 것 같기도 하고, 친구 집에 하룻밤 놀러 온 것 같을 때도 있었다. 일을 전혀 안 하고 사는 것 같기도 하고 만사가 일로 느껴지기도 했다. 일반적인 경계가 사라지면 생기는 장점도 있다. 상사와도 친구로 지낼 수 있고, 동료를 더 깊이 알게 되고, 팀원들과 한결 편한 사이가 된다. 더그와 마이크 같은 연구팀의 리더는 외딴곳에서 일하는 한 무리의 사람들을 책임져야 하므로 일반적인 리더들보다 더 막강한 영향력을 발휘한다. 나는 마이크가 함께 지내는 동안 들려준 현장 캠프의 파란만장했던 과거와 수십 년간 축적된 역사에 푹 빠졌다. 그와 달리, 더그의 이야기는 전부 미래를 향했다. 어떻게 하면 캠프를 개선할 수 있을지, 뭘 바꿔야 하는지, 앞으로 어떤 연구를 해야 하는지와 같은 내용이었다.

내가 시레프곶에서 함께 일한 사람들은 훌륭한 연구자들이었다. 그들 덕분에 나는 안전감을 느꼈고 지지를 받고 있다는 느낌이 들었다. 그리고 그들과 함께 있는 시간이 늘 즐거웠다. 하지만 그럴 수 있었던 건 내가 운이 좋았기 때문이다. 현장 캠프는 권력이 특정인에게 집중되는 환경이고, 권력은 남용될 수 있다.

2014년, 여러 분야의 과학자 666명을 대상으로 연구 현장에서 겪은 일들을 조사한 사례가 있다. 보통 연구 현장은 같은 실험실이나 연구센터에서 일하던 사람들이 한 팀이 되어 원래 일하던 시설을 벗어나 데이터를 수집하는 곳이다. 그리고 연구자들은 동료들, 또는 학생들과 그 현장에 마련된 시설에서 함께 지낸다. 조사 결과, 연구팀 리더나 같은 팀 구성원으로부터 성추행당했다고 밝힌 응답자가 64퍼센트였고, 성폭행당했다는 응답자는 20퍼센트였다. 정말 끔찍한 결과다. 나도 다른 연구자나 대학원생들로부터 동료나 상관의 부적절한 접근을 물리쳐야 했다는 이야기를 들은 적이 많다. 외딴 환경에서 성추행을 겪으면, 그곳에서 했던 모든 경험이 완전히 변질된다. 만약 잠시도 긴장을 놓지 못하고 뒤를 살피거나 누군가를 피해 다니고, 누군가에게 위협받는 기분으로 지냈다면 내가 현장에서 경험한 즐거움이나 배운 것들은 전부 사라졌을 것이다. 상상조차 할 수 없는 일이다. 연구 현장은 활기와 마법 같은 일들이 가득하고 영감을 일깨우는 곳이지만, 무엇보다 안심하고 지낼 수 있는 곳이어야 한다.

11

1월 말

1922년 이전, 남극 탐험의 영웅시대에 유럽 국가들과 일본, 호주는 혹독한 남극 대륙으로 용감한 사람들을 보냈다. 새로운 땅과 해로를 지도로 만들고 문서로 기록해서 자국 영토라고 주장하기 위해서였다. 탐험가들은 개인 투자자들에게 탐험 자금을 얻기 위해 탐험이 끝나고 돌아오면 책과 강연으로 수익을 올릴 수 있다고 약속하면서 치열한 경쟁을 벌였다. 1899년부터 1922년까지, 광대한 남극 땅덩이를 조사하기 위한 탐험이 총 17회에 걸쳐 진행되었다. 탐험대를 실은 배들은 1911년에 모슨 탐험대가 그랬듯이, 해빙이 녹아 배가 육지에 접근하기가 수월한 남반구의 여름이 끝나갈 무렵(1월이나 2월)에 와서 사람들을 남극에 내려놓고 떠났다. 탐험대는 해안에 오두막을 짓고 겨울을 보낸 후 봄이 오고 날씨가 풀리면 곧바로 탐험에 나설 준비를 시작했다.

모슨의 험난한 여행이 시작되기 2년 전, 노르웨이의 탐험가 로알 아문센^{Roald Amundsen}이 이끄는 탐험대가 남극점, 즉 지리학적인 남극의 극점에 발을 디뎠다. 아문센은 내가 정말 좋아하는 남극 탐험가다. 시레프곶에서 일하고 돌아와 얼마 뒤에 아문센 전기인 《최후의 바이킹 *The Last Viking*》을 읽은 다음에는 홀딱 반하고 말았다(그런 제목의 책을 읽고 어떻게 반하지 않을 수가 있을까?). 역사상 가장 위대한 탐험가로 꼽히곤 하는 아문센은 북서 항로를 최초로 횡단한 인물이자 최초로 북극과 남극을 모두 방문한 사람이다.

아문센은 목표가 생기면 그것 하나에만 집중해서 무서운 추진력을 발휘했다. 탐험에 나설 때마다 모든 걸 고려해서 세심하게 준비했던 철두철미한 계획가이기도 했다("모험은 계획이 엉망일 때나 하는 것"이라는 글도 남겼다). 허세와는 거리가 멀기로 유명했다. 당시 노르웨이는 가까이에 있는 극지인 북극 탐험에 큰 관심을 쏟고 있었다.

1800년대 말, 북극 탐험에 나선 사람들이 맞닥뜨린 가장 큰 난관은 아메리카 대륙의 북부 해안을 따라 대서양에서 태평양으로 나가는 해로를 찾는 일이었다. 이 경로만 찾으면 유럽에서 아시아로 가는 경로가 훨씬 짧아질 것이고, 남아메리카 남쪽을 빙 돌아서 가는 것보다 시간도 크게 단축될 것이므로 전 세계 해상 무역의 판도가 완전히 바뀔 터였다. 이 경로를 찾으려는 시도가 수 세기 동안 이어진 끝에, 아문센은 1903년부터 1906년까지 3년에 걸쳐 북서 항로를 최초로 횡단하는 데 성공했다. 그의 배는 캐나다 북쪽 어느 섬

인근에 형성된 총빙에 가로막혀서 2년간 발이 묶였다. 그때 아문센은 여섯 명에 불과했던 팀원들을 데리고 주변의 이누이트 공동체와 함께 생활하며 많은 것을 배웠다. 마침내 배가 다시 움직일 수 있게 되자, 아문센 일행은 북서 항로를 완전히 통과해서 알래스카에 도착했다. 아문센은 성공 사실을 알리기 위해 전보를 칠 수 있는 알래스카 이글(미국 알래스카주 유콘강 남쪽 기슭에 있는 지역 – 옮긴이)까지 800킬로미터가 넘는 거리를 스키로 이동해서 전보를 보낸 다음 곧바로 다시 스키를 타고 배가 있는 곳으로 돌아왔다.

나는 도둑갈매기 오두막으로 가면서 아문센의 동기는 무엇이었을까 생각했다. 극지의 무엇이 그렇게 자석처럼 아문센의 마음을 끌어당겼을까? 왜 그는 탐험이 끝나고 돌아오자마자 곧장 다음 탐험을 준비했을까? 얼음 위에서 생활한 시간이 그의 내적인 삶에 질적으로 어떤 변화를 일으켰는지도 궁금했다. 아문센 전기에는 이미 널리 알려진 내용들만 있을 뿐 그를 더 자세히 알 수 있는 정보는 거의 없었다. 그는 감정을 드러내는 사람이 아니었다. 어떤 진실을 발견했는지 모르겠지만, 그게 뭐든 아문센은 혼자 간직하고 살았다.

알래스카에서 노르웨이로 돌아온 아문센은 북극으로 눈을 돌렸다. 탐험 준비로 바쁘던 1909년, 그는 프레더릭 앨버트 쿡Frederick Albert Cook과 로버트 피어리Robert Peary라는 두 미국인이 북극에 최초로 도착했다는 소식을 접했다. 그러곤 다른 사람들이 이미 도달한 북극 대신 남극으로 목적지를 바꾸기로 마음먹었지만, 원래 계획대로 북극에 갈 것처럼 탐험 준비를 이어갔다. 그가 확보한 탐험 자금은 노르웨이 국왕과 의회가 북극을 탐험한다는 그의 계획을 토대로 제공한 돈이었기 때문에 갑자기 계획을 변경했다고 알렸다가는 자금을 잃을 수도 있으므로 그런 위험을 감수하고 싶진 않았을 것이다. 게다가 영국에서 로버트 팰컨 스콧도 남극점을 목표로 탐험을 준비 중이라는 사실을 알고 있었기에 더더욱 비밀로 유지할 필요가 있었다. 아문센과 스콧에게는 인류 최초로 남극에 발을 디딜 수만 있다면 탐험가로서 최고의 성취가 될 터였다.

아문센은 함께 떠날 탐험대원 19명을 신중하게 선발했다. 해군 중위와 스키 챔피언, 러시아 출신 해양학자, 스웨덴 출신 엔지니어와 함께 북서 항로를 탐험할 때 함께했던 요리사와 팀원들도 합류했다.

1910년 8월, 아문센의 배 프람^Fram 호가 노르웨이에서 출항했다. 모두 항해에 익숙해질 즈음, 그는 계획이 변경됐다는 사실을 알리고 한 명 한 명과 따로 만나 그래도 탐험을 계속하고 싶은지 물었다. 목적지가 바뀌었다는 사실을 처음 들었을 때의 충격이 가시자, 전원이 함께하고 싶다는 뜻을 밝혔다. 아문센은 마데이라 제도에서 스콧에게 전보를 보냈다. "프람호가 남극으로 향하고 있음을 알려드립니다. —아문센."

4개월 뒤 남극의 한여름인 1월에 프람호는 남극 동쪽 로스 빙붕 한쪽에 자리한 훼일스만^Bay of Whales 에 닻을 내렸다. 탐험대는 날씨가 허락하는 날을 골라서 육지에 내려 캠프를 세우고 짐을 내렸다. 한 달에 걸쳐 이 과정을 끝낸 탐험대는 겨울나기에 들어갔다. 아문센은 길고 어두운 밤이 이어지는 동안 팀원들이 이성을 잃지 않도록 엄격한 일정을 짜고 규칙적으로 생활하도록 했다. 모두 겨울을 보내는 동안 장비를 세심하게 정비하고 썰매를 타면서 체중을 감량했다. 프람호에 싣고 온 재료를 바느질해서 더 가벼운 새 텐트도 만들었다. 아문센의 계획은 날이 풀리자마자 스키와 썰매로 남극점까지 가는 것이었다. 북그린란드에서 데려온 97마리의 개도 있었다. 아문센이 찾아낸, 매우 춥고 험한 날씨도 견딜 수 있는 종이었다. 탐험대는 남극의 풍속과 기온, 기압을 측정하는 등 과학적인 관찰도 수행했다. 아문센과 스콧 모두 최종 목표는 남극점에 최초로 도달하는 것이었지만, 처음 횡단하는 땅을 관찰하고 표본을 채취하는 과학적인 임무도 병행했다.

스콧의 베이스캠프는 아문센의 캠프와 480킬로미터쯤 떨어진 로스 빙붕 반대편에 세워졌다. 둘 다 같은 시기에 같은 빙붕을 건너 남극 대륙의 심장인 남극점을 향해 달려갈 예정이었다. 스콧의 배는 로스섬으로 향하던 길에 우연히 훼일스만에 닻을 내린 프람호를 발견했다. 두 탐험대는 점심 식사를 함께했고, 식사를 마친 후 정중히 헤어졌다.

아문센의 남극점 탐험대(네 대의 썰매와 다섯 명의 사람, 52마리의 개)는 9월에 출발했으나 눈보라와 극심한 추위로 물러났다가 1911년 10월 20일에 다시 출발했다. 탐험대는 강한 바람과 심한 눈보라를 뚫고 겨우겨우 나아가면서 육분의로 지평선과 천체를 측정해서 이동 방향을 확인했다. 남극에서는 태양과의 각이 기준이 되었다. 이들을 비롯한 초기 탐험가들은 정밀한 시계와 몇 가지 계산법을 활용해서 위도와 경도를 놀랍도록 정확하게 파악했다. 탐험대는 매일 점심을 먹으려고 잠시 쉴 때마다 돌아올 때 길 찾기에 도움이 되도록 평평한 빙하에 이정표를 남겨두었다. 식량이 동나지 않도록 개는 꼭 필요한 수만 남기고 일부는 죽였다. 12월 14일, 아문센과 네 명의 탐험가는 마침내 남극점에 도착했다. 훼일스만의 캠프에서 출발한 지 거의 두 달 만이었다. 스콧이 다녀간 흔적은 보이지 않았다. 아문센이 이긴 것이다. 돌아오는 여정은 날씨가 허락하는 선에서 꽤 순탄하고 효율적이었고, 마침내 모두가 안전하게 캠프에 도착했다.

　　스콧의 여정은 그리 성공적이지 않았다. 스콧의 탐험대는 남극에 와본 적 있는 다섯 명의 베테랑 탐험가와 여러 명의 해군 지휘관, 에드워드 윌슨Edward Wilson이 이끄는 소규모 과학자팀, 의사, 동물학자로 구성되었다. 남극의 험준한 땅을 횡단하는 데 도움이 될 조랑말과 개, 전동 썰매도 동원되었다. 그러나 조랑말과 전동 썰매는 오래 견디지 못했고, 개는 제대로 관리가 되지 않아 결국 대원들이 눈을 뚫고 그 무거운 썰매를 직접 끌어야 했다. 극도로 고되고 열악한 상황이었고, 이동 속도도 아문센 탐험대와 비교도 되지 않을 정도로 더뎠다. 대영제국의 막강한 힘에 비현실적인 기대를 품고 전적으로 의존한 것도 문제였다. 영국의 방식이 최고라고 생각한 스콧은 영국에서 쓰이거나 개발된 기술에만 의존했다. 반면 아문센은 3년에 걸쳐 북서 항로를 찾는 탐험을 할 때 극 지역의 혹독한 기후에 적응해서 살아온 이누이트와 몇 년간 함께 생활했고, 그때 배운 중요한 기술들을 남극 탐험에도 활용했다. 개 썰매를 모는 요령과 방법도 그랬고, 팀원들의 의복도 이누이트 방식대로 늑대와 순록의 가죽으로 만들었다. 이누이트는 북극점이나 남극점에 세계 최초로 도달해야 할 필요성을 전혀 느끼지 못하는 사람들이었지만, 그게 목표인 사람들에게는 이누이트가 보유한 기술이 없어서는 안 될 귀중한 자산이었다.

스콧의 탐험대는 길고 고생스러운 여정 끝에 아문센보다 한 달 늦게 남극점에 도착했다. 스콧은 사람이 오간 발자국과 캠프가 세워졌던 흔적, 노르웨이 국기가 꽂혀 있는 것을 보고 이 경쟁에서 자신이 패배했다는 사실을 분명하게 깨달았다. 다시 힘겹게 돌아가는 길에, 스콧의 탐험대는 식량을 숨겨둔 장소에 제때 도달하지 못했고 결국 전원이 목숨을 잃었다. 나중에 남극을 찾아온 사람들이 이들의 유해를 발견했다. 스콧의 일기장도 나왔다. 식량이 있는 곳에 닿을 때까지 어떻게든 살아남으려고 고투를 벌이던 탐험대가 연이은 부상과 줄기차게 이어진 폭풍에 끔찍한 상황을 맞이했고, 결국 모두 자연에 굴복하고 만 과정이 상세히 기록되어 있었다.

아문센은 유럽으로 돌아온 후에야 스콧의 탐험이 불행한 결말을 맞이했음을 알게 되었다. 영국팀의 비극은 아문센의 성취에 어두운 그림자로 남았다. 죽어간 사람들이 있는데 마음 편히 승리를 외칠 수는 없었다. 남극에 설치된 미국 기지는 두 사람 모두의 이름을 따서 '아문센-스콧 기지'로 명명되었다.

두 사람의 남극 탐험 이야기는 오늘날에도 자주 언급된다. 스콧은 자기애가 강하고 스스로 영웅이라는 생각에 집착하는 인물로 그려질 때가 많다. 아문센과 스콧의 남극 탐사를 다룬 롤런드 헌트포드 Roland Huntford 의 1979년 저서 《지구 최후의 땅 The Last Place on Earth》에도 스콧의 리더십과 판단력을 비난하는 내용이 가득하다. 그러나 스콧을 옹호하는 사람들은 그가 이례적인 악천후에 시달린 불운한 사람일 뿐이라고 이야기한다. 나도 스콧이 다소 우쭐한 면이 있고, 아문센의 엄격한 자기 통제와 절제된 자신감과 나란히 놓고 비교하면 더욱 그런 면들이 두드러진다고 인정하지만, 그래도 스콧은 나로선 상상할 수도 없는 일들을 견뎌냈다고 생각한다. 스콧의 야망은 동경까지는 아니더라도 충분히 존경할 만하다.

이런 감상은 스콧을 실컷 놀렸던 것에 대한 죄책감에서 나왔는지도 모른다. 나는 아문센과 스콧의 탐험 이야기를 도둑갈매기 오두막에서 맷에게 듣곤 처음 알았다. 맷은 두 사람의 탐험을 이미 책으로 읽고 잘 알고 있었다. 우리는 스콧의 빅토리아 시대 영웅주의를 흉내 내며 놀리곤 했다.

"그건 우리 몫이 될 겁니다! 우린 영국인이니까요! 우리가 먼저 도착할 것이고, 우리가 이길 겁니다!" 나는 한껏 고상한 척 허공을 응시하며 이렇게 외쳤다.

"우리가 그 땅에 발을 딛고, 그 땅을 차지하게 될 겁니다!" 맷이 주먹으로 탁자를 내리치며 받아쳤다. "여왕님을 위하여!"

나는 코웃음을 치며 차를 마셨다. 파라핀 난로와 캔버스 천으로 만든 텐트 대신, 프로판 난로와 합판으로 된 오두막이 있는 시대에 살고 있다는 사실이 새삼 놀랍고 감사했다.

　시간이 흐르면서 영웅시대의 극적인 이야기들은 남극에 처음 인간이 나타난 창조 신화처럼 변모했다. 아문센과 스콧의 이야기가 특히 그랬다. 그렇게 바뀐 이야기들에는 새로운 땅을 발견하고 그곳을 탐험하는 일에 관한 유럽 상류층의 시각이 잘 담겨 있다. 그들에게 남극 탐험은 경쟁이자 국가주의적 영광이고 착취할 수 있는 유용한 자원을 탐사하는 일이었다. 개인주의가 영웅이 되고픈 욕망에 불씨가 된 경우도 많았는데, 남극 탐사의 역사를 이런 시각에서 서술해서 애초에 유럽이 그런 탐험을 진행할 수 있는 바탕이 됐던 이윤 추구와 식민지 개척의 역사와는 분리된 일처럼 다루는 경우도 많다. 즉 남극 탐험이 미지의 대륙을 서로 차지하려는 전 세계의 전략적인 성취가 아니라, 탐험가들이 개인적으로 이룬 업적처럼 이야기하는 것이다. 영국이 착취로 부를 쌓을 때(물개잡이, 고래잡이) 적용된 사고방식이 원주민이 없는 대륙에도 똑같이 적용되기도 했다.

　벤 매디슨Ben Maddison이 쓴 《남극 탐험의 계급과 식민주의Class and Colonialism in Antarctic Exploration》에는 남극에 온 유럽 탐험가들이 땅을 빼앗을 원주민이 없다는 사실에 당혹스러워했다는 내용이 나온다. 보통 식민지를 건설할 때 해오던 패턴이 깨지자, 대다수가 "대신 펭귄들을 원주민으로 여기는 것으로 식민주의적 욕구를 충족했다." 남극 동쪽의 아델리랜드에 도착해 그곳을 프랑스 땅이라고 주장한 프랑스 선원들은 경사진 바위 위로 올라가 깃발을 꽂고 "펭귄들을 내동댕이

치자, 그토록 잔인하게 자신들의 땅을 빼앗겼다는 사실에 펭귄들이 크게 기겁했다"라고 전했다. 영국의 제임스 클라크 로스James Clark Ross 선장은 남극 빅토리아랜드를 영국 소유로 정하자 펭귄들이 "자신들의 땅이라고 주장하는 듯 날카로운 부리로 우리를 쪼아댔다"라며 당시의 상황을 묘사했다. 쿡의 탐험대원이던 해군 사관후보생 한 명은 펭귄을 "섬 주민Islanders"이라고 불렀는데, 이는 식민주의자들이 태평양 섬들에 사는 원주민을 가리킬 때 쓰던 표현이었다. 이 사관후보생은 탐험대가 남극의 섬에 내려 이동할 때 "그곳의 '신사들(펭귄들을 가리키는 말이다)'에게 완전히 둘러싸였으며 그들은 우리에게 당신들은 이럴 권리가 없다고 주장하는 듯했다"라고 썼다.

나는 경쟁과 식민지화, 수익이 주된 목적이 아니었다면 남극 탐험의 초기 역사가 어떻게 바뀌었을지 궁금했다. 영토의 소유권을 주장하려는 국가주의적인 열정이 없었다면? 그랬다면 가장 먼저 이 땅에 온 사람들을 통해 얼음과 눈으로 이루어진 이곳이 어떤 사회가 됐을지, 초기 탐험가들이 들여온 고유한 문화와 신화가 남극에 어떻게 섞였을지 궁금했다. 오랫동안 이런 생각을 하던 중, 나는 남극에 온 마오리족 항해자 후이 테 랑이오라의 이야기를 알게 되었다.

뉴질랜드의 '로스해 지역 연구·모니터링 사업' 중에는 테 레오 마오리Te Reo Māori, 즉 마오리족의 세계관을 중심으로 나와 비슷한 의문을 던진 연구 프로젝트도 있다. 이 프로젝트의 제목은 "남극의 마오리족: 카 무아, 카 무리Ka mua, ka muri"다. 카 무아, 카 무리는 "미래를 향해 거꾸로 걸어간다"는 뜻의 마오리족 속담이다. 선조들의 지식을 깊이 파헤치고 현재로 끌어내어 미래를 위한 결정에 지침으로 삼는다는 의미다. 이 연구에서는 마오리족의 과거 조각품들을 조사하고 세미나와 워크숍을 개최하면서 마오리족이 보유한 남극 지식과 그 지식을 얻게 된 과정을 파악하고 있다. 이들의 남극 탐험에서 '테 아오 와이루아$^{te\ ao\ wairua}$', 즉 영적인 요소가 과학적 지식과 더불어 얼마나 중요한 역할을 했는지, 국가 중심적인 지배구조 안에서 겪은 탐험의 어려움, 남극해에서 축적된 마오리족의 풍부한 역사 등이 연구 주제로 다루어진다. 한 세미나에서 크루실 와텐$^{Krushil\ Watene}$ 박사는 남극 대륙은 탐험의 대상이 아니라 배움을 얻어야 하는 대상이며 남극은 인간이 일반적인 사고의 틀을 넘어서게 만드는 스승이라고 설명했다. 우리의 한정된 사고에 남극은 어떤 가르침을 주는가? 와텐 박사는 이런 질문을 던졌다.

✳

펭귄 군집지에서는 조사 구획마다 새끼 젠투펭귄 전체, 새끼 턱끈펭귄 절반이 크레슈에 들어갔다. 새끼들이 주변을 돌아다니고 자기들끼리 모여 지내기 시작하자 군집의 전체적인 둥지 구조가 무너져서 구획별 조사와 나이 조사 둥지 조사도 중단했다. 새끼 펭귄이 크레슈에 들어간 둥지는 제 기능을 성공적으로 마쳤다고 간주하여 조사 대상으로 지정했던 새끼들도 더 이상 추적하지 않았다. 대신 맷과 나는 크레슈에 들어간 새끼들 몸에 위치 추적기와 수심 기록계를 부착하고 턱끈펭귄과 젠투펭귄의 다섯 번째이자 마지막 식생활 표본을 채취하느라 바쁘게 지냈다.

1월 24일에는 각자 맡은 군집들에서 태어난 새끼 젠투펭귄이 전부 몇 마리인지 셌다. 각 군집의 새끼를 전부 세어본 결과 모두 902마리였다. 도둑갈매기 새끼도 전부 부화해서 쑥쑥 자라고 있었다. 물개는 처음 조사 대상으로 지정했던 30마리 중 18마리가 죽었다. 얼룩무늬물범이 원인일 가능성이 컸다.

내 스물다섯 번째 생일을 하루 앞둔 1월 말에 레나토와 페데리코가 2개월간의 캠프 생활을 정리하고 칠레 헬리콥터에 올라 킹조지섬으로 떠났다. 우리 캠프의 앤서니도 2주 반의 일정이 마무리되어 함께 떠났다. 다들 이 세 사람이 곧 떠나리란 걸 알고 있었지만, 이들을 태우는 헬리콥터는 날씨가 잠잠해야만 뜰 수 있으므로 날씨만 괜찮으면 언제든 갑자기 나타날 수 있었다. 나는 도둑갈매기 오두막에 있다가 무전으로 헬리콥터가 온다는 소식을 듣고 그날 해야 할 일을 끝내자마자 옷을 갈아입고 얼른 캠프로 내려갔다. 평소대로라면 오두막에서 머그잔을 들고 장비를 부착해둔 펭귄이 돌아오길 기다렸겠지만, 떠나는 이들과 제대로 작별 인사를 하고 싶었다. 세 사람이 떠나기 직전에 겨우 도착해서 몇 번씩이나 포옹을 나누었다. 그런 다음 셋은 쇠로 된 거대한 새에 실려 하늘로 날아갔다. 이따금 캠프에서 함께 신나게 놀던 동료들이 먼저 떠나는 걸 보니 슬픔이 밀려왔다. 레나토도 그리울 것 같았다. 칠레 캠프에 있을 때면 칠레와 아르헨티나에서 어린 시절을 보내는 동안 내 삶의 일부가 된 라틴아메리카 문화의 활기와 요란한 자기주장, 다소 과장된 면모를 마음껏 드러낼 수 있어서 좋았다.

가끔 남극 생활이 스노우볼 안에 사는 것 같다고 느낄 때가 있었다. 남극은 사회적 경계와 지리적 경계가 엄격히 정해진 좁은 세상이고 춥고 눈이 내렸다. 하늘은 광활하고 오목해 보였다. 누군가가 내 세상을 집어 들고 마구 흔들면, 내 모든 게 뒤집히고 혼란스러워졌다가 다시 가라앉았다. 둥근 유리 속 세상이 다시 잠잠해질 때도 그렇듯, 다시 가라앉은 세상은 모든 게 처음과는 같지 않다.

그동안 너무 비좁게 생활해온 우리는 마치 스프링이 튕겨 나가듯 좁은 오두막에서 벗어나기 시작했다. 휘트니는 앤서니가 머물던 웨더포트로 옮겼고, 몇 개월간 숨 막히는 좁은 공간에서 시달린 맷은 모두가 떠난 칠레 오두막으로 옮겼다. 연구 시즌마다 각국 연구진은 자국 시설에서만 지냈으므로 시설 이용이 정확히 어디까지 허용되는지는 알 수 없었지만, 다들 정해진 곳에만 머무르고 있는지 확인하러 올 사람이 있는 것도 아니었다. 생활의 중심은 여전히 우리 큰 오두막이었고 저녁에도 전부 모여서 밥을 먹었지만, 식사가 끝나면 각자 자기만의 공간으로 흩어졌다.

밤이 되어 맷은 칠레 캠프로, 더그와 제시는 "노인네 방"으로, 휘트니는 웨더포트로 떠나고 나면 우리 오두막에는 샘과 나만 남았다. 꼭 4개의 벽으로 둘러싸인 작은 제국을 차지한 왕과 왕비가 된 기분이었다. 우리는 여기저기 흩어진 고무줄을 모아서 공을 만들기 시작했다. 고무줄을 찾을 때마다 하나씩 더해가면서 현관 위에 달린 작은 골대에 던져 넣을 수 있을 만한 크기로 만들었다. 우리 둘 다 양치질할 때 다른 일을 동시에 하는 습관이 있어서 입에 칫솔을 물고 치약을 뚝뚝 흘리면서 자질구레한 일을 하곤 했다. 양치질하다가 대화가 시작되어 웅얼웅얼 말하다가 거품을 뱉고 다시 이어가기도 했다.

때로는 로스앤젤레스에서 동쪽으로 1시간 거리에 있는 작은 도시에서 보낸 우리의 대학 시절 이야기를 나누었다. 샘의 모교는 기술과 컴퓨터과학이 주요 학과라서, 지하 동굴 같은 곳에 숨어 모니터 화면만 응시하는 영특한 괴짜들이 넘쳐난다는 소문이 자자했다. 학생들은 화학 지식과 젊은 날의 상징과도 같은 불완전한 논증에 기대어 기숙사 방 안에서 온갖 기계와 독성 화학물질을 만들어냈다. 대학은 무모한 천재들을 길러내는 거대한 온상이었고, 그런 이유로 학교 건물은 화재에 철저히 대비할 수 있도록 지어졌다고들 생각했다. 나를 비롯한 외부인들에게 전해진 이야기는 그랬다.

내가 다닌 인문 대학은 허세가 심했다. 사회주의며 공산주의, 혁명을 주제로 토론하는 새싹 지식인들이 캠퍼스에 넘쳐났고 다들 자유로운 학문의 거품에 순진할 정도로 푹 젖어 있었다. 나는 샘을 괴짜라고 놀렸고, 샘은 내가 뭐든 비유를 찾으려고 하고 의견이 너무 많으며 늘 "그게 무슨 뜻이야? 그게 무슨 뜻인데, 뭔데?"라고 물으면서 궁금해한다고 놀렸다.

샘은 나보다 생각이 훨씬 구체적이었다. 그가 연구 현장에서 항상 던지는 질문은 '이 절차를 어떻게 하면 좀 수월하게 만들 수 있을까?', '어떻게 하면 더 효율적으로 만들 수 있을까?' 또는 '어떻게 하면 효과를 더 높일 수 있을까?'였다. 어느 날은 내가 펭귄의 무선 태그 정보를 정리하면서 엑셀 프로그램으로 일일이 계산하느라 골머리를 앓는 걸 보곤 코드 하나를 뚝딱 작성해서 두통에서 벗어나게 해주었다.

하지만 미로처럼 복잡하게 얽힌 물개 데이터는 샘의 가장 큰 숙적이었다. 물개 데이터는 정보를 요약해서 표로 종합하거나 특정 정보를 단시간에 찾는 게 거의 불가능할 정도로 복잡했다. 샘은 밤늦도록 컴퓨터 앞에 앉아 코드를 써서 정리해보기도 하고, 수십 년간 그때그때 마련된 임시방편으로 데이터를 모아둔 데이터베이스를 하나씩 정리해보려고 애썼다. 내 경험상 모든 연구 사업에서 데이터 관리는 늘 극심한 두통을 유발하는 원인이었다. 컴퓨터 프로그래밍과 데이터 관리에 관한 전문 지식이 연구자의 필수 요건이라고 해도 과언이 아닐 정도였다. 현장 연구에 필요한 기술과 그러한 전문 지식을 두루 갖춘 샘은 데이터를 어떻게 수집해야 하는지와 어떻게 분석해야 하는지를 모두 알고 있었다. 나는 샘이 그 두 분야를 하나로 잇는 디지털 가교를 만들고 있다고 생각했다.

나도 샘과 같은 성향이었다면 어땠을까. 나는 분석이나 정량화에는 별로 관심이 없었다. 그보다는 남극 조약 체계가 전 지구적인 문제를 해결할 방안을 얼마나 제시할 수 있을지가 관심사였다. 남극의 냉혹한 자연을 보면서, 인간의 정신이 땅과 장소를 해석하고 재해석하는 방식을 떠올렸다. 내 생각은 정치적이고 은유적인 영역을 맴돌았고 생물학을 향한 애정과 함께 사회학, 심리학, 정치학, 인류학, 예술까지 아우르는 소위 '소프트 사이언스' 쪽에 더 마음이 이끌렸다. 샘처럼 지금 하는 일이 내 자리라는 확신은 들지 않았다. 내가 관심을 기울이는 일들은 실질적으로 꼭 필요한 일이 아니라는 생각도 들었다.

현장 연구자들은 대체로 연구를 먼저 시작한 사람들을 본보기로 삼는다. 우리의 본보기는 NOAA가 운영하는 남극 생태계 연구 부문의 대표적인 연구자인 제퍼슨과 마이크, 더그와 같은 사람들이었다. 연구 프로그램을 책임지고 이끄는 사람들은 대부분 현장에와서 연구 경험을 쌓지만, 처음부터 현장에서 뛰다가 석사나 박사학위를 따고 연구자나 연구 프로그램의 리더가 되는 사람은 극소수다. 연구 책임자가 되려면 힘든 과정을 거쳐야 한다. 박사 학위만 하더라도 현장 연구자 상당수가 그 길을 포기하는 큰 이유다. 연구 책임자는 외교술과 데이터 과학, 현장 경험, 논문 작성법, 물류에 대한이해 같은 다양한 기술을 갖추어야 하고, 오지에서 긴 시간을 함께보내는 연구자들을 통솔할 수 있는 대인관계 기술과 매년 두어 달은 "현실"과 벗어난 곳에서 생활할 수 있는 유연함도 갖추어야 하는까다로운 직업이다. 아무나 그런 기준에 부합할 수는 없고, 누구나그런 일을 하고 싶어 하는 것도 아니다.

연구자는 과학을 일반 사람들에게 알리는 사람들과 물류를 지원하는 사람들, 데이터 관리자, 데이터 과학자, 그래픽디자이너, 프로그램 관리자 등 다양한 방식으로 연구를 돕는 사람들과 공존한다. 모두 과학을 가르치고, 활용하고, 과학이 가능해지도록 하고, 해석해서 과학을 살아 숨 쉬게 만드는 사람들이다. 샘은 데이터 관리에 적임자다. 샌디에이고에는 연구 프로그램의 데이터를 담당하는 직무가 이미 마련되어 있었다. 휘트니는 수의사로 일하면서 과학을 활용하게 될 것이다. 어쩌면 이 시스템 안에 나 같은 사람, 철학적인 사색을 즐기고 생태학을 통해 자신을 이해하려는 사람들을 위한 자리도 있을지 모른다. 겉보기에는 한가하게 사색이나 즐기는 것처럼 보였을지 모르지만, 속에서는 내가 인생을 걸고 할 수 있는 일, 내 모든 걸 쏟아부을 수 있는 일을 찾아야 한다는 압박감이 소용돌이치고 있었다. 나는 어릴 때부터 성취욕이 강했고 내 이름으로 해낸 성취들이 곧 내가 평가하는 나의 가치가 되었다. 내가 가장 의미 있다고 생각하는 것들을 보호하고픈 내적인 욕구도 강한 편이다. 기후 변화라는 거대한 변화가 내 미래에 그림자를 드리운다고 느낄 때면, 내가 가진 힘을 모두 끌어내어 최대한 큰 변화를 일으켜야 한다는 강한 절박감을 느꼈다.

✱

맷이 자진해서 홀로 지내는 동안 나는 물개 무리에 잠입한 한 마리 펭귄처럼 다른 팀원들과 더 많은 시간을 보내며 편하게 이런저런 이야기를 나누었다. 맷은 그림자처럼 조용히 오가면서 우리 캠프에 있던 자기 짐을 칠레 캠프로 전부 옮겼다. 더그와 휘트니는 맷의 침묵과 부재를 걱정하는 눈치였다. 맷은 원래 내향적이고 혼자 있는 걸 좋아하지만, 과거에 다른 현장에서도 그랬듯 현장 환경에서 대체로 잘 지내는 사람이었다. 하지만 이곳에서 일곱이나 되는 인원이 캠프 하나에 밀집해서 지내는 동안 사방에 항상 사람이 있는 상황에 질려버린 듯했다. 나는 그에게 더 넓고 조용한 공간이 필요하고, 그가 꼭 필요할 때 외에는 어떤 대화도 원치 않으리라 생각했다. 맷 또한 앞으로 남은 두 달 동안은 누구와도 말하지 않아도 잘 지낼 수 있을 것 같다고 털어놓았다(나는 그 "누구"에 포함되지 않았다. 내향적인 사람에게서 들을 수 있는 가장 큰 칭찬이었다).

저녁에 맷이 칠레 오두막에서 나와 이메일을 확인하거나 밥을 먹으러 우리 캠프로 올 즈음이면, 나는 팀원들에게 그와 눈을 마주치지 말라고 경고했다. 맷이 나한테 그렇게 해달라고 부탁한 건 아니었지만, 사람들에게 그냥 맷이 없는 셈 치고 지내달라고 요청했다. 더그와 제시, 휘트니, 샘은 내 부탁을 명심하곤 철저히 지켜서 맷 쪽은 최대한 쳐다보지 않고 각자 할 일을 했다. 때로는 누군가를 가만히 혼자 놔두는 게 그를 돕는 가장 좋은 일이기도 하다.

날씨는 점점 추워지기 시작했다. 기온이 영하로 뚝 떨어지고, 바람은 맹렬히 몰아쳤다. 계속 비와 진눈깨비가 섞여서 쏟아졌다. 오두막으로 돌아오려면 거센 바람과 맞서야 하는 날이 많아졌다. 시레프곶에 있는 산의 절반을 오르내리며 도둑갈매기 둥지를 조사하는 날은 더욱 그랬다. 온몸에 부닥쳐 오는 바람과 맞서서 한참을 홀로 버티던 순간들. 초당 18미터에서 22미터가 넘는 돌풍이 몰아칠 때 바람의 보이지 않는 에너지에 온몸의 근육이 팽팽해지던 감각은 지금도 생생하다. 그럴 때는 내가 창조 신화 속에 갇혀서, 인간도 동물도 어떠한 생명도 존재하지 않았던 선사 시대에 미지의 힘에 홀로 맞서는 거인이 된 기분이었다. 겨우 오두막에 도착하고 난 뒤에는 기운이 다 소진되어 태풍에 씻기고 깎여 둥글어진 유리처럼 속이 텅 비어버린 것 같은 기분도 들었다.

지난 몇 주간 정말 많은 일을 처리하느라 녹초가 된 상태로 매일매일 산에 오르고 둥지를 조사했다. 데이터 수집은 막바지에 이르렀다. 펭귄을 포획하고, 장비를 달고, 밴드를 부착하는 재미있는 과정은 거의 끝났다. 남극 연구에서 누릴 수 있는 신나는 일들이 끝을 보일 즈음 지루할 만큼 기나긴 하루와 업무량, 매일 반복되는 등산, 고립된 생활의 무게가 피부로 느껴지기 시작했다. 너무 지쳐서 머릿속도 안개가 낀 듯 점점 흐릿해졌다.

어떤 날은 아침에 이불을 돌돌 말고 누워 있을 때 창밖에서 으르렁대는 바람 소리가 들려오면, 오두막 문 너머의 세상이 두려웠다. 밖에 나가면 얼마나 춥고, 혹독하고, 축축한지 너무 잘 알았기 때문이다. 잠시 후 일어나서 산등성이를 터덜터덜 오르면 바람이 채찍처럼 얼굴을 때리고 쏟아지는 우박에 피부가 따끔거렸다. 그럴 때마다 지금 푹신한 소파에서 따뜻하고 깨끗한 누군가의 곁에 편안하게 누워 있을 수만 있다면 아무것도 바랄 게 없겠다는 마음이 절로 들었다. 내 곁에 있는 그 사람이 쿠키를 먹여주고, 나는 가만히 누워 시시한 영화를 보면서 깜빡 졸다 깨기를 반복하는 평화로운 시간, '할 일' 목록 같은 건 없는 삶을 꿈꿨다. 나는 왜 이 일을 자초했나? 정확히 뭘 찾고 싶었을까? 앞으로 얼마나 더 많은 섬을 돌아다녀야 그걸 찾을 수 있을까?

자연의 풍경이 그렇듯, 시레프곶의 생활은 극적으로 느껴질 때도 있지만 단조롭게 느껴질 때도 있었다. 하루하루가 그저 흘러가고 새로운 하루는 다른 날들에 섞였다. 맨날 추위에 떠느라 항상 집게손가락 마디가 빨갛게 부어 있는 불편함에도 익숙해졌다(이게 동창 증상이며 옻이 오를 때처럼 시간이 갈수록 상태가 점점 나빠지기만 한다는 것도 알게 되었다). 오두막에 하나 있는 작은 거울 앞에 한 사람씩 차례로 서서 선크림을 바르는 일, 쌀밥과 달걀 혹은 연어와 달걀 혹은 얼었다 녹은 축축한 시금치와 달걀로 때우는 한 끼, 늘 뻣뻣한 건 물론 하도 신어서 왼발과 오른발이 구분될 만큼 모양이 잡힌 양말, 물병에 핀 곰팡이, 벽에 핀 곰팡이, 눅눅한 부츠에 발을 집어넣을 때의 느낌, 플리스 바지와 플리스 스웨터, 플리스 담요에 몇 주간 찌든 퀴퀴한 땀 냄새, 입을 때는 축축하다가 1시간만 지나면 내 체온에 다 마르는 옷들, 사방에 있는 진흙에도 전부 익숙해졌다.

맷과 나는 전주에 턱끈펭귄 몸에 부착해둔 위치 추적기와 수심 기록계를 회수하고 각자 맡은 펭귄 둥지를 확인하기 위해 계속해서 매일 펭귄 군집을 찾아갔다. 4일 간격으로 도둑갈매기 둥지를 찾아가서 새끼를 확인하는 조사도 계속되었다. 새끼 도둑갈매기는 우리가 다가가면 둥지 근처 바위로 잽싸게 달아나서 바위와 구분하기 힘들 만큼 미동도 없이 그대로 얼어버렸다. 언제든 급강하할 태세로 내 머리 위를 맴도는 어른 새와 달리, 새끼들은 안전하게 숨어 있었다. 머리 위에서 성체가 위협한다는 건, 소중한 새끼가 주변 어딘가에 있다는 확실한 단서였다.

크레슈에 들어간 젠투펭귄 새끼들은 도둑갈매기에게 쉽사리 붙들려 가지 않고, 부모의 뜨끈한 포란반에 몸을 대고 웅크리지 않아도 체온을 유지할 수 있을 만큼 몸집이 커졌다. 이 시기가 되자 젠투펭귄 성체는 새끼에게 먹이를 줄 때만 해안에 나타났다. 새끼의 크레슈 시기는 부모 펭귄이 정하지만, 보통 새끼들은 부화 후 대략 4주가 지나면 서로 모여 무리를 짓는다. 젠투펭귄이 턱끈펭귄보다 군집에서 알을 먼저 낳기 시작했으므로, 발달 속도도 젠투펭귄 새끼가 일주일 정도 더 빨랐고, 크레슈도 더 일찍 형성했다. 턱끈펭귄 쪽은 둥지의 절반은 크레슈에 들어가고 나머지 절반은 아직 부모가 새끼들을 지키고 있었다.

젠투펭귄 새끼들은 몸집이 거의 부모만큼 커도 털은 여전히 보송보송한 솜털이었다. 부모가 바다에 나가면, 군집 가까이에 새끼들끼리 모였는데 날씨가 추운 날은 더욱더 가까이 모여 있었다. 좀 따뜻한 날에는 바위에 배를 대고 누워 보송한 솜털 날개를 밖으로 펼치곤 했다. 부모가 해안에 나타나면 새끼는 등을 구부리고 머리를 위로 바짝 들어 올린 자세로 부모가 게워내는 크릴을 받아먹었다.

먹이를 구하러 바다에 나갔다 온 펭귄들 뒤로는 배고픈 새끼들 무리가 우왕좌왕하며 졸졸 쫓아다녔다. 잠시 쫓기던 어른 펭귄들은 휙 돌아보며 '그만 좀 쫓아와! 먹이 없어!'라고 하는 듯 새끼들을 쪼아댔다. 그러면 새끼들은 얌전히 머리를 숙이고 양 날개는 질척한 땅에 끌릴 만큼 축 처지지만, 어른 펭귄이 돌아서서 걸어가자마자 또 뒤를 쫓아가고, 혼나면 다시 고분고분한 척하는 상황이 반복되었다. 유독 진흙이 많은 군집에서는 젠투펭귄 새끼들의 축 늘어진 날개 솜털 끝에 말라붙은 진흙이 공처럼 매달려 있어서 그 진흙 덩어리를 무기처럼 휘둘러대기도 했다.

새끼들의 양 날개는 수영에 도가 튼 어른 펭귄들의 날개처럼 단단하지 않았다. 어느 정도 자라서 깃털이 다 난 후에도 체중은 아직 복부에 쏠려 있고, 어깨도 다 발달하지 않았다. 아직은 먹이를 먹는 족족 다 흡수해서 성장하는 데 몸의 모든 기능이 집중되어 있었다. 성체 펭귄은 수영할 때 쓰이는 탄탄한 가슴 근육이 몸무게 대부분을 차지하며, 똑바로 서면 발 쪽으로 내려갈수록 폭이 점점 좁아지는 날씬한 체격이 돋보인다. 여기에 턱시도를 걸친 듯 경계가 선명한 까만 털까지 더해져서 정말 멋있었다.

세계화된 세상에서는 남극 대륙을 대부분 과학적인 지식으로 이해하려고 한다. 하지만 과학은 현실과는 거리가 있고 무정하며 불완전하다. 한 대륙을 특정한 틀에 껴 맞춰 해석하려는 시도 역시 실제와는 거리가 있고 무정하며 불완전하다. 우리처럼 자연 속에서 일하는 사람들은 연구하는 생물을 잘 알게 될 뿐만 아니라, 따뜻함도 편안함도 보장되지 않는 환경과도 점점 친밀해진다.

내게 남극은 인간과 동떨어진 자연으로 느껴지지 않았다. 오히려 내가 가진 인간의 특징을 사방에서 발견할 수 있었다. 다르게 말하면, 내가 인간의 특징이라고 생각했던 것들이 실제로는 물질이 유기적으로 조직되는 공통 법칙일 뿐임을 깨달았다. 나는 생각보다 나방이나 크릴, 펭귄과 비슷한 면이 아주 많고, 내 다리와 내가 딛고 선 짙고 축축한 흙의 경계는 흐릿하며, 그런 경계가 존재한다는 생각 자체가 사실상 상상에 불과하다는 것도 알게 되었다.

낮에는 섬에서 살아가는 수많은 생명의 곁에 서 있었다. 거기에서 방수가 되는 현장 노트에 새끼 펭귄의 수와 갈색 도둑갈매기가 어린 새끼 펭귄을 낚아채려고 시도한 횟수, 새끼 펭귄 하나가 사라진 날짜, 둥지에서 새끼가 죽은 채로 발견된 날짜를 써넣었다. 저녁이 되면 오두막으로 돌아와 침대 속에서 이 모든 일들이 남긴 느낌을 글로 썼다. 내가 경험하는 현실을 더 생생하게, 풍부하게 묘사해보려고 했다. 그리고 친구들, 가족들에게 장문의 이메일을 보냈다. 펭귄 군집의 번식 성공률이나 개체 수 조사에서 어떤 결과가 나왔는지는 쓰지 않았다. 대신 내 손바닥 위에서 새끼가 알을 막 깨고 나와 밖을 빼꼼히 내다보는 모습을 볼 때의 느낌과 부화할 때 알이 깨지는 소리, 갓 태어난 새끼가 머리도 가누지 못하는 모습, 부모가 된 동물들의 다정함, 물개의 거친 울음소리에 관해 썼다. 남극은 각종 표와 지도에서 기후 변화의 영향을 보여주는 곳을 넘어 여느 대륙들과 같은 곳이라는 사실, 비통함과 슬픔, 즐거움과 사랑이 가득한 생존의 땅임을 전하려고 노력했다.

12

2월 초

거의 모든 펭귄 둥지의 새끼들이 무리 짓기를 시작한 후, 맷과 나는 번갈아 가며 둥지 대신 펭귄 군집지 아래 해변을 조사하기로 했다. 해안가를 샅샅이 훑으면서 번식 활동은 하지 않는 펭귄 중에 식별 밴드가 붙어 있는 개체가 있는지 확인했다. 그런 펭귄들은 태어나 처음으로 바다에 나갔다가 군집에 돌아왔을 가능성이 있다. 전년도에 나이 조사 둥지로 선정된 곳에서 태어나 식별 밴드가 부착된 펭귄으로 확인되면, 생애 첫 1년을 무사히 살아냈고 한 마리의 어엿한 펭귄으로서 수영하고 먹이 사냥도 잘 해내고 있음을 알 수 있었다. 펭귄은 보통 태어나 3~6년이 지난 후부터 새끼를 낳아 키우기 시작한다. 그러므로 부모에게 더 이상 의존하지 않고 아직 번식할 나이가 되지는 않은 "청소년기" 펭귄들도 있었다.

나는 도둑갈매기 오두막을 나와 해변 조사를 하러 갈 때마다 한참을 뭉그적거렸다. 해변 조사는 캠프로 돌아가기 전에 마지막 순서로 하는 일이었다. 2월이 되자 다들 멍하니 허공만 보는 일이 많아졌다. 그냥 가만히 벽만 쳐다보았다. 나는 그런 상태로 영원히 지낼 수도 있을 것 같았다. 특히 방에 혼자 있을 때, 내가 시간을 어떻게 써야 하는지 간섭하는 사람이나 내 관심을 끌 만한 뭔가를 하는 사람이 아무도 없을 때면 더욱 그랬다. 내가 해변 조사를 할 차례가 되어 맷이 캠프로 퇴근하고 도둑갈매기 오두막에 혼자 남는 날에는 그날 해야 할 다른 일들을 서둘러 마치고, 일어나 옷을 갈아입고, 해변 조사까지 마친 다음에 퇴근해야 했다. 초인적인 노력이 필요하다고 느껴질 만큼 버거웠다. 그래서 일단 한번 오두막에 앉으면 그걸로 끝이었다. 발은 감각이 없고, 소리는 아주 멀리서 울리는 것처럼 잘 들리지 않고, 밖이 서서히 어두워져도 멍하니 앉아 있었다. 15분, 30분, 45분이 지나도록 아무것도 하지 않고 허공만 쳐다보았다. 와, 바닥 좀 봐, 세상에.

겨우 힘을 끌어 올려서 배고프고 지친 상태로 조간대의 미끌미끌한 바위를 밟으며 계속 걸었다. 사방을 떠돌던 생각들이 걷는 동안에는 해변으로 집중되었다. 매주 해변 조사를 하는 동안 과거에 나이 조사 둥지에서 태어난 펭귄들을 새로 한두 마리씩 발견했다. 안개가 짙게 깔린 날은 바위와 펭귄이 갑자기 불쑥 나타났다가 다시 온데간데없이 사라졌다. 하루하루가 고단한 나날 속에 나는 온통 벗겨지고 깨졌다. 그 균열 사이로 남극 주위를 도는 매서운 공기가 틈입해 진공 상태였던 내 마음속까지 파고드는 것만 같았다.

시선을 단번에 빼앗긴 순간들도 있었다. 어느 날은 짙은 색 바위 위에서 몸을 단장하던 펭귄이 하던 일을 멈추고 의심스럽다는 듯 나를 빤히 쳐다보았다. 펭귄이 안개 속으로 뒤뚱뒤뚱 걸어 들어가 매끈한 몸이 바닷물 속으로 풍덩 사라지기 전, 나는 쌍안경을 들고 밴드에 적힌 번호를 읽었다. 과거에 나이 조사 둥지의 펭귄들에게 부착하던 식별 밴드였다. 새끼일 때 그 밴드가 부착됐다는 의미였다. 노트에 있는 표를 참조해서 계산해보니, 태어난 지 13년이 지난 펭귄이었다. 내가 열한 살일 때 이곳에서 태어났고, 몇 개월 뒤에는 이 해변에서 홀로서기를 했으리라. 식별 밴드는 해마다 태어난 새끼 펭귄의 10퍼센트에 부착하는데, 그중 한 마리가 그때부터 지금까지 매년 크릴을 사냥하고 여름이면 이곳 해변으로 돌아오면서 잘 살아왔음을 확인한 순간이었다. 그 긴 세월 동안 밴드가 떨어져 나가지도 않았다. 그 펭귄이, 하필 내가 해변을 지나갈 때 바다에서 나와서 눈에 띄었고, 그 펭귄이 열세 살이라는 사실을 알게 됐다는 건 천 가지쯤 되는 기적 같은 우연이 겹친 결과였다.

나는 해변 조사를 나가는 날이면 턱끈펭귄 전용 기차역 같은 장소에 오래 머물렀다. 펭귄 군집지 아래, 조간대 쪽에 바위 여러 개가 몰려 있어서 바다로 뛰어들기에 좋아서인지 턱끈펭귄들이 바다를 오갈 때 활용하는 곳이었다. 어른 펭귄들이 크레슈에 들어간 새끼들의 먹이를 여전히 챙겨주느라 바다와 군집을 오가던 시기였다. 군집에 있다가 바다로 나가려고 그곳에 나타나는 펭귄들은 꼴이 엉망이었다. 배설물이 몸 여기저기에 묻어 있고, 번잡한 군집 생활과 배고픈 새끼들에 치여서 지친 기색이 역력했다. 털도 너저분했다. 이런 상태로 뒤뚱뒤뚱 걸어와서 함께 바다로 뛰어들 펭귄들이 어느 정도 모일 때까지 기다렸다. 하나둘 나타나는 펭귄마다 다들 상태가 비슷했다. 한 무리를 이루면, 펭귄들은 바위 끄트머리에서 파도를 맞으면서 잠시 망설이는 듯하다가 발까지 닿을 만큼 조금 큰 파도가 오면 한 마리가 휘청하고 사라지는 모습이 보였다. 이어서 다른 펭귄들도 차례로 휘청거리다가 일제히 파도 속으로 뛰어들어 전부 사라졌다. 펭귄들은 물속에서 발과 꼬리로 방향을 잡고 비늘처럼 작은 깃털이 빼곡하게 덮인 앞날개를 움직여서 앞으로 나아간다.

먹이 사냥을 마치고 육지로 돌아오는 턱끈펭귄들은 해변 가까이 와서 물 밖으로 머리를 쏙 내밀었다. 바위와 주변을 두루 살피면서 어느 위치로 어떻게 나갈지 가늠하면서 가장 좋은 전략을 택하는 듯한 모습이지만, 해변으로 나오는 순간은 늘 정신없고 혼란스러워 보였다. 바위에 부딪히는 파도와 포말에 떠밀려 날개를 힘차게 퍼덕이며 내동댕이쳐지듯 물 밖으로 나온 펭귄들은 도저히 붙잡을 수 없을 것 같은 미끄러운 바위 끄트머리에 발톱 하나로 힘껏 매달렸다. 파도가 잠잠한 날에는 (맷의 묘사가 너무 완벽해서 그대로 옮기자면) 바다가 펭귄을 "찍 뱉어내는 것처럼" 바위 위에 엎드린 자세로 착지했다. 바위로 올라오고 나면 얼른 몸을 추스르고 끌어모을 수 있는 모든 위엄을 다 끌어올려 최대한 근엄하게 주변을 둘러보았다. 사실 그럴 때 펭귄은 정말로 위엄이 넘치는 모습이었다. 물에 잘 씻긴 몸은 반들반들하고 털도 매끈했다. 턱시도 무늬도 흠잡을 데 없이 깨끗하고 몸에서는 윤기가 흘렀다. 발과 양 날개 안쪽은 불그스름했다. 그리고 새끼에게 먹일 크릴을 잔뜩 챙겨와서인지 들뜬 생동감이 느껴졌다. 남극에서 본 모든 것을 통틀어 바다에서 막 나온 턱끈펭귄보다 더 사랑스러운 건 떠오르지 않을 정도다.

바다에서 돌아온 펭귄들은 바위 위에 모여서 털을 다듬고 반듯하게 정리한 다음 털에 방수 물질을 묻혔다. 바닷새의 깃털이 물에 젖지 않는 건 꼬리 아래쪽에 있는 '미선'이라는 분비샘 덕분이다. 미선 부위에 난 짧은 털은 방수 성질이 있는 기름에 푹 젖어 있고, 새들은 그 부분의 털을 쪼아서 부리에 묻힌 다음 몸의 다른 털에 묻히는 방식으로 깃털을 관리한다. 바다에서 막 나온 펭귄들을 잘 살펴보면 이 방수 기능 덕분에 깃털 위로 물이 방울방울 맺혀서 떨어지는 것을 알 수 있다. 펭귄들은 몸을 부르르 털어서 남은 물기를 제거했다.

나는 펭귄이 털을 꼼꼼하게 다듬고 기름을 바르는 과정까지 모두 마치고 나면, 지저분한 군집으로 돌아가기가 두려울 수도 있겠다고 상상하곤 했다. 그래서 괜히 그 자리에서 꾸물거린다고 말이다. 군집 바로 근처에 있는 해변은 바다를 오가는 턱끈펭귄들로 북적였지만, 그렇지 않은 한적한 해변에서는 바다에서 나오기 전에 다른 펭귄들을 불러대는 턱끈펭귄의 울음소리와 육지 쪽에서 대답하는 소리가 울려 퍼졌다. 홀로 물 밖으로 나온 턱끈펭귄의 울음소리에서는 망설임과 함께 다른 펭귄을 찾는 기색이 느껴졌다. 그런 소리가 들릴 때마다 걸음을 멈추고 홀로 덩그러니 서 있는 펭귄을 찾았다. '저기요? … 친구들?'이라고 말하는 듯한 울음소리였다. '여보세요, 친구들? … 여기 아무도 없어요?' 다른 펭귄을 찾을 때까지 계속 그렇게 울어대던 펭귄은 무리를 발견하면 얼른 다가가서 작은 집단의 일원이 되어 함께 군집으로 돌아갔다.

바다가 고요하고 파도가 잠잠한 날에는 조수 웅덩이마다 곁을 지나는 펭귄들의 모습이 비쳤다. 그럴 때 바위에 늘어진 진줏빛 해조류는 꼭 액자 같았다. 나는 양 날개를 들고 야무진 눈빛으로 미끄러운 조간대를 건너 군집으로 향하는 펭귄들을 가만히 지켜보았다. 웅덩이를 지날 때면 진주가 수놓인 문을 지나 다른 차원으로 들어가는 것 같았다. 웅덩이 끄트머리에 펭귄의 발과 물에 비친 발이 완벽히 하나로 만나는 접점, 그곳에서 나와 나를 이루는 모든 것의 경계도 사라지는 것 같았다.

✻

턱끈펭귄의 크레슈가 처음 시작되고 2주가 지나 크레슈가 정점에 이른 2월 8일, 맷과 나는 새끼 턱끈펭귄의 개체 수를 세러 갔다. 숫자를 세는 일이므로 단순하고 체계적으로 이루어질 것 같지만, 턱끈펭귄은 젠투펭귄보다 둥지가 훨씬 많고 산등성이 전체에 둥지가 흩어져 있다는 게 문제였다. 둥지가 많은 만큼 새끼도 많아서 혼자서 다 세기에는 무리라 두 사람이 함께 세야 했다. 규모가 큰 군집은 소단위를 나눠서 셌다. 총 20개 군집 중에 한 산등성이에 턱끈펭귄들로만 구성된 규모가 가장 큰 군집은 소단위만 17개로 나뉘었고 수를 다 세는 데 몇 시간이 걸렸다(턱끈펭귄만 있는 군집은 총 10개였다). 소단위를 정한 다음 경계를 따라 걷기 시작하면 새끼들이 양쪽 옆으로 종종걸음을 치며 달아났다. 그러면 내가 꼭 홍해를 가르는 모세가 된 기분이었는데, 차이가 있다면 양쪽으로 나뉘는 게 물이 아니라 뒤뚱뒤뚱 걷는 보송보송한 털 뭉치들이라는 점이다. 그런 다음에 각 소단위에 속한 새끼 수를 셌다. 이때 경계를 잘 지켜봐야 했다. 턱끈펭귄들은 조사에 전혀 협조적이지 않았고, 어쩌다 떠밀려서 서 있는 위치가 마음에 안 들어서인지, 그냥 마음대로 돌아다니고 싶어서인지 경계를 넘어 다른 쪽으로 휙 가버릴 때도 있었다.

맷과 나는 각자 두 번씩 센 다음, 세 번째 셌을 때 차이가 5퍼센트 이내면 세 번째로 센 숫자의 평균을 구하고 다음 소단위로 넘어갔다. 차이가 5퍼센트보다 크면 오차가 줄어들 때까지 여러 번 다시 셌다. 그사이에 성체 펭귄들이 끼어들면 일이 복잡해졌다. 어른 펭귄들은 비좁은 땅에서 새끼들이 우르르 이동하는 게 영 탐탁지 않다는 듯 새끼들을 깨물고 날개로 쳐서 흩어지도록 유도했다. 또한 펭귄들 사이에 있을 때는 자칫 새끼를 밟을 수도 있고 겨우 구분해둔 경계가 엉망이 될 수 있으므로 몸을 너무 급하게 움직이지 않도록 조심해야 했다. 정말 긴 하루였다. 턱끈펭귄 새끼는 모두 3,561마리였다. 그날은 일을 다 끝내고 눈을 감아도 파도처럼 밀려드는 턱끈펭귄 새끼들이 아른거렸다.

개체 수 조사를 마친 후, 맷과 나는 남극에서 지내는 동안 며칠 되지 않았던 휴일을 즐겼다. 얼마나 반가운 휴일이었는지 모른다. 6주쯤 전에 새끼 펭귄의 부화가 시작된 후부터 쉬지 않고 돌아다니느라 피곤이 쏟아져도 억지로 밀어내야 했다. 일을 놓고 쉬기 시작하자 그동안 축적된 피로가 한꺼번에 덮쳤다.

하지만 길게 쉴 수도 없었다. 턱끈펭귄 새끼 수를 세고 이틀 뒤부터는 새끼 몸에 식별 밴드를 붙여야 했다. 새끼 펭귄에게 밴드를 붙이는 일에는 캠프 팀원 모두의 도움이 필요했으므로 다 함께 펭귄 군집지로 갔다. 맷과 나는 각 군집에 있는 새끼의 10퍼센트에 부착할 수 있도록 밴드를 넉넉히 나누어주었다. 두 명은 군집 주변에 커다란 그물을 치고, 나머지 사람들은 그물 안쪽으로 새끼들을 몰았다. 그리고 그물 양쪽 끝을 잡고 있던 두 사람이 서로를 향해 걸어오면서 그물을 둥그런 모양으로 만들고 속에 새끼들을 가두면 나머지 사람들이 그 안에 있는 새끼를 집어 올려서 밴드를 부착한 다음 그물 바깥에 놓아주었다. 군집마다 모두 같은 방식으로 할당된 밴드를 부착했다. 밴드는 오른쪽 앞날개의 팔꿈치 뼈 바로 위쪽에 단단히 고정하는데, 달고 나면 솜털에 가려져서 거의 보이지 않았다. 10년쯤 지나 이곳에 온 어느 현장 연구자가 우리가 밴드를 채운 펭귄 중 한 마리를 발견하고, 긴 세월 살아남은 펭귄임을 깨닫고 놀라워하는 모습이 머릿속에 그려졌다. 지금은 아무것도 모른 채 산만하게 돌아다니는 이 새끼들 가운데 그런 펭귄이 생길지도 모른다는 생각이 들었다.

새끼가 아직 크레슈에 들어가지 않아 부모가 여전히 충실하게 돌보고 있는 몇 안 되는 둥지는 계속 살펴봐야 했으므로, 이후에도 맷과 나는 펭귄 군집으로 계속 출근했다. 아침에 도둑갈매기 오두막에 도착하면 함께 차를 마시며 수다를 좀 떨다가 팟캐스트를 들었다. 다리는 납덩이처럼 무겁고 목은 머리 무게를 견디기도 버거울 만큼 뻐근했다. 의자에 등을 대고 군데군데 바스러진 천장만 응시했다. 맷은 그간 지내온 칠레 오두막은 난방이 되지 않아서 며칠 전부터 다시 우리 오두막에서 지내기 시작했다. 그는 휘트니와 샘, 더그가 밤늦도록 술을 마시고 "파티용품" 상자에서 찾아낸 옛날 카드 게임인 '해적의 전리품'을 하느라 시끄럽게 떠들어대는 통에 잠을 잘 수가 없다고 투덜거렸다.

나는 맷이 축 처져 있는 모습이 속상해서 이런저런 해결 방법을 제시했다. 칠레 오두막에 난로를 갖다 놓으면 더 편하게 잘 수 있지 않을까요? 우리 캠프에 있을 땐 귀마개를 해봐요! 내가 상황을 개선하려고 애쓸 때마다 그는 멍하니 허공을 보며 "으응…" 하고 감정 없는 말투로 대답했다.

여러모로 힘들어했지만, 그래도 맷은 내가 알고 있는 친구가 맞았다. 서로 읽고 있는 소설 이야기도 하고, 가족 이야기, 어린 시절 이야기도 했다. 사람들과의 관계에 관한 이야기도 많이 했다. 나는 그에게 늘 편하게 속을 털어놓았고 서로 알고 지낸 세월이 쌓일수록 나도 성장하며 깨닫는 것도 많았다. 도둑갈매기 오두막에서 오랜 시간 이야기를 나누다 보면 대화는 점점 더 깊어졌다. 상처받은 일들, 사랑, 두려워하는 모든 것에 관해 이야기했다. 시야가 탁 트인 높은 곳에 올라가서 도둑갈매기의 먹이 사냥을 관찰하는 날에는 각자 조용히 서로 나눌 말들을 생각하다가 오두막에 돌아오면 다시 이야기를 이어가곤 했다.

내가 보기에 맷은 서로에게 헌신적인 관계가 가장 잘 맞는 것 같았다. 사랑에 있어선 나보다 경험이 훨씬 더 많았다. 나는 몇 년 동안 여러 사람과 만났지만, 몇 개월 이상 지속된 관계는 한 번도 없었다. 행복해지려고 다른 사람에게 기댄다는 것 자체에 회의적이었다. 나는 혼자 알아서 하는 성격이라 의논이나 타협 없이 내가 하고 싶은 걸 하는 게 익숙했다. 빨리빨리 움직이고, 내 할 일은 내가 다 알아서 하는 편이었다. 지금도 다른 사람이 준비를 마칠 때까지 기다리는 상황만큼 짜증이 치미는 일이 없을 정도다. 맷은 내가 한 달에 인내심을 발휘하는 시간이 고작 5분 정도이고, 그걸 다 쓰면 한 달이 지나야 새로 5분이 생기는 사람 같다고 말했다.

연구 현장에서는 다른 사람과 친밀해질 기회가 많았다. 하지만 모든 연구 시즌에는 시작과 끝이 있고 그렇게 만나는 관계 역시 마찬가지였다. 레나토와 함께 시간을 보내는 동안 즐거웠고 그가 떠나고 나니 그립기도 했지만, 그는 칠레에서의 생활로 돌아갈 것이고 나는 다른 곳으로 현장 연구를 떠날 예정이었다. 반면에 오래 알고 지낸 가까운 친구와의 깊은 우정은 늘 내게 닻이 됐고 주변 환경이 끊임없이 바뀌었던 내게 그런 우정은 정말 소중했다. 그렇지만 연애는 뭔가를 포기해야만 하는 일 같았다.

엄마는 격동의 시대였던 1980년대 라틴아메리카에서 최신 사건을 보도하던 잘나가는 기자였다. 아빠와는 어느 무더운 날 파나마시티에서 만났다. 아빠는 통신사 소속 기자라 수입이 더 안정적이었으므로 나와 동생이 태어나자 엄마가 일을 그만두었다. 엄마는 명민하고 능력이 아주 출중한 기자였지만, 아이 둘을 키우면서 해외로 계속 옮겨 다니며 경력을 쌓기는 힘들다고 판단했다. 대신 우리가 머문 나라들 곳곳에서 파트타임 일자리를 구했다. 연구자, 번역가, 편집자로도 일했고 해외 주재 미국 기관에서 일한 적도 있었다. 몇 번은 다시 기자로 일하기도 했다. 나는 엄마가 우리를 사랑하고 아무 후회도 하지 않는다는 걸 알고 있었지만, 일을 그만두지 않았다면 펼쳐졌을지 모를 또 다른 미래에 대한 아쉬움도 마음속에 앙금처럼 남아 있다는 사실도 알고 있었다. 엄마는 내가 어릴 때부터 독립심을 갖도록 엄격하게 키웠다. 어린 시절에 내가 읽은 책 중에는 필립 풀먼^Phillip Pullman의 3부작 소설 《황금 나침반^His Dark Materials》의 '리라'처럼 강인한 여성 주인공이 등장하는 이야기가 많았다. 나는 그런 책들을 정말 좋아했다.

가끔은 내 독립성에만 고집스레 매달리느라 누군가 다가와서 더 크고, 위대하고, 깊은 무언가를 주려고 해도 속박으로만 여기진 않을까, 하는 두려움이 있었다. 보송한 솜털을 입은 새끼 펭귄들이 밖에서 바쁘게 돌아다니는 동안, 나는 도둑갈매기 오두막에서 맷에게 이런 심정을 설명하려고 했다. 맷은 그럴 일은 없을 거라고 말했다. 누군가를 사랑하게 되면, 그리고 그 사랑이 더없이 만족스럽고 좋으면 생애 최고의 경험이 될 터이므로 전혀 희생으로 느껴지지 않는다고 했다. 그 이전까지 중요하다고 생각했던 일도 그걸 포기했을 때 얻는 행복에 비하면 아무것도 아닌 게 된다고도 했다. 맷은 자신의 모든 걸 알고 그 모든 걸 사랑해주는 사람과 함께라면 사랑에 취약해 굴복하는 삶이라도 자유로운 삶이라고 말했다. 내가 나다운 사람이 될 수 있도록 도와주는 그런 사람과 함께한다면 말이다.

그 말을 들으니 나쁘지 않다는 생각이 들었다.

연인이 생기면 내 곁에서 멀어지는 친구들을 보면서, 연애가 친구들을 빼앗는 것만 같은 기분에 사로잡혔다. 그들의 마음속에서 내 순위가 밀려나는 게 싫었다. 항상 사랑이 더 크고 깊은 관계이고 나와의 우정은 그다음이라는 사실을 똑똑히 알려주는 것 같았다. 친구들이 사랑을 향해 출항할 때, 나는 해변에 남아 내가 쫓아갈 수 없는 곳으로 점점 멀어지는 그들의 모습을 바라보았다. 그들이 향하는 곳은 어떤 곳일지 상상만 해볼 뿐이었다. 그렇게 떠났던 이들이 폭풍을 만나 반쯤 익사할 뻔한 위기를 겪고 다시 해안으로 쓸려오면, 내가 다가가서 뭍으로 데려왔다.

겁도 났다. 사랑에 빠지는 건 영원한 상처로만 남을 것 같았다.

도둑갈매기 오두막의 이중창 너머로 펭귄을 보고 있는데, 비가 쏟아졌다. 오래 묵은 미지근하게 식은 차를 마시며, 나는 주름이 자글자글한 백발 할머니가 됐을 때 혼자가 아니었으면 좋겠다고 생각했다.

*

2월 9일, 아직 새끼들이 크레슈에 들어가지 않아서 계속 찾아가 확인하던 몇 안 남은 턱끈펭귄 둥지의 새끼들까지 전부 크레슈에 들어갔다. 그로써 매일 펭귄 둥지를 조사하는 일도 끝이 났다. 해는 쨍쨍했지만 바람이 너무 매섭고 변덕스러운 날이었다. 마음을 단단히 먹고 나왔는데도 걷기가 힘들었다. 바람은 초속 4.5미터에서 9미터 사이로 불다가도 간간이 초속 22미터까지 치솟아 돌풍이 몰아치는 등 시시때때로 변했다. 바람 속에서 비틀대며 북쪽으로 계속 걸어가 펭귄 군집이 있는 산 위에 올라갔는데, 꼭대기에 도착하기 전에 피부로 먼저 느껴졌다. 지난밤 사이에 턱끈펭귄 성체가 군집에서 전부 사라진 것이다. 군집 여기저기에 크레슈를 이룬 새끼들이 차차 늘어나고 있었는데, 이제 바위 위에는 새끼들만 남아 있었다. 뒤뚱거리는 새끼들이 곳곳에 나지막한 봉우리처럼 무리를 이루고 있었다. 텅 빈 군집은 황량한 느낌마저 들었다.

　　펭귄 군집으로 출근하지 않아도 되는 첫날, 맷은 팀원들에게 우리는 이제 칠레 캠프에서 데이터를 입력할 예정이라고 알렸다. 그런 다음 방 안에 들어가서 침대에 침낭을 깔고 그 안에 몸을 묻고 온종일 영화를 보았다. 이 시각에 축축한 바깥이 아닌 따뜻한 침대 속에 있다니. 맷과는 이미 몇 개월 전부터 둥지 조사가 끝나면 몰래 하루만 빼서 종일 쉬기로 계획을 세웠다. 데이터를 입력할 시간은 넉넉했고, 그 외에 서둘러서 해야 할 일도 없었다. 정말 오랜만에 누리는 휴식이었다.

팀원 모두가 힘을 아끼려고 말수가 더욱 줄고 조용해졌다. 각자 혼자 지내는 시간도 점점 늘어갔다. 맷은 여전히 개인 공간이 부족한 현실을 힘들어했다. 샘과 휘트니도 지쳐 보였다. 한창 바쁘던 시기에 발산되던 에너지가 전체적으로 사라진 것 같았다. 펭귄팀은 현장 업무가 줄었지만, 물개팀인 휘트니와 샘이 할 일은 갈수록 늘어났다. 살아남은 새끼 물개(30마리 중 12마리)를 매일 확인하고, 물개 배설물을 모으고, 시레프곶 전체를 돌아다니는 "체계적인 조사"도 벌여야 했다. 반도 전체를 돌면서 해변에 있는 물개 중 과거에 새끼일 때 식별 태그가 부착된 개체가 있는지 꼼꼼하게 확인하는 조사였다. 캠프로 돌아오면 물개 연구실에 틀어박혀 현장에서 모아온 배설물을 처리하느라(배설물에 섞인 크릴 껍데기를 골라내서 무게를 측정하고, 이석이나 오징어 이빨이 있으면 따로 분리하는 작업) 긴 시간을 보냈다.

몰래 하루 푹 쉰 우리는 다음 날부터 본격적인 데이터 입력에 들어갔다. 그동안 현장용 노트에 기록해둔 모든 데이터를 엑셀 스프레드시트로 옮기는 작업이었다. 펭귄팀은 물개팀처럼 시즌 중간중간 데이터를 입력하지 않고 시즌이 끝날 무렵 한꺼번에 입력했다. 나는 실내에서 시간을 보낼 수 있어서 좋았다. 무거운 몸을 이끌고 매일 밖에 나가지 않아도 된다는 점이 어떤 면에서는 위안이 되었다. 이젠 다른 평범한 사람들처럼 캠프 안에서 입는 깨끗하고 잘마른, 따뜻한 옷을 입고 탁자 앞에 편안히 앉아서 컴퓨터로 일하게 된 것이다. 펭귄이 알을 낳은 날짜, 식별 밴드를 부착한 펭귄들의 데이터, 알의 무게, 둥지 수, 소실된 알, 부화일, 소실된 새끼, 새끼가 크는 동안 부착한 모든 장비로 얻은 데이터, 식생활 표본 조사, 무선 발신기 데이터, 생후 21일 된 새끼들의 몸무게, 크레슈에 들어간 날짜, 식별 밴드를 부착한 새끼들의 데이터, 마지막으로 새끼 전체의 개체 수 조사 결과까지, 이번 시즌 내내 모은 데이터가 더 큰 의미와 정황이 담긴 숫자와 비율로 바뀌는 걸 보는 건 꽤 보람찬 일이었다.

남극에 온 이후로 빠짐없이 갔던 도둑갈매기 오두막에도 이제 매일 출근하지 않았다. 막상 매일 펭귄 둥지를 확인하지 않아도 되니 시원섭섭했다. 거의 넉 달 동안 맨날 찾아가서 보고 확인하던 펭귄들이 지금 어떻게 지내는지 모른다는 게 영 이상했다. 꼭 펭귄들이 나만 빼고 어디 놀러라도 간 기분이었다. 칠레 오두막은 무척 고요했다. 나와 말 없는 맷 단둘만 있는 그곳에서 환희에 찬 펭귄의 울음소리나 날개로 사정없이 때리는 소리, 가냘프게 우는 새끼들 소리 없이 온종일 조용히 지냈다.

바람이 잠잠한 밤이면 잠결에 들리는 해안의 파도 소리가 천천히 뛰는 심장 박동처럼 들렸다. 철썩, 철썩, 또 철썩. 바다는 인간이 살아온 모든 시간 동안 그렇게 해안을 핥았을 것이다. 달의 중력이 파도를 처음 만들어낸 후부터 지금까지 내내 그랬으리라. 나는 태곳적 자장가 같은 그 소리에 귀를 기울였다. 파도 소리는 내가 잠의 무의식 속을 떠다닐 때도 곁에 머물렀고 잠에서 깨면 가장 먼저 반겨주었다. 가까워졌다가 멀어지고, 다시 가까워졌다 멀어지는 바다는 그렇게 쉬지 않고 움직였다.

우리를 태우고 온 배가 이곳에 우리를 내려주고 해안을 떠난 지도 오랜 시간이 흘렀다. 바다에는 다시 얼음이 얼고 빙하는 점점 커져서 짙은 바다에 차츰 더 큰 면적을 차지하기 시작했다. 남극해에서 살아가는 물속 생물들은 빙하로 생명을 유지하게 될 것이다. 남극의 한겨울인 6월과 7월에는 해안에서부터 바다 쪽으로 얼음이 더 넓게 덮이기 시작하고, 9월이 되면 얼음의 면적이 최대치에 달해 육지 면적이 두 배로 늘어난다. 남극의 봄인 10월 말이 되면 빙하가 녹고 깨지면서 플랑크톤에게 필요한 영양소가 물로 녹아들기 시작한다. 우리가 막 도착했을 때 시레프곶 근처에서 봤던, 탁 트인 바다 위를 떠다니는 부빙도 생겨난다. 펭귄, 물개, 고래 들은 물속을 돌아다니며 바다에서 떼 지어 살아가는 작은 갑각류를 실컷 먹는다. 지구의 허파와 같은 남위도 지역은 이렇게 매년 얼고 녹고, 다시 얼고 녹는 얼음으로 숨을 들이쉬고 내쉬며 생명의 박동을 바닷물에 불어넣는다.

지구의 자전으로 이 모든 순환은 끝없이 돌고 돈다. 어두운 겨울이 지나면 펭귄들도 다시 이곳으로 돌아와 짝을 찾고 조약돌을 모아 둥지를 지을 것이고, 군집지에 쌓였던 눈도 녹을 것이다. 알을 낳고, 새끼가 알에서 깨어나고, 자라고, 새끼들끼리 서로 무리를 짓기 시작할 것이다. 새끼 물개들은 해변에서 태어나 주변 언덕을 돌아다니며 어미가 돌아오기를 기다릴 것이다.

인간도 지구의 순환을 피할 수 없다. 우리는 태양의 움직임에 따라 잠들고 깨어난다. 그리고 날마다 인간이기에 하는 소소한 일들을 의식처럼 치른다. 이를 닦고, 아침을 먹고, 옷을 갈아입는다. 이 순환 속에서 하루하루가 매일 같은 지점으로 돌아온다. 그렇게 한 달이 지나고, 1년이 지난다. 우리는 밀물처럼 밀려왔다가 썰물처럼 빠져나가고, 모래처럼 변화하는 시간의 해변에서 주어진 시간을 보낸다.

이 순환은 원이 아니라 나선형이다. 우리는 늘 똑같은 지점으로 돌아온다고 느끼지만, 실제로는 마지막 순환에서 생긴 일들로 인해 출발점은 돌이킬 수 없이 바뀐다. 우리는 매일 아침 일어날 때마다 이 나선의 궤적을 선택할 수 있다. 해안에 부딪히는 파도는 미약해 보이지만, 시간이 흐르고 그 시간이 쌓이면 물의 꾸준한 움직임이 바위를 부수고 절벽 전체를 깎아낸다.

4부

가을
: 바다로 나가다

13

2월 중순

남극의 가을이 깊어지고 있었다. 평균 기온은 2도 정도로 유지됐지만, 영하로 뚝 떨어지는 날이 많아졌다. 시레프곶 전체에 부는 바람은 아직 건조하고 상쾌했다. 1월에는 새벽 3시부터 밤 11시까지 밝이 훤했고, 짧은 밤마저도 어둑해질 뿐 완전히 깜깜하진 않았다. 2월 중순이 되자 밝이 훤한 시간이 새벽 5시 반부터 밤 9시까지로 바뀌었다. 밤은 점점 깊어지고, 매일 7분씩 더 길어졌다. 한밤중에 자다 깨서 화장실에 가려고 퀴퀴한 냄새가 나는 플란넬 담요를 두르고 비틀대며 밖으로 나간 어느 날, 남극에 온 지 넉 달 만에 처음으로 구름 틈에서 별이 보였다. 구름 사이로 빼꼼히 보이는 하늘이 보석을 뿌린 듯 반짝였다. 별의 존재를 거의 잊고 살았던 나는 너무 놀라 그 자리에 얼어붙었다.

캠프에서 지낼 시간이 한 달쯤 남자 우유와 밀가루가 떨어졌다. 올리브유도 거의 동났고 유일하게 남은 녹색 채소였던 리크도 흐물흐물해졌다. 과일과 채소로 채워졌던 신선 식품 보관실은 거의 텅 비었다. 밖에 둔 달걀에는 군데군데 곰팡이가 슬었다. 깨보면 아직 괜찮아 보였지만, 그래도 다 버렸다. 위험을 감수하느니 그게 나을 것 같았다. 치즈를 넣어둔 플라스틱 용기 안에도 곰팡이가 생겼다. 어느 날은 아침을 먹다가 여태 잘 마셨던 오렌지주스의 유통기한이 2015년이었다는 사실을 발견했다.

나는 상하고 고약한 냄새를 풍기는 재료들에 오래된 양념을 잔뜩 넣고 솥에 보글보글 끓여서 어떻게든 맛을 내보려고 고집스레 매달렸다. 우리 주방에는 4구 가스레인지와 (시즌 중간에 물품을 다시 공급받았을 때 교체되어) 정상적으로 작동되는 오븐, 냄비, 프라이팬, 내가 특히 아끼던 요리 주걱과 작동시키려면 발전기부터 켜야 하는 블렌더까지 요리에 필요한 기본 도구가 전부 갖추어져 있었다. 태양열 전지판으로 다른 전자기기는 무리 없이 사용할 수 있었지만, 주방용품까지 작동시킬 만큼 여유롭진 않았다. 이제 우리에게 남은 재료는 비트와 당근, 감자, 좀처럼 떨어지는 법이 없는 양배추였다. 샘은 현장 연구자였던 부모님으로부터 자투리 재료만으로 만들 수 있는 몇 가지 놀라운 레시피를 물려받았다. 그중에서도 양배추와 라면, 구운 아몬드, 참기름으로 만든 요리는 정말 일품이었다. 나는 우리가 '남극 샐러드'로 명명한 이 요리가 영원불멸하도록 내 레시피 모음집에도 기록해두었다.

휘트니는 되는대로 재료를 때려 넣어 새로운 요리를 개발하는 솜씨가 대단했다. 각종 재료를 절묘하게 조합해서 다양한 요리가 탄생했다. 결코 나대는 법이 없는 은둔 요리 고수 같았다. 나는 옆에서 지켜보면서 휘트니의 요리 과정을 외우거나 가끔은 글로도 남겨 두었다. 새우와 양파, 아보카도, 딜이 들어간 요리는 재료를 아주 작게 썰어서 다 익힌 다음 반으로 자른 아보카도 껍질에 담아서 냈다. 선드라이드 토마토와 함께 기름에 익힌 병아리콩과 타히니(볶은 참깨를 갈아서 만드는 되직한 소스. 서아시아 지역의 대표적인 음식이다-옮긴이), 달콤하면서도 바삭한 디저트들까지 그렇게 휘트니의 손에서 뚝딱 나왔다.

맷은 즉흥적인 요리와는 거리가 멀었다. 남극에 오면서 맷이 챙겨 온 레시피는 대부분 세 명의 여자 형제들이 알려준 것이었고, 그는 정확히 거기 적힌 대로 요리했다. 가끔 스트레스가 심한 날에는 나를 호출해서 재료를 썰거나 볶는 일을 맡겼다. 맷은 남은 음식 먹는 걸 좋아해서, 보통 눈 녹일 때 쓰는 거대한 솥에다 재료를 레시피에 적힌 분량의 두 배 내지 세 배쯤 넣고 짭짤하면서도 국물이 툽툽하고 맛있는 고열량 음식을 가득 내놓았다. 그가 한 요리는 모두가 한 끼를 해결하고도 점심을 여러 끼 해결할 수 있을 만큼 많았다. 맷의 저녁 당번 차례가 다시 돌아올 때까지 남아 있을 때도 많았다.

2월이 깊어질수록 그나마 남아 있던 신선 식품은 거의 바닥났다. 우리 식생활에 양배추와 감자가 더 큰 비중을 차지하기 시작했다. 저녁 당번이 돌아오면 다들 짜증스럽게 낡은 요리책을 뒤적였다. 왜 크림이랑 양배추, 파스타만으로 만들 수 있는 요리는 없어?

아티초크 하트(엉겅퀴과 식물인 아티초크의 꽃받침. 주로 병조림으로 가공하여 먹는다-옮긴이)랑 가염 아몬드로 만들 수 있는 게 없다고? 치즈와 훈제 청어 통조림으로 만드는 요리는? 샘이 통조림 가당연유 캔에 적힌 요리법대로 음식을 만들어보려고 했을 때는 캔이 너무 녹슨 나머지 제대로 읽을 수가 없어서 캔 3개를 가져와서야 겨우 전체를 읽을 수 있었다.

나는 양배추로 음식을 만들어본 적이 거의 없어서 자주 활용하기 시작한 후에야 이 재료가 얼마나 만능인지 깨닫고 감탄했다. 웨지감자처럼 썰어서 구워 먹어도 되고, 잎을 데친 다음 매콤한 재료로 속을 채워서 돌돌 말아도 되고, 길쭉하게 썰어서 볶아 먹거나 가늘게 썰어서 샐러드로 만들어도 된다. 하지만 양배추로 만들 수 있는 요리에도 한계가 있었고 몇 주씩 양배추가 잔뜩 들어간 음식을 먹고 나니 더 이상 먹고 싶지 않았다. 다행히 감자는 질리는 법이 없었다. 끼니때마다 감자는 모두에게 즐거움을 선사했고 다들 각자의 방식으로 만족감을 표현했다. 휘트니는 낮게 콧노래를 흥얼거리고, 샘은 눈썹을 두 배는 높게 치켜뜨며 잔뜩 먹고서는 기분 좋게 한숨을 내쉬었다. 맷은 말없이 그릇을 싹 비웠다. 어쩌면 황량하고 바람이 세찬 땅에 머무르는 우리에게 더할 나위 없는 만족감을 준 건, 이 덩이줄기 채소의 강인함이었는지도 모른다. 얼마 지나지 않아 감자도 남은 양이 걱정될 만큼 줄었다.

양배추로 뭐라도 만들어야 하는 현실에 짜증이 치밀 때면, 나는 남극에 처음 찾아온 탐험가들의 생활과 비교하면 지금 우리 식사는 호화롭기 그지없다는 사실을 떠올리며 반성하곤 했다. 우리 캠프의 책 꾸러미에서 찾아낸, 표지가 닳아서 희미해질 만큼 오래된 앨프리드 랜싱 Alfred Lansing 의 책 《섀클턴의 위대한 항해 Endurance 》에는 어니스트 섀클턴이 이끈 탐험대가 겪은 2년간의 혹독한 시련이 상세히 나와 있었다. 그 책을 읽고 나니 소박한 우리 창고에도 감사하게 되었다. 적어도 나는 물개 지방이나 펭귄 고기를 먹지 않아도 되고 20세기 초에 장기간 탐험을 떠나던 사람들의 주식이었다는, 말린 고기와 지방을 섞어 납작한 사각형으로 만든 '페미컨 pemmican '만 먹고 살지 않아도 되니까.

섀클턴은 로스와 아문센이 남극점에 도달한 후 2년 뒤, 모슨의 처참했던 여정이 끝난 때로부터는 1년 뒤인 1914년에 바다 건너 남극으로 떠났다. 그는 이 탐험을 '제국 남극 횡단 탐험'으로 명명했다. 섀클턴 일행을 실은 인듀어런스 Endurance 호는 웨들해에서 총빙에 발이 묶여 북쪽으로 표류하기 시작했다. 배에 점점 물이 차오를 때까지는 모두가 배에 머물렀다. 하지만 배는 얼음에 부딪혀 부서지고 결국 가라앉고 말았다. 인듀어런스호의 파편은 107년 뒤인 2022년 3월에 발견되었다.

빙하에서 지내던 탐험대는 시간이 갈수록 얼음이 쪼개지고 점점 작아지자 구명보트에 끼어 타고 엘리펀트섬 쪽으로 이동했다. 총빙 사이를 뚫고 길을 찾느라 6일 만에 사우스셰틀랜드 제도의 가장 끝에 있는 섬 중 하나인 엘리펀트섬에 도착했다. 리빙스턴섬에서 동쪽으로 320킬로미터쯤 떨어진 곳이다. 사람의 흔적은 보이지 않았다. 섀클턴과 동료 몇 명은 구명보트로 드레이크 해협을 지나서 물개잡이의 본거지였던 사우스조지아섬까지 1,280킬로미터가 넘는 거리를 이동했다. 역사상 가장 위대한 항해로 꼽히는 시도였다. 사우스조지아섬 남쪽 해안에 착륙한 섀클턴과 그의 동료 프랭크 워슬리Frank Worsley, 톰 크린Tom Crean은 36시간 동안 꼬박 섬을 가로질러 스트롬니스 포경 기지Stromness whaling station에 도착했다. 2년 전 탐험대가 남극으로 떠난 출발지였다. 섀클턴과 워슬리, 크린이 누더기가 된 옷에 피부는 몇 달간 고래기름을 태우면서 지내느라 시커메지고 텁수룩한 장발로 발을 절며 그곳에 들어서서 기지 관리자와 만나는 장면이 어찌나 감동적인지, 퀴퀴한 냄새가 나는 시레프곶의 내 침대에 누워서 책을 읽다가 눈물을 흘렸다.

《섀클턴의 위대한 항해》는 항해 일지와 생존자들과의 인터뷰, 일기들로 채워져 있다. 28명이던 섀클턴의 탐험대는 수 개월간 물개와 펭귄을 주식으로 삼으며 버텼다. 남극반도에 이 야생동물들이 많았던 덕분에 살아남은 것이다. 비린내 나는 고기를 지겹도록 먹어야 했던 탐험대는 기름지고 단 음식을 갈망했다. 대원들 간의 대화는 자연히 사람이 사는 땅으로 돌아간다면 먹고 싶은 음식 이야기로 흐를 때가 많았다. 탐험대원 중 하나였던 오들리Thomas Orde-Lees의 일기에는 이들의 절박한 심정이 생생하게 담겨 있다.

다들 큼직한 나무 숟가락으로 퍼먹고 싶다고 이야기한다. (…) 조금이라도 더 많이 뜰 수 있도록, 숟가락 뒷면으로 꾹꾹 눌러서 먹는 거다. 우리가 바라는 건 과식이다. 심한 과식. 그래, 아주 지독한 과식이다. 죽과 설탕, 블랙커런트, 사과 푸딩과 크림, 케이크, 우유, 달걀, 잼, 꿀, 그리고 버터 바른 빵을 먹고 싶다. 배가 터질 때까지 먹고 싶다. 우리한테 고기를 내미는 자는 누구든 다 쏴버릴 거다. 이제 남은 평생은 고기라면 보고 싶지도 않고 듣고 싶지도 않다.

나는 펭귄을 잡아먹거나 나무 보트 아래에서 자는 처지가 아닌데도 이 글에 담긴 갈망이 어떤 건지 알 것 같았다. 바람과 추위에 시달리면 달콤한 설탕이 듬뿍 들어간 단맛을 갈망하게 된다. 날씨가 점점 습해지고 비가 세찬 바람에 가로로 흩뿌리는 날이 많아지자 휘트니와 내가 만드는 디저트는 날로 정교해졌다. 치즈케이크를 4일 내리 만든 적도 있다. 먹기 하루 전에 만들어서 하룻밤 동안 식히고 굳히면 다음 날 훌륭한 완성품이 나올 확률이 높았다. 하지만 우리 동료들은 충분히 식을 때까지 느긋하게 기다릴 줄 아는 사람들이 아니었다. 내가 오븐에서 음식을 만든 다음 눈 쌓인 바깥에 내놓고 요리책에서 권장하는 시간 동안 식기를 기다리고 있으면, 몇 분 뒤에 샘이 창문 너머로 접시를 내다보며 외치곤 했다. "이제 다 되지 않았을까요? 여긴 남극이잖아요." 인내심이 부족한 걸로는 뒤지지 않는 나는 항상 그 말에 솔깃했다. 파이든 케이크든, 밖에 두었던 음식을 얼른 갖고 들어오면 아직 덜 굳어서 용암처럼 흘러내리는 질척한 덩어리에 다들 독수리 떼처럼 달려들었다.

맷과 나는 컴퓨터 모니터를 들여다보는 일 외에 비품 정리, 선반 청소, 부서진 바닥 판자 교체 등 캠프에 필요한 일들을 처리하면서 하루하루를 보냈다. 맷은 다시 칠레 캠프에서 지냈고 그곳의 추위에 적응했다. 나는 장갑을 끼고 데이터를 입력해야 했다. 실내에서도 퀴퀴한 공기 중으로 입김이 하얗게 피어올랐다. 이제 현장에 나가서 수집할 데이터는 거의 남지 않았는데, 그중 가장 고생스러운 일은 털갈이가 끝나고 바다로 나갈 준비를 마친 펭귄이 홀로서기에 나설 때 몸무게를 측정하는 작업이었다. 날아다니는 새들의 홀로서기가 날개깃이 다 자라면 둥지를 떠나 독립적인 새로운 삶을 시작하는 것이라면, 펭귄의 홀로서기는 수영에 적합한 깃털이 몸 전체에 다 자라서 바다로 뛰어들어 직접 먹이 사냥을 시작하는 것을 의미한다. 펭귄 군집의 새끼들 몸에도 물에 젖지 않는 깃털이 이제 막 자라나기 시작했다. 홀로서기가 머지않았다는 신호였다. 4일마다 도둑갈매기 둥지를 찾아가서 조사하러 가는 길목에 펭귄 군집들이 있었으므로 지나갈 때마다 펭귄들의 상태를 확인했다. 한편, 새끼 도둑갈매기가 생후 48일째가 되면(이 시기의 새끼들은 몸집이 식별 밴드를 달아도 될 만큼 크지만 아직은 날아서 도망가지 못한다) 몸무게를 재고 다른 몇 가지를 측정한 후에 식별 밴드를 달았다. 새끼 도둑갈매기는 생후 48일이 지나면 홀로서기가 끝났다고 간주하고 조사도 마무리되었다.

물개팀도 고된 하루하루를 보내고 있었다. 분변(물개 배설물)을 모아서 크릴 껍데기를 건져내는 작업도 계속되었다. 갑각류의 단단한 껍데기인 갑각은 포유동물의 소화 기관을 통과한 뒤에도 멀쩡하게 남아 있다. 펭귄 식생활 조사처럼 물개 배설물에 포함된 이 갑각을 분리해서 물개가 먹은 크릴의 나이와 몸 크기를 조사하면 바닷속 크릴 개체군에 관한 정보를 얻을 수 있다. 생선의 신기한 뼈인 이석도 물개의 물고기 사냥 정보를 알 수 있는 자료이므로 물개팀의 조사 범위에 포함되었다. 샘과 휘트니는 프로판 난로도 없는 물개 연구실에서 두툼한 점퍼를 껴입고 앉아 현미경을 들여다보며 핀셋으로 1센티미터쯤 되는 갑각을 슬라이드에 놓고 들여다보았다.

남극으로 출발하기 전 푼타아레나스에 있을 때 나는 꼭 필요할 때를 대비해서 담배 한 갑을 샀다. 한 달에 한 개비 정도 피웠는데, 2월이 한참 지난 어느 날 휘트니가 담배 하나만 달라고 했다. 나는 담뱃갑을 통째로 건넸고, 우리 사이에는 오래된 담배보다 훨씬 많은 것들이 오갔다. 지칠 대로 지친 우리는 담배로 잠시나마 기운을 차릴 수 있었다. 누구나 자신이 가진 것 내에서 할 수 있는 일들을 하는 법이다. 이 무렵엔 괜찮을 때도 있었지만, 캠프 전체가 지쳐갔다.

돌아갈 날이 한 달쯤 남자 다들 되도록 혼자 시간을 보낼 방법을 찾아다녔다. 금요일마다 돌아오는 물개 조사를 위해 해변으로 물개 숫자를 세러 나간 팀원이 일을 다 끝내고도 남을 시간이 한참 지나서야 돌아와도 아무도 왜 그렇게 오래 걸렸냐고 묻지 않았다. 연구 시즌이 그럴 만한 시기에 이른 것이다. 때로는 누구나 혼자 있을 시간이 필요하다.

그리운 것들을 함께 이야기하기도 했다. 제시는 멀쩡한 옷을 입고 싶다고 했다. 휘트니는 소파에 앉을 수만 있다면 소원이 없겠다고 했다. 샘은 몸에서 냄새가 안 나게 2주보다는 자주 씻고 싶다고 했다. 나는 장난삼아 한밤중에 난데없이 "사고로" 모든 게 다 불타버려서 야외 조사를 할 수도 없고, 현장 노트는 바다에 떨어져서 데이터 입력도 할 수 없는 상황이 되면 어떨까 상상하기도 했다. 원인 불명의 병에 걸려 꼼짝없이 누워 있어야 해서 데이터 정리도 못하고 돌아갈 때까지 침대에 가만히 누워만 있어야 한다면. 자고, 자고 또 잠만 자면서 보내게 된다면 어떨까.

✻

나와 맷은 이틀에 한 번씩 새끼들을 확인하러 펭귄 군집으로 갔다. 2월 셋째 주가 되자 새끼들 몸에서 보송한 솜털이 떨어지고 진짜 깃털이 나기 시작했다. 어른들보다 덩치가 좀 작고 배가 더 볼록 나오긴 했지만, 꽤 어른스러운 모습으로 변한 새끼들도 있었다. 하지만 대부분은 아직 어딘가 어색한 "청소년"의 모습이었다. 몸의 절반은 매끈한 어른 펭귄의 깃털이 빽빽하게 자라났고, 나머지 절반은 보송보송한 솜털이 남아 있었다. 남은 솜털의 형태로 개성 넘치는 외모가 탄생했다. 베토벤 가발이 떠오르는 펭귄도 있었고, 귀에서 턱으로 갈수록 점점 두툼해지는 구레나룻이 자란 것 같은 펭귄도 있었다. 반지르르한 모히칸 스타일도 있고, 털실로 짠 조끼를 입은 듯한 모습, 털이 덥수룩한 겨드랑이, 스웨터, 슈퍼맨 망토, 앞치마, 털

목도리를 두른 모습까지 정말 각양각색이었다. 그러다 바다로 풍덩 뛰어드는 새끼들이 보이기 시작하고 군집은 서서히 비어갔다. 새끼들의 홀로서기가 슬슬 시작됐다는 신호였다.

2월 중순의 어느 날, 나는 도둑갈매기 오두막 근처의 젠투펭귄 군집에 자리를 잡고 앉았다. 솜털이 반쯤 사라진 새끼들이 바글바글했다. 아직 성체 몇 마리가 곳곳에서 새끼에게 먹이를 주고 있었다. 턱끈펭귄 부모들은 새끼에게 먹이 주는 걸 이미 끝냈고 자기 먹이를 사냥하며 털갈이를 준비하고 있었다. 철새가 아닌 젠투펭귄은 턱끈펭귄보다 좀 더 오래 새끼의 먹이를 챙겨주다가 털갈이에 들어갔다. 전체적으로 조용한 군집에는 새끼들 소리만 가득했다.

그날따라 바람에 닳은 내 얼굴에 드물게 따뜻한 햇볕이 와 닿았다.

젠투펭귄 새끼들의 몸에서 떨어져 나온 솜털이 바람에 흩날려 바위마다 붙어 있었다. 배설물이 가득한 땅바닥에도 젖은 깃털이 가득했고 진흙에 펭귄 발자국들이 선명하게 찍혀 있었다. 깃털이 자라고 있지만 몸에 아직 솜털이 남아 있는 새끼들은 해가 쨍쨍한 날이면 체온이 금세 올라갔다. 몇 마리는 바위 위에 벌러덩 누워서 숨을 헐떡이고 있었다. 사방에서 힘겹게 숨을 헐떡이는 소리가 들렸다. 공기가 몸속으로 들어갔다 나오는 소리가 합창하듯 울렸다. 새끼 한 마리가 조심스럽게 내 쪽으로 다가오더니 목을 길게 빼고 큰 눈알을 굴리며 나를 의심스럽게 살폈다. 내 그림자 안으로 들어오면 분명 서늘할 것임을 알기에 갈등하는 듯 보였다. 녀석은 분홍빛 커다란 발을 한 발 내밀더니, 잠시 주저하다가 천천히 더 가까이 다가와서 내 그림자 안으로 쏙 들어왔다. 그늘의 안락함을 최대한 누리며 안도의 숨을 내쉬면서도 두 눈은 내게 고정하고 혹시 아는 존재인지 확인했다. 호기심 가득한 부리를 내 쪽으로 내밀고 바지와 손가락을 쪼며 내 얼굴에 몇 센티미터 앞까지 자기 얼굴을 들이밀곤 빤히 쳐다보는 눈이 꼭 이렇게 묻는 것 같았다. '그늘을 주는 당신은 대체 무엇으로 만들어진 존재인가요?'

아래쪽 해변에서는 젠투펭귄 새끼들 한 무리가 사나운 코끼리물범 몇 마리가 누워 있는 곳 주변을 뒤뚱거리며 돌아다니고 있었다. 동물들 사이로 와인처럼 붉은 조류와 흐릿한 노란색 조류가 자라 있었다. 펭귄이 너무 가까이 다가오면 물범은 금세 머리를 펭귄 쪽으로 돌리고 시뻘건 입안이 다 보이도록 입을 쩍 벌리면서 극도로 방어적인 태도를 보였다. 그러면 펭귄도 당황해서 살짝 옆으로 비켜나서 방향을 틀었다.

서로 다른 동물들끼리 만나는 장면은 언제나 흥미진진했다. 잡아먹고 잡아먹히는 모습 말고, 같은 번식지에서 함께 지내며 어우러지는 모습을 보는 건 좋았다. 턱끈펭귄 무리가 지나갈 때 고개를 들고 쳐다보는 코끼리물범들, 물개 꼬리를 폴짝 뛰어서 건너는 펭귄들, 젠투펭귄 군집 근처로 와서 물개가 없는 새로운 세상을 가만히 쳐다보는 물개들. 그런 만남에 나도 예외가 아니었다. 이 섬과 이 섬의 주민들을 조사하는 또 다른 생물. 때로는 인간과 이들을 나누는 확실한 경계는 없다는 생각이 들었다. 인간과 그 외 존재들의 차이점을 구분하도록 훈련됐을 뿐, 실제로는 그런 차이나 서구 문화가 강조하기를 좋아하는 인간과 자연 사이에 명확하게 나뉜 경계 같은 건 전혀 없다고. 이 섬에 사는 동물들에게는 섬의 모든 존재가 그저 풍경의 한 부분일 뿐일지도 모른다. 가파른 절벽이 있는 섬이 있는가 하면 북쪽에 먹이가 많은 섬도 있는 것처럼, 또 어떤 섬에는 이상하게 몸이 길쭉한 펭귄들이 공책을 들고 분주히 돌아다닌다고 생각할지도 모른다.

수면 가까이 해무가 깔리고, 그 뒤로 저녁 태양이 아직 강렬했다. 돌풍이 불어 파도의 포말이 흩날리면 잠깐이지만 희미한 무지개가 피어났다. 내가 이 세상의 일부라는 사실이 믿기지 않았다. 언젠가는 이 순간도 꿈처럼 느껴지리라.

연구 시즌이 막바지에 이르면서 나도 모르게 떠날 준비를 하고 있었다. 물러날 준비. 어디서든 떠날 때가 되면 늘 그랬다. 어릴 적에는 다시 먼 곳으로 이사를 떠가기 전에, 어른이 되고서는 현장 연구가 끝날 무렵마다 그랬다. 자동적으로 나타나는 반응이라 어떨 때는 내가 떠날 준비를 시작했다는 것조차 깨닫지 못했다. 잠시 뿌리내리고 지냈던 곳, 짙은 돌투성이 흙에서 부드럽게 내 뿌리를 뽑아내고 정리하는 과정이었다. 내가 머물던 곳과 물리적으로 분리되는 날이 왔을 때 온전하게 떠나기 위한 준비였다. 정말로 가야 할 때가 오기 전에 미리 떠난 상태로 만드는 것이다. 그래야 수월하게 떠날 수 있었다. 그럴 때마다 나는 무감각해졌다. 남극에서도 익숙한 무감각이 이미 매일 파고들고 있음을 느꼈다. 나는 조용히, 내 속으로 침잠하여 벌써 다 지난 기억 속에서 살아가는 듯한 기분을 느꼈다. 거대한 파도가 형성될 때 바다가 해변에 있던 물을 전부 끌어당겨서 해변에는 광활하고 텅 빈 모래만 남는 것과 비슷했다. 눈을 한 번 깜박할 정도, 단 몇 초에 지나지 않는 짧은 시간이지만 그 순간에는 모든 게 정지한다. 고요함 속에 아무것도 남지 않는다. 그러다 짭짤한 바닷물이 포말을 일으키며 다시 해변을 채운다. 그 정적의 순간에 내 감각은 다 사라졌다.

✳

2월에는 팀 전체가 정기적으로 진행되는 얼룩무늬물범 포획을 도왔다. 시즌 막바지에 몰린 단조로운 업무에서 벗어나 다시 현장에서 뛸 기회였다. 모니터링 프로그램의 일부분인 이 포획에서는 물범이 바닷속에서 이동할 때의 수심과 위치를 측정하기 위해 물범 몸에 펭귄에게 부착하는 것과 같은 수심 기록계와 위치 추적기를 부착한다. 장비를 부착할 대상은 시레프곶에 자주 나타나는 얼룩무늬물범 암컷이었다. 바다에 나갔다가 다시 돌아올 확률이 높아서 장비를 회수할 확률도 높기 때문이다. 장비는 지난 몇 년간 사람 손에 포획된 적이 없는 동물에게 부착해야 하는데, 물범 앞지느러미 발에 부착하는 작은 식별 태그는 영구적으로 남아 있으므로 아주 오래전에 잡힌 적이 있는 물범도 가려낼 수 있었다.

 더그는 아침마다 서쪽 해변으로 가서 적당한 후보를 찾았다.

북쪽 해변과는 1.5킬로미터 떨어져 있었고, 해안 아래로 거의 1킬로미터를 더 내려가야 하는 곳이었다. 바다에 있던 물범은 대부분 그곳 서쪽 해변으로 나왔다. 더그가 포획할 만한 적당한 후보를 찾았다고 무선으로 호출하면 모두 알려준 위치로 향했다. 맷과 나는 칠레 캠프의 나무 의자에 앉아 있다가 얼른 우리 캠프로 가서 현장 조사에 필요한 장비들과 그 밖에 물범 포획에 필요한 것들을 전부 챙겼다. 물개 연구실에 있던 샘과 휘트니도 데이터 입력을 중단하고 서둘러 준비했다. 물범 포획은 엄청난 작업이고, 금속으로 된 대형 삼각대부터 물범을 들어 올려서 몸무게를 측정할 때 물범을 눕힐 수 있도록 금속 막대 사이에 방수포를 연결한 도구, 권양기(밧줄이나 쇠사슬로 무거운 물건을 들어 올리거나 내리는 기계-옮긴이), 다트 총, 진정제를 투여할 수 있는 키트, 줄자, 각종 계측기까지 필요한 장비도 굉장히 많았다. 물범이 해변에 얼마나 머무르다 갈지 아무도 예측할 수 없으므로 전부 다 챙겨서 최대한 빨리 이동해야 했다.

더그는 얼룩무늬물범이 고른 해변에서 우리를 기다렸다. 도착하면 우리 캠프의 의료 책임자인 내가 물범의 호흡과 심박수를 모니터링했다. 바위 뒤에 웅크리고 앉아서 쌍안경으로 거대한 물범을 몰래 지켜보며 내가 앉은 위치에서 보이는 각도에 따라 가슴이 오르락내리락 움직이는 횟수나 콧구멍이 열렸다 닫히는 횟수 중에 잘 보이는 것으로 골라 숫자를 셌다. 호흡수가 기준치에 해당한다는 사실이 확인되면, 더그에게 고개를 끄덕여 신호를 보냈다. 그러면 더그가 진정제가 장착된 다트 총을 물범에게 겨누었다. 총에 맞은 물범은 대부분 자다가 깨서 깜짝 놀라 몸을 일으켰다가 곧바로 다시 쓰러졌다. 우리는 바위 뒤에 쭈그리고 앉아서 진정제의 효과가 발휘되기를 기다렸다. 10분쯤 지나면 더그가 물범 쪽으로 조용히, 조심스럽게 다가가서 물범을 살짝 두드려보면서 깊이 잠들었는지 확인했다. 반응이 없으면 척추에 주사기를 꽂고 정맥 주사용 줄을 연결해서 진정제를 추가로 투여했다. 물개 포획 때는 가스 마취를 하여 물개가 잠시 의식을 잃지만, 얼룩무늬물범에게 투여하는 진정제로는 물범이 나른해하고 차분해지는 정도였다.

진정제를 주사로 투여하고 나면, 나머지 사람들도 챙겨 온 장비를 전부 들고 살금살금 다가갔다. 샘과 맷은 줄자로 물범의 몸길이와 둘레를 측정했다. 휘트니는 물범 몸에 작고 날카로운 관을 푹 찔러서 생체 표본으로 피부 조직을 작게 떼어냈다. 나는 5분 간격으로 호흡수를 측정하면서 물범이 정상적으로 호흡하는지 확인하는 동시에 팀원들이 불러주는 다양한 데이터를 받아 적었다. 샘은 맷과 함께 심박 측정기를 부착했다. 심박 데이터는 물범이 포획되어 있는 동안에만 수집했다. 이어서 두 사람은 물범의 등에 에폭시로 위치 추적기를 부착했다.

마지막으로 방수포 위로 물범을 굴려서 몸무게를 측정했다. 이 거대하고 둥실둥실한 동물의 몸을 방수포 위로 옮기려면 여섯 명이 전부 힘을 합쳐야 했다. 먼저 물범을 들어서 몸 절반 정도가 방수포 가장자리 위에 올라가도록 옮긴 다음 천 가운데로 굴려서 위치를 잡았다. 너무 많이 굴렸으면 반대로 다시 굴려가며 방수천을 양

사방에서 끌어올릴 수 있도록 위치를 잘 조정했다. 그런 다음 방수포의 네 귀퉁이를 도르래에 고정하고 샘이 권양기 레버를 돌렸다. 그리고 거대한 삼각대 위에 물범을 올려놓을 수 있는 높이까지 들어 올렸다. 어깨에 짊어지고 시레프곶의 언덕을 오르내리기가 괴로울 정도로 무거운 삼각대였다. 우리가 잡은 첫 번째 물범 암컷의 몸무게는 거의 500킬로그램이었다. 몸무게 측정이 끝나면, 물범을 땅에 내리고 다시 방수포 밖으로 굴렸다. 더그가 진정제의 약효를 없애는 약을 투여하고 나면, 모두 몸을 낮추고 해변에서 조용히 벗어났다. 물범은 보통 몇 분 만에 정신을 차렸고 당연히 불쾌한 기색을 역력히 드러냈다. 팀원들이 물범의 눈에 띄지 않는 곳에서 장비를 챙기는 동안 나는 바위 뒤에 웅크린 채 쌍안경을 들고 마지막으로 물범의 호흡수를 센 다음 모두 함께 철수했다. 이 모든 과정은 보통 1시간 반이 걸렸다.

얼룩무늬물범은 철저히 혼자 지내고 대부분 빙하 위나 바닷속에서 생활하므로 연구하기가 굉장히 어려운 동물이다. 2010년까지는 여름철에 시레프곶에 나타나는 물범이 소수에 불과했고 이 물범에 관해 알려진 정보도 많지 않았다. 먹이 사냥의 패턴은 물범의 성별마다 다를 수 있으므로, 성별 차이가 결과에 끼치는 영향을 배제하기 위해 연구는 대부분 암컷을 대상으로 진행되었다.

더그는 NOAA에서 박사 과정을 밟으면서 이 기관이 운영하는 중요한 얼룩무늬물범 연구를 도맡았다. 그래서 시레프곶의 모니터링 프로그램에 포함된 얼룩무늬물범 연구도 대부분 더그가 지휘했다. 이번 시즌에 더그는 연구 표본에 수컷도 두 마리 넣기로 했는데, 우리가 쓰는 장치들을 얼룩무늬물범 수컷에 달아본 사례가 한 번도 없었다. 표본에 수컷도 포함되려면 무조건 최소 두 마리는 포획해야 했다. 얼룩무늬물범은 개체마다 사냥 기술이 다르고 선호하는 방법도 다 달라서 장치를 한 마리에만 부착하면 그 개체의 고유한 정보만 얻게 될 수도 있기 때문이다. 예를 들어 얼룩무늬물범 중에는 해저를 돌아다니면서 심해어 사냥을 즐기는 종류도 있고, 물개 서식지 근처에 대기하고 있다가 주변을 돌아다니는 새끼 물개를 사냥하는 종류도 있다.

포획해서 장치를 부착하고 나면 제발 일주일 내로 돌아와서 장치를 회수할 수 있기만을 기다렸다. 우리가 장치를 부착하고 회수한 물범은 총 네 마리였으므로 포획은 여덟 번 진행되었다. 두 마리는 암컷, 두 마리는 수컷이었다.

과거에 더그는 얼룩무늬물범의 등에 카메라를 부착해서 처음으로 먹이 사냥 과정을 영상으로 기록했다. 스크립스 해양학 연구소와 NOAA의 남극 생태계 연구 분과, 내셔널 지오그래픽의 공동 연구로 진행된 이 원격 촬영 사업은 그의 박사 학위 연구이기도 했다. 2013년과 2014년도의 시레프곶 현장 연구 시즌에 이 공동 연구에서 개발된 "생물 카메라"가 얼룩무늬물범의 몸에 부착되었다. 카메라에 기록된 영상과 수심 이동 기록, GPS 데이터를 종합한 결과, 더그는 물범마다 고유한 사냥 기술이 있다는 사실을 발견했다. 또한 펭귄과 새끼 물개, 물고기, 크릴 등 사냥감마다 다양한 맞춤형 사냥법을 활용한다는 사실도 밝혀졌다. 더불어 얼룩무늬물범이 해저에 먹이를 숨겨두며(펭귄과 물개의 사체), 다른 물범이 숨겨둔 먹이를 훔치기도 한다는 사실도 더그의 연구로 확인되었다. 숨겨둔 사체는 몸집이 큰 물범이 차지했다.

어느 저녁에 더그는 우리에게 박사 과정 연구를 할 때 시레프곶에서 얼룩무늬물범 등에 달아둔 카메라를 처음으로 회수했던 날의 이야기를 들려주었다. 영상을 틀자 다른 세상을 향한 창문이 갑자기 활짝 열린 듯 무척 짜릿했다고 했다. 그동안 궁금했지만 한 번도 볼 수 없던 모습이었다. 그날 더그는 이층침대에 자리를 잡고 앉아서 노트북으로 몇 시간이나 영상을 보았다. 놀랍고 과학적으로도 흥미진진한 광경들이 펼쳐졌다. 얼룩무늬물범 두 마리가 사체 하나를 놓고 싸우는 장면도 그랬다. 같은 종끼리 경쟁을 벌인다는 사실을 입증할 수 있는 첫 증거였다. 몇 시간이 흐르고 밤이 깊어도 더그는 화면에서 눈을 떼지 못했다. 그는 물범 등에 매달린 카메라에 비치는 세상을 보며 그 물범이 겪은 모든 일들을 함께 경험했다. 물범은 정확히 어느 지점인지는 알 수 없는 시레프곶 근처의 푸른 바닷속 세상을 수영하다가 수면 위로 솟아올랐다. 더그는 그 물범의 시선으로, 암석이 가득한 시레프곶의 해변과 해변의 물개들, 그리고 그 뒤에 펼쳐진… 우리 캠프를 보았다. 다른 사람의 시선으로 자신을 본 듯한 그 순간, 더그는 온몸이 전율했다. 그리고 오늘은 이만하면 충분하다고 생각하며 천천히 노트북을 닫았다.

14

2월 말

2월이 끝나갈 무렵부터 턱끈펭귄 새끼들의 홀로서기가 시작되었다. 새끼들은 아직 군집에 남아 있었던 몇 안 되는 어른 펭귄들과 함께 이른 아침 해안에 모였다. 무리 속에서도 어린 펭귄들은 두드러졌다. 까맣게 번진 듯한 눈가의 얼룩, 짧고 뭉툭한 꼬리, 등판에 도는 약간 푸르스름한 빛은 물론 어른들보다 몸집도 조금 작았다. 하지만 무엇보다도 어린 펭귄들에게서는 전체적으로 혼란스러운 분위기가 느껴졌다. 새벽녘에 새로 맞춘 매끈하고 산뜻한 턱시도를 차려입은 듯한 모습으로 해안에 나온 어린 펭귄들은 눈을 크게 뜨고 바다가 뭔지 전혀 모르겠다는 얼굴로 두리번거렸다. 그래도 다른 펭귄들이 다들 먹이를 찾아 바다로 가니까 자신도 따라가는 게 최선임을 직감한 것 같았다. 이들과 달리 눈을 게슴츠레 뜬 어른 펭귄들은 오전 7시경 뉴욕 지하철에서 흔히 볼 수 있는, 아직 비몽사몽인 인파 사이를 지나는 직장인들 같은 분위기를 풍겼다. 맷과 나는 홀로서기에 나선 어린 펭귄들이 꼭 낯선 곳에서 어리둥절해진 여행객 같다고 놀렸다. "…저기, 실례합니다. 여기로 이 시각까지 오라고 해서 왔는데요. 음, 제가 여긴 처음이라서요… 여기가 바다로 가는 길 맞나요?"

어린 펭귄들의 홀로서기가 시작되면, 맷과 나는 펭귄들이 바다로 떠나는 새벽 시간에 맞춰 육지 탈출의 현장인 해변으로 갔다. 그곳에서 턱끈펭귄 새끼가 땅을 벗어나기 직전에 몸무게를 측정했다. 홀로서기를 시작하는 펭귄의 몸무게를 통해 바다로 나가는 어린 펭귄의 몸 상태와 몸에 저장된 체지방의 양을 알 수 있고, 이를 토대로 새끼가 바다에서 먹이를 구하기 전까지 굶어 죽지 않고 버틸 수 있는 기간을 예측할 수 있었다.

우리는 하루씩 번갈아 가며 이 일을 맡았다. 내 차례가 되면 꼭 두새벽에 일어나 동이 트기 시작할 즈음에는 펭귄 군집에 가 있어야 하므로 다른 동료들이 깨지 않도록 칠레 캠프에서 잤다. 그곳에는 이층침대가 설치된 방이 2개이고, 부엌이 따로 분리되어 있다는 점 외에도 우리 캠프에서는 누릴 수 없는 호사스러운 특징이 하나 더 있었다. 방에 문이 달려 있다는 점이었다. 나는 맷이 차지한 방 말고 남은 방에서 알람을 맞춰놓고 잤다.

오전 3시 45분에 일어나는 건 쉬운 일이 아니었다. 따뜻하고, 안전하고, 습기 없고, 편안한 침낭과 컴컴하고, 세찬 바람이 불고, 춥고, 습하고, 해야 할 일도 기다리고 있는 바깥이 너무 선명하게 비교

되었다. 껴입는 옷마다 축축하고 꽁꽁 얼어 있었다. 하지만 꾸물거리고 싶은 몸뚱이를 겨우 침대 밖으로, 다시 문밖으로 끌고 나와서 걷다 보면 모든 걸 보상받는 기분이었다. 아직 이슥한 그 시각의 밤에는 얼어붙을 듯 차가운 바람이 얼굴을 때려도 새롭게 느껴졌다. 정말 오랜만에 보는 밤이었다. 하늘이 맑은 날엔 동이 트기 전 반짝이는 별을 볼 수 있었는데, 마치 오랜 친구가 내게 인사를 건네는 것 같았다.

동쪽의 흐릿하고 불그스름한 빛과 창백한 반달 아래 평지를 가로질러 걸어갔다. 산에서 흘러 내려온 물이 밤새 지면을 덮은 얇은 얼음이 되어 부츠에 밟히면 바스락하고 깨졌다. 해는 오전 6시쯤 떴다. 해가 떠도 산을 오를 때 바위와 물개를 구분할 수 있을 정도로만 밝아질 뿐 환하진 않았다. 나는 지난 몇 개월 동안 매일 두 번씩 지나다니며 내 근육이 기억하는 방향을 믿고 길을 찾아갔다.

군집에 있던 펭귄들은 무리 지어 해안으로 가서 바다로 뛰어들었다. 어린 펭귄들은 줄줄이 뛰어내리는 행렬에 섞여 생전 처음 바다로 들어갔다. 일생 중 가장 위험한 1년이 그렇게 시작되었다. 내가 몸무게를 재려고 붙잡은 펭귄들은 커다란 눈을 크게 뜨고 빤히 쳐다보며 나를 이리저리 가늠했다. 나이가 더 들면 눈동자 색이 더 진해지지만, 막 홀로서기를 시작하는 펭귄들의 홍채는 아름다운 연한 회색빛을 띠었다.

턱끈펭귄은 바다로 나가면 3년 후 번식을 위해 군집지로 돌아올 때까지 쭉 바다에서 지낸다. 하지만 내가 펭귄 군집이나 해변에서 가끔 마주친 청소년기 펭귄들처럼 번식기가 되기 전에 군집지로 돌아오기도 한다. 바다에서 지내는 동안에는 대부분 남극해에서 수영하며 크릴을 사냥한다. 휴식이나 몸단장을 비롯한 생활은 모두 물에서 하고, 번식할 때나 털갈이할 때 외에는 육지로 거의 오지 않는다.

바다로 처음 떠나는 펭귄들의 몸무게는 일주일 동안 맷과 하루씩 번갈아 가며 측정했다. 연구 계획서에는 우리가 몸무게를 측정해야 하는 어린 펭귄의 수가 약 200마리로 정해져 있었다. 군집지 아래 모든 해변을 오가면서 측정하면 하루에 20~30마리 정도는 잴 수 있었다. 두 사람이 하면 펭귄 잡는 그물도 2개가 되는 데다 몸무게를 재고 데이터를 기록하는 작업을 서로 도울 수 있으므로 훨씬 수월했다. 그래서 가끔 물개팀이 도와주기도 했다. 어느 날에는 샘이 맷과 함께 조사에 나섰고, 어느 날은 휘트니가 나와 함께 갔다.

새벽부터 해변을 돌아다니며 홀로서기를 시작한 어린 펭귄들의 몸무게를 재고 오후에는 얼룩무늬물범 포획을 돕느라 온종일 밖에 있는 날은 정말 피곤했다. 남극에 오기 전 예상했던 수준보다 할 일이 훨씬 많았다. 신경이 한껏 날카로워지고 온몸은 너덜너덜해졌다. 그러거나 말거나, 섬은 늘 아름답지만 잔인하고, 다정하면서도 적대적이고, 고요하지만 무자비하고, 숭고했다.

현장 캠프에서 살아가는 건 중간은 없고 양극단만 존재하는 정신 나간 세상에서 사는 일처럼 느껴지기도 한다. 지구에서 가장 먼 곳, 가장 외딴곳을 직접 보고 거대함과 경이로움을 경험할 수 있지만, 그 거대함과 경이로움 속에서 쉼 없이 불어대는 바람을 맞아야한다. 이곳에 사는 동물들처럼 두툼한 가죽이나 깃털, 두꺼운 지방층 없이 헐벗은 채 그저 인간으로, 인간의 두 다리로 버티고 서서 추위에 떨며 맞서야 한다. 그 거친 바람에 공들여 겹겹이 쌓아둔 모든게 찢겨나가고, 벗겨지고, 터져버린다. 하지만 너덜거리는 누더기사이로 남극의 희미한 빛이 스며들어 내 가장 깊은 곳, 바람에 다 드러나버린 중심까지 파고들어 밝힌다. 인간성이 다시 깨어나 드러난곳을 다시 꽁꽁 덮을 때까지, 그 빛은 아주 섬세하게 반짝인다. 인간은 이런 생태계에서 생존하도록 진화하지 않았다. 그러나 섬은 변화를 요구했다. 바위가 되어야만, 바람이 되어야만 했다. 펭귄이 되어야 했다.

*

바다로 떠나는 어린 펭귄들의 몸무게 측정이 끝나가던 어느 날, 맷과 나는 아침 일찍 일어나서 위치 추적기 다섯 대를 부착하러 갔다. 인공위성으로 위치를 추적하는 이 PTT라는 장치는 염수와 접촉하면 활성화되며, 이 장치에서 나온 위치 신호는 위성을 거쳐 NOAA의 남극 생태계 연구 본부로 전송된다. 장치를 부착하고 나면 며칠후부터 펭귄 연구팀의 리더인 제퍼슨이 샌디에이고에서 펭귄의 이동 경로를 모니터링했다. 제퍼슨은 태어나 처음 바다로 떠난 펭귄두 마리가 시레프곶에서 80킬로미터쯤 떨어진 킹조지섬을 빙 돌아서 이동 중이며, 또 다른 두 마리는 대양 쪽으로 곧장 나아가 벌써 150킬로미터 넘게 이동했다고 우리에게 이메일로 알려주었다. 맷과 나는 아이를 처음 대학에 보낸 부모들과 비슷한 심정이었다. 자랑스럽기도 하고 어쩐지 서글프면서도 잘 가고 있다니 안심도 되었다. 하지만 대체로 불안한 마음이 컸다. 태어나서 커가는 과정을 다 지켜본 그 작은 새끼들이 춥고 냉혹한 세상을 어떻게 살아갈지 도통 감도 잡을 수 없었다. 필요한 건 다 챙겼나? 몸 걱정은 안 해도 될 만큼 건강한가? 다른 동물에게 잡아 먹히기 전에 크릴 사냥하는 법을 배웠을까? 우리는 잔뜩 수선을 떨면서 초조해했다.

어른들의 세계에 갑자기 뛰어들어야 하는 턱끈펭귄 새끼들과 달리, 젠투펭귄 새끼들의 성장은 더 느긋하게 진행되었다. 어린 젠투펭귄들은 바다에 잠깐씩 나가서 먹이 잡는 법을 배우고 그 기간에도 부모가 계속해서 추가로 먹이를 먹여주었다. 새끼들은 무리 지어 사방을 돌아다니면서 얕은 물에서 첨벙거리고 조수 웅덩이가 보이면 짧은 꼬리만 삐죽 내보인 채로 수영을 즐기곤 했다. 그렇게 하루하루 조금씩 독립적인 개체가 되었다. 제퍼슨을 포함한 펭귄 연구자들은 서남극 반도에 젠투펭귄 개체군은 증가하는 반면 턱끈펭귄과 아델리펭귄 개체군은 줄고 있는 이유가 이런 차이에 있다고 본다. 크릴이 한정된 환경에서는 새끼가 어른이 되는 전환기가 점진적으로 진행될수록 어린 펭귄 혼자서 크릴을 사냥해야 하는 어려움도 덜 겪는다. 젠투펭귄의 이 사냥 훈련 기간은 크릴이 부족해질수록 더 중요한 기능을 하게 되고, 개체군 전체가 기후 변화에 더 강한 회복력을 갖출 수 있게 된다.

1994년 이후부터 젠투펭귄의 번식지 범위는 남쪽으로 60킬로미터까지 확장되었다. 턱끈펭귄, 아델리펭귄과 비교하면 특정 연도에 겨울을 무사히 보내고 생존하는 성체의 비율도 같고 번식 성공률(부화된 알 중 크레슈에 들어간 새끼의 비율)도 비슷한데 젠투펭귄의 서식지만 왜 이렇게 넓어지는지는 앞으로 풀어야 할 수수께끼다.

겨울철 서식지가 다른 것이 원인일 수도 있다. 턱끈펭귄은 넓은 바다를 돌아다니고 빙하에서는 거의 지내지 않는다. 따라서 어린 턱끈펭귄의 개체 수는 대부분 떼 지어 서식하는 큰 성체 크릴이 바다에 얼마나 풍부한지와 상관관계가 있다. 아델리펭귄은 얼음에 의존해서 살아간다. 그러므로 이들이 주로 사냥하는 빙하 아래쪽에 숨어 사는 어린 크릴이 풍부할수록 아델리펭귄의 생존율도 높아진다. 젠투펭귄은 철새가 아니므로 태어난 군집에서 쭉 겨울을 보내고 바다에는 가끔 다녀온다. 어린 펭귄이 성체로 독립하는 전환기가 긴 덕분에 어린 펭귄들이 아직 취약한 시기에 겪는 여러 문제 중 일부는 영향을 덜 받는다. 또한 젠투펭귄은 다른 펭귄보다 식생활이 훨씬 유연해서 크릴뿐만 아니라 물고기도 먹는다.

제퍼슨은 2020년에 우리가 시레프곶에서 2017년과 2018년에 추적 조사한 데이터를 종합한 논문을 발표했다. 분석 결과 청소년기 펭귄의 폐사율이 높은 것이 턱끈펭귄과 아델리펭귄의 개체군 증가에 걸림돌이 될 가능성이 큰 것으로 나타났다. 태어나 처음 바다로 나간 청소년기 펭귄들은 약하고 미숙하며 크릴의 수가 계속 감소하는 환경의 영향을 더 크게 받는다. 턱끈펭귄은 새끼가 어느 정도 자라고 나면 먹이를 주지 않고 알아서 하도록 내버려둔다. 어린 펭귄은 사냥의 효율이 낮고, 포식 동물이 나타나면 제대로 피할 힘도 부족하다. 시레프곶에서 우리가 식별 태그를 부착한 청소년기 펭귄과 킹조지섬에서 식별 태그가 부착된 청소년기 펭귄(아델리펭귄, 턱끈펭귄, 젠투펭귄)의 73퍼센트가 태그 부착 후 16일 이내에 사라졌다. 이 나이대 펭귄의 죽음은 대부분 태어난 군집을 떠난 후 3주 내로 일어난다. 먹이를 구하지 못해서 사망에 이를 것으로 예측된 기간이 되기 전에 이들의 태그가 더 이상 추적되지 않는 이유는 얼룩무늬물범의 밥이 됐기 때문일 수 있다.

펭귄들이 먹을 크릴이 줄어든 이유는 기후 변화(빙하의 감소)와 격화된 크릴 어업 경쟁에서 찾을 수 있다. 남극해에서 크릴 어업을 벌이는 업체의 85퍼센트가 가입한 '책임 있는 크릴 어업 협회Association of Responsible Krill harvesting companies, ARK'는 지속가능성을 지키기 위한 노력이 더 체계적으로 이루어질 수 있도록 만들어진 단체다. ARK는 크릴 어업 지점을 펭귄의 여름철 번식지로부터 40킬로미터 이상 벗어난 곳으로 제한한다는 자발적인 기준을 정했다. 이러한 자발적 제한에 대한 동의는 CCAMLR에서 필요한 조항이 만장일치로 통과되기를 기다리는 것보다는 훨씬 빨리 성사될 수 있다. 또한 크릴 어업의 시기는 크릴의 귀중한 오일 농도가 높아지고 조류가 줄어드는 시기이자 물개와 펭귄의 번식기가 끝난 후인 가을과 겨울에 더 활발해지는 방향으로 바뀌는 추세인데, 바로 이 시기는 청소년기 펭귄이 홀로서기를 시작한 직후에 해당한다. 이는 청소년기 펭귄이 먹이 구하는 법을 배우자마자 크릴을 놓고 어업 선박들과 경쟁을 벌여야 한다는 의미이므로 중대한 변화다.

CCAMLR이 크릴 어업을 관리하는 기본 원칙은 "예방"이다. 데이터가 불확실하므로(남극해에 크릴이 몇 톤이나 있는지 추정하기 어려우므로) 더 엄격한 기준을 적용해서 남극에 서식할 것으로 추정되는 크릴 총량의 1퍼센트 미만으로 어획량을 제한된다. 이와 함께 CCAMLR은 크릴을 먹고 사는 동물들에게 생태학적으로 중요한 지역을 따로 분류하고 그곳에서는 크릴을 표적으로 한 어획이 이루어지지 않도록 별도의 기준을 적용한다. 그러나 이런 노력에도 크릴 어획이 이루어지는 곳은 펭귄, 고래 같은 크릴 포식 동물이 사냥하는 장소와 상당 부분 겹친다. 바닷새 연구 책임자인 제퍼슨은 최근 다른 연구자들과 함께 쓴 논문을 통해 CCAMLR이 어획을 관리하는 구역이 크릴 포식 동물과 먹이의 상호작용이 이루어지는 범위보다 훨씬 크고 엉성하다고 밝혔다. 이 논문에서 연구진은 CCAMLR이 별도 관리 구역으로 지정한 곳도 시레프곶과 같은 펭귄의 중요한 번식지와 멀지 않은 해상에서 크릴 어획이 고강도로 이루어지며, 그 결과 전체 어획량을 예방 원칙에 따라 제한하더라도 크릴 포식 동물에게 중대한 영향을 줄 수 있다고 결론 내렸다. 번식기에 이른 펭귄과 물개의 중요한 서식지인 남극반도 주변에서는 최대 어획량이 지정되어 있긴 해도 그 최대치까지 (초과하진 않아도) 크릴을 잡는 경우가 많다.

사우스셰틀랜드 제도에서 크릴을 먹고 사는 아델리펭귄과 턱끈펭귄의 개체 수는 지난 30년간 50퍼센트 이상 감소했다. 턱끈펭귄은 물에서 살고 아델리펭귄은 얼음에 의존해서 살아가므로 이 두 종류의 펭귄이 모두 감소했다는 건 개체 수 감소가 빙하와는 무관하다는 의미다. 펭귄들이 머무를 수 있는 빙하의 양이 문제였다면 아델리펭귄의 개체 수에만 영향이 있었을 것이다. 그러므로 두 펭귄의 주된 먹이인 남극 크릴을 구하기 힘들어진 것이 개체 수 감소의 원인임을 알 수 있다.

크릴은 펭귄에게는 없어서는 안 될 먹이이지만, 인간에게는 한 번 먹어보라고 끈질기게 권유되어온 식품일 뿐이다. 소련 시기에 러시아는 크릴 페이스트와 껍데기를 벗긴 크릴 꼬리, 크릴 통조림과 같은 식품을 만들었으나 별로 성공을 거두지 못했다. 소련에서 크릴 어업이 발달한 건 크릴을 찾는 사람들이 많아서가 아니라 그저 크릴이 넘쳐났기 때문이었다. 오늘날에는 크릴이 대부분 어분으로 가공되어 양식장 사료나 농업용 비료의 첨가제로 활용된다. 오일로 가공되는 양은 전체 어획량의 10퍼센트인데, 이 비율은 더 높아질 가능성이 크다. 오메가 3 보충제로 판매되는 크릴오일은 크릴 특유의 분홍색을 내는 물질인 아스타크산틴이 들어 있어서 일반 어유보다 더 고급 제품으로 판매된다. 아스타크산틴에는 "자연의 가장 강력한 항산화 물질"이라는 수식어가 따라다니고 먹는 선크림으로 활용할 수 있다는 등 건강에 유익하다고 홍보된다. 하지만 크릴 보충제 산업은 아직 걸음마 단계이고, 정말로 건강에 좋은지는 연구 결과가 대부분 확실하지 않다.

2월 중순에 나는 멀리서 거대한 저인망 어선 두 대가 크릴 떼를 싹 거두어가는 광경을 목격했다. 그러곤 생각했다. 저 배들이 없다면 새끼를 두 마리씩 키우는 턱끈펭귄 부모나 새끼 물개를 키우는 물개 어미가 크릴을 더 많이 사냥할 수 있을 텐데. 동물들이 먹지 않더라도 크릴이 남아 있어야 번식해서 크릴 개체 수가 더 많아질 텐데. 그 배들은 수평선에 계속 머무르며 굴뚝으로 연신 연기를 뿜어냈다. 후기 자본주의의 산물이면서 탐욕으로 움직이는 산업을 대표하는 저 금속으로 된 흉측한 괴물이 세계에서 가장 신비로운 수수께끼인 이곳 생태계까지 나타나다니. 현장 노트와 쌍안경으로 무장하고 펭귄들과 함께 생활해온 인간은 녹은 눈 위에 서서 그 모습을 가만히 쳐다보았다. 그리고 그쪽을 향해 중지를 치켜들었다가, 한숨을 뱉고 오두막 안으로 들어갔다.

시레프곶에서 내가 하는 일도 크릴 어업과 무관하지 않으므로 사실 무작정 비난할 수만은 없었다. 국제 행정기구인 CCAMLR이 설립된 목적도 크릴 어업 규정을 마련하는 데 필요한 정보를 얻을 수 있는 연구를 수행하는 것이다. 그러나 마이크와 그곳에서 함께 바닷새를 연구해온 동료들은 초창기부터 기후 변화가 시레프곶에서 진행할 연구의 중심이 될 것임을 예견했다. NOAA는 CCAMLR의 연구 계획에 부합하는 연구 사업을 운영하고 해마다 호주 호바트에서 개최되는 CCAMLR 연례 회의에서 미국 정부를 대표해 데이터를 제공한다. 어업은 대부분 단일 어종의 개체군 분석으로 관리되지만, CCAMLR은 국제 어업 협정 최초로 생태계 조사도 통합했다는 점에서 특별했다. 생태계 조사를 통합했다는 건 단순히 "크릴의 양이 얼마나 되나"에 급급하지 않고 크릴에 의존하는 동물들, 먹이사슬에서 크릴의 위치, 기후 변화, 크릴 개체군에 영향을 줄 수 있는 다른 요소들도 함께 고려한다는 것을 뜻한다.

거친 남극해를 바라볼 때면, 문득 과학이 규제와 묶이지 않았다면 어떤 모습이 됐을까 궁금해지곤 했다. 우리 캠프에서 수행해온 연구가 하나부터 열까지 전부 CCAMLR이 정한 데이터 수집 요건과 직접적으로 관련된 건 아니었지만, 그래도 우리 생태계 모니터링 사업의 기본 토대는 CCAMLR의 연구 계획이었다. 크릴 어업이 일어나지 않았어도 이곳에 모니터링 기지와 현장 조사 캠프가 필요했을까? 만약 우리가 다른 목적으로 이곳에 왔다면 무엇을 발견하고 무엇을 이해할 수 있었을까? 취약하고 외딴 이곳 생태계와 우리는 어떤 관계를 맺게 됐을까? 기후 변화가 생동감 가득한 이곳 해안의 근간을 위협할 만큼 바짝 다가온 지금, 우리가 지키고자 하는 것은 어떤 가치가 있을까? 경제적인 가치? 과학적인 가치? 아니면 그 이상?

✱

시레프곶의 생태계에는 가을의 힘이 더욱 강하게 미치기 시작했다. 겨울이 성큼 다가온 듯 느껴졌다. 2월 말에는 혼을 쏙 빼놓을 만큼 강력한 폭풍이 몇 차례 몰아쳤다. 아침에 일어나면 시레프곶 전체가 눈에 덮여 있었다. 오두막 문과 진입로, 덱이 전부 눈에 묻히고 기온은 영하 1도까지 떨어졌다. 초당 18미터를 넘는 돌풍도 울부짖었다.

눈은 거센 바람에 밀려 가로로 내리쳤다. 태양도 강하게 이글거렸다. 바람은 모든 게 눈에 덮인 평평한 풍경에 거대한 눈 더미와 그 위로 뾰족하게 튀어나온 꼭대기를 조각하듯 만들어냈다. 조약돌마다 눈이 쌓여서 돌 하나하나에 하얀 그림자가 생긴 것 같았다. 하룻밤 사이에 모든 게 제자리에 얼어붙었다. 펭귄들은 새하얀 땅 위에 파랗고 섬세한 발자국을 남겼다. 하얀 땅 위에는 구름 그림자가 짙은 색으로 드리워졌다. 맷과 칠레 오두막에 틀어박혀 데이터를 입력하는 동안 창문마다 눈이 쌓이고 바람이 지붕을 날려버리려는 듯 강하게 불어댔다. 홀로서기에 나서는 어린 펭귄들의 몸무게 측정도 마침내 끝났다. 그때부터는 더그가 장비를 부착한 얼룩무늬물범이 북쪽 해안에 돌아왔다고 호출할 때를 제외하곤 데이터 입력에 몰두했다. 호출을 받으면 물범을 다시 포획해서 장비를 회수하기 위해 모두 해변으로 갔다.

데이터 입력은 지루한 면도 있지만, 이번 시즌 내내 했던 일들이 오래전부터 축적된 자료와 합쳐지는 것을 보는 뿌듯함도 있었다. 우리가 관찰한 둥지 하나하나가 스프레드시트의 한 줄을 차지했다. 펭귄이 알을 낳은 날짜와 알의 개수, 부화일, 새끼의 수, 새끼가 크레슈에 들어간 날짜, 홀로서기를 떠나는 어린 펭귄의 몸무게,

폐사 여부까지 4개월 동안 매일 둥지를 찾아가서 관찰하고 수집한 모든 결과가 그 한 줄에 담겼다. 이전 시즌에 수집된 데이터가 표 위쪽으로 계속 이어져서 첫 줄인 1990년대 말부터 지금까지 수백 개의 줄이 쌓였다. 수천 시간의 관찰 결과가 전부 그 네모난 칸마다 깔끔하게 요약되고, 우리가 그랬듯 축축한 현장 캠프에서 지저분한 손으로 노트에 힘겹게 기록한 내용을 토대로 이렇게 표로 정리된 남극 전역의 다른 스프레드시트와 함께 분석된다. 나는 현장 연구자들이 남극 곳곳에 주둔한 작은 군대 같다고 즐겁게 상상하곤 했다. 우리 일의 특성상 제각기 떨어져서 일하지만, 우리가 모은 모든 데이터는 통합되고, 그래프의 점 하나는 다른 점과 이어져 인간의 삶과 연결되는 이곳 생태계의 상황을 그려낸다.

나는 이 데이터를 바탕으로 논문을 쓰려면 어떤 기술이 필요할까 생각했다. 무수한 숫자 속에서 결론을 도출하고, 그래프와 P값으로 생태계를 이해하는 기술은 나와 맞지 않는 일이라고 확신했지만, 데이터를 입력하는 동안 그 이후의 단계까지도 생각해보았다. 논문이 발표되면, 외교관들이 모여서 그렇게 나온 논문들을 바탕으로 정책에 관한 결정을 하게 되리라. 이곳의 얼음과 바다에서 나온 지식이 우리의 법률과 정책, 문화, 예술에 어떤 식으로 어떤 영향을 줄지 궁금했다. 연구 결과가 발표된 이후에 이루어지는 여러 일들, 즉 연구에서 배울 점을 찾고, 결과를 해석하고, 결과를 활용할 수 있도록 돕는 일 중에 내가 할 수 있는 일도 있을지 궁금했다.

칠레 오두막은 낮 동안 맷과 내가 함께 쓰는 사무실이 됐고, 밤에는 맷이 사람들과 부대끼는 스트레스를 피해 홀로 지내는 은신처가 되었다. 저녁 식사는 여전히 함께 먹었다. 샘은 잃어버린 이어폰을 한 달째 찾고 있었고, 휘트니는 잠시도 가만히 있지 않고 움직였다. 휘트니는 늘 저녁 식탁에 가장 마지막으로 앉고 가장 먼저 일어났다. 늘 뭔가 치우고, 정리하고, 장비를 고치느라 바빴다. 다들 와인과 마르가리타를 많이 마셨다. 시즌이 정말로 막바지에 이르니 캠프도 활기와 명랑함을 어느 정도 되찾았다.

더그는 사람들을 즐겁게 만드는 능력이 탁월해서 캠프 전체의 사기를 높이는 데 큰 역할을 했다. 저녁 식사 후에 다들 뭉그적대고 있으면 어김없이 더그가 이야기보따리를 풀기 시작했다. 대부분 자신의 "사랑스러운 여성 친구"나 과거에 만난 사람들과 있었던 일들에 관한 이야기였다. 다들 고개를 그쪽으로 돌리고 경청했고, 볼일이 있어 움직여야 할 때도 이야기에 방해가 되지 않도록 조용히 다녔다. 가끔 더그는 이야기 도중에 정신이 다른 데 가버린 사람처럼 천장만 응시한 채 꺼칠꺼칠한 자기 턱수염을 문지르면서 추억에 푹 빠졌다. 그러곤 보통은 조용히, 때로는 어깨까지 들썩이며 웃었다. 그럴 땐 우리가 앞에 있다는 걸 까맣게 잊은 것 같았다. 더그의 큰 눈과 생생한 표정은 이야기를 더욱 맛깔나게 만들었다. 게다가 결정적인 부분은 완벽한 타이밍에 딱 터뜨릴 줄 아는 이야기꾼이었다. 나는 더그가 현장에서 여러 세대에 걸쳐 수많은 동료에게 수십 번쯤 같은 이야기를 들려주었으리라는 확신이 들었다. 하지만 그의 이야기는 기계적으로 들리기보다는, 반복될 때마다 계속 다듬어지고 더 세밀하게 고른 세부 내용과 더 생생해진 인물 묘사가 돋보였다.

맷은 우리 오두막에서 저녁을 함께 먹지 않는 날이 많았다. 그런 날은 내가 접시 하나에 그날의 메뉴와 달콤하고 바삭한 디저트도 담아서 칠레 오두막에 가져다주었다. 조심스럽게 칠레 오두막에 들어가서 나무 조리대에 접시를 올려놓고 컴컴한 실내를 향해 "맷?" 하고 불렀다. 어둑하고 퀴퀴한 공기가 느껴지는 방 안에서는 휴대전화의 푸른빛만 희미하게 흘러나왔다. 맷은 거기 앉아서 십자말풀이 게임을 하곤 했다. "맷, 먹을 걸 가져왔어요. 꼭 먹어요." 나는 그 고독한 공간을 향해 말했다.

"고마워." 사람의 목소리처럼 느껴지지 않는, 덤덤하고 건조한 기계적인 반응이 돌아왔다.

맷에게 이번 시즌은 정말 힘든 시간이었다. 10년 넘게 오지의 연구 현장을 돌아다닌 그는 이제 그런 생활에서 벗어나고 싶은 것 같았다. 나는 슬럼프에 빠진 그를 보면서 좋은 기운을 불어넣으려고 열심히 노력하거나 그저 가만히 함께 있어 주거나 하며 양극단을 오갔다. 세인트조지섬에서 함께 일할 때는 맷이 다른 사람들과 떨어져서 혼자 지낼 수 있는 방이 합숙소에 따로 있었다. 또 그가 여러 해에 걸쳐 여름과 가을을 보낸 메인주의 섬들에는 요리와 식사 공간은 하나이더라도 잠은 각자 혼자 쓰는 텐트에서 따로 잤다. 그 외에 다른 현장에도 작게나마 분리된 혼자만의 공간이 있었다. 그러나 남극의 우리 캠프는 그렇지 않았다.

좋아하는 일이라는 이유로 현장 연구를 계속한다면 언젠가 나도 이 일에 질리는 날이 올까. 이런 의문이 자연스레 떠올랐다. 10년쯤 현장에서 일한 다음에, '이 일 말고 다른 일에 내 인생을 쏟았어야 했는데' 하는 아쉬움이 들 수도 있을까? 맷은 그저 혼자 있을 공간이 필요할 뿐인데 거기다 내 두려움을 너무 투사했는지도 모른다. 온갖 감정이 밀려들었지만, 예전처럼 맷과 이야기를 나누지 못하는 상황이 되자 내가 디디고 있던 땅이 일부분 사라진 듯한 기분이 들었다. 이곳의 척박한 산들에 마음이 이끌릴수록 맷과의 거리는 더욱 멀어졌다.

칠레 오두막에서 맷과 데이터를 입력하고 있던 어느 날 오후에 휘트니가 맥주를 들고 우리를 찾아왔다. 물개 몸에 부착한 장치 중 하나를 얼마 전에 회수했는데, 확인해보니 장비에 결함이 생겨서 데이터가 하나도 기록되지 않았다는 소식을 전했다. 가끔 일어나는 일이다. 야생 동물 연구는 예측할 수 없을 때가 있다. 하지만 혼란스러운 포획 작업부터 가스 마취, 등에 접착제로 기계가 부착되고 그 기계를 회수해야 하므로 또 붙잡혀야 하는 상황까지 물개 암컷이 겪어야 했던 모든 시련이 다 헛수고가 된 상황이었다. 우리가 연구를 이유로 동물에게 유발하는 스트레스가 사소하다고 느낀 적은 한 번도 없다. 동물들에게는 분명 엄청난 스트레스일 것이다. 동물의 생활을 방해해야 할 때마다 영향을 최대한 줄일 방법을 계획하지만, 포획 자체가 동물들에게 큰 스트레스를 유발하고 그들의 삶을 방해하는 일인 건 분명한 사실이다. 군집에 찾아가서 관찰하거나 하렘을 가까이서 지켜보는 일과는 다른 문제다. 하지만 물개 몸에 장비를 부착하는 건 먹이 사냥 패턴을 파악할 수 있는 데이터를 얻으려면 불가피한 방법이었다. 회로가 들어 있는 작은 상자를 동물 등에 붙여서 멀리 보내는 건 생태계를 보호하기 위한 수단이었다. 남극해 생태계의 미래가 걸린 일이었다.

이곳에서 연구한 전임자들의 줄기찬 노력 덕분에, 남극해에 상업적인 어획이 금지되는 '해양 보호구역Marine Protected Areas, MPA' 두 곳이 지정되었다. 2009년에 CCAMLR 회원국들은 그 시점에 확보할 수 있는 최상의 과학적 지식을 바탕으로 MPA의 경계를 확실하게 정하기로 합의했다. 그리고 2017년, 로스해에 텍사스주 총면적의 약 여섯 배에 해당하는 약 400만 제곱킬로미터의 범위가 세계 규모의 MPA로 지정되었다.

이후 세 곳의 MPA가 추가로 제안되었다. 하나는 아르헨티나와 칠레가 제안한 리빙스턴섬을 포함한 서남극 반도 지역이고, 다른 하나는 호주와 프랑스, 유럽연합이 제안한 동남극 연안의 세 구역이다. 그리고 마지막은 독일과 유럽연합이 제안한 남극반도 동쪽의 웨들해다.

MPA로 지정하자는 제안이 나오면 그 필요성을 뒷받침하는 증거에 위치 추적기로 수집된 데이터가 포함되는 경우가 많다. 2020년에는 남극해의 주요 생태구역Areas of Ecological Significance, AES을 정하기 위해 시레프곶에 서식하는 펭귄과 물개를 비롯해 남극 대륙 전역에 서식하는 총 17종의 새와 포유류 4,060마리를 추적 조사한 합동 연구 결과가 발표되었다. 남극 곳곳에서 생태계 연구에 참여한 82명의 연구자가 이 논문의 저자 목록에 이름을 올렸다. 연구 결과, 남극에서 다양한 포식 동물이 선호하는 구역과 어획 시간을 기준으로 어획이 가장 많이 이루어지는 구역이 겹친다는 사실이 밝혀졌다. 남아메리카와 남극반도 사이 드레이크 해협 바로 동쪽에 자리한 스코샤해 거의 전체 면적과 사우스셰틀랜드 제도까지 이어지는 지역도 주요 AES 중 한 곳이다. 이 연구에서는 각각 2009년과 2017년에 MPA로 지정된 사우스오크니 제도와 로스해에 AES의 27퍼센트가 포함되어 있다는 사실도 밝혀졌다. CCAMLR에 제안된 MPA 세 곳이 추가된다면 AES의 비율은 39퍼센트로 늘어난다.

CCAMLR이 MPA를 지정하려면 투표로 만장일치가 나와야 하는데, 8년째 내리 성사되지 못했다. 26개 회원국의 뜻을 하나로 모으기란 어려운 일이다. 호주 호바트의 CCAMLR 본부에서 열리는 연례 회의는 영어, 스페인어, 러시아어, 프랑스어까지 네 가지 공식 언어로 진행된다. 세부적인 사안은 실무단과 소위원회가 연중 수시로 만나서 해결하지만, 중대한 결정은 반드시 연례 회의에서 회원국 전체의 동의를 얻어야 한다. 남극해에서 가장 큰 규모로 어업을 벌이고 있는 두 국가인 중국과 러시아는 CCAMLR에 추가로 제안된 MPA에 아직 동의하지 않고 있다. MPA로 지정해야 한다는 제안의 근거는 명확하다. 하지만 항상 의심할 여지가 남아 있는 게 과학의 특징이다. 더 확실한 근거, 더 많은 데이터가 나올 가능성은 늘 존재한다. 그리고 이러한 특징은 정치적 의지가 부족한 결정들을 분산시키고 지연시키는 핑계로 활용된다.

샘, 휘트니, 맷, 그리고 내가 이 섬의 바위 위를 뛰어다니며 계속해서 더 많은 데이터를 수집하는 이유도 그래서다.

절망과 실망감을 우리에게 털어놓는 휘트니의 얼굴이 괴로움으로 일그러졌다. 장비가 제대로 작동하지 않는 이런 상황은 어떻게 받아들여야 할까? 연구 장비는 무조건 작동해야 하고, 정해진 목적을 다 이뤄내야 한다. 그게 보장되지 않으면 대체 우리가 여기서하는 일이 다 무슨 소용이란 말인가? 우리는 남극에서 지내는 동안 점점 통감하게 된, 야생 동물의 삶을 방해할 수밖에 없는 상황의 부담감에 관해 이야기를 나누었다. 맷은 휘트니를 달래려고 애쓰는 대신 그 절망과 분노를 이해한다는 듯 계속 고개를 끄덕였다. 휘트니에게 필요한 건 그게 다였다. 지난 긴 시간 동안 맷이 내게 바란 것도 그게 다였을지 모른다는 생각이 들었다. 맷은 문제를 해결하려고 애쓰지 않았다. 때로는 해결할 수 없는 일들도 있는 법이고, 그래도 괜찮다는 태도였다. 늘 낙관적이기만 하던 휘트니의 단단한 껍질이 녹아내렸다. 감정을 있는 그대로 보여준 것도, 기운이 빠진 모습을 드러낸 것도 그때가 처음이었다. 그동안 함께 즐거워했던 시간보다 그 순간에 나는 이 둘과 더 가까워진 것 같았다. 즐거움을 나누는 건 쉬워도, 4개월의 깊은 시간과 고장 난 수심 기록계의 고통을 함께하는 건 쉽지 않다.

15

3월 초

연구 시즌이 후반으로 넘어가는 기준은 "과학의 종료", 즉 데이터 수집이 모두 종료되는 때다. 그 즈음부터는 하루 종일 캠프를 닫을 준비를 한다. 맷과 나는 데이터 입력을 거의 끝냈지만, 물개팀은 아직 시레프곶 전체를 돌며 식별 태그가 붙은 물개가 있는지 더 조사해야 했다. 바닷새 연구팀이 수집해야 하는 마지막 데이터는 해변에서 발견되는 펭귄 사체의 수였다. 어린 턱끈펭귄들은 홀로서기를 위해 처음 바다로 나가다가 해안에서 기다리던 얼룩무늬물범의 먹이가 되는 경우가 많다. 물범이 펭귄을 가르고 살을 파먹은 뒤 남긴 가죽과 털, 뼈는 물에 떠다니다 육지로 밀려왔다. 시레프곶의 변화무쌍한 해류에도 떠밀려 온 잔해를 토대로 그해에 물범의 포식 활동이 어느 정도로 이루어졌는지 짐작할 수 있다. 과거 10년간 수집된 데이터를 보면 펭귄의 사체는 시즌별로 총 40~80구가 발견되었다. 태어난 새끼 펭귄의 총 10퍼센트에 식별 밴드를 부착하므로 사체 조사에서 대략 4~8개의 밴드가 회수된다.

어느 흐린 목요일에 우리는 해변 가장자리를 따라 걸으면서 사체를 세기로 했다. 나는 반달 해변에서 시작하고 맷은 북쪽의 펭귄 군집에서 시작해 중간에서 만나기로 했다.

바위를 따라 걷다가 사체가 보일 때마다 가서 확인했다. 내 예상보다 많은 사체가 해변에 흩어져 있었다. 대부분 어린 턱끈펭귄이었고, 턱끈펭귄과 마카로니펭귄(시레프곶과 가까운 섬에 살아서 가끔 이곳을 찾아온다) 성체의 사체도 일부 보였다. 거의 다 얼룩무늬물범에게 피해를 당한 흔적이 남아 있었다. 머리가 뜯기고 겉과 속이 뒤집힌 사체가 대부분이었다. 나는 몸을 굽히고 사체를 다시 원래대로 뒤집어서 식별 밴드나 위치 추적기가 있는지 확인했다. 해변의 조류와 뒤엉키고 젖은 깃털에 물거품이 가득 덮인 어린 펭귄들의 사체가 너무 많았다. 산등성이와 맞닿아 안쪽으로 살짝 들어간 해변 쪽으로 꺾자 사체가 무더기로 쌓여 있었다. 나는 쌓여 있는 사체를 하나씩 전부 살펴보았다. 두꺼운 고무장갑에서 펭귄의 살점 냄새가 진동했다.

해변은 꼭 전쟁이 휩쓸고 지나간 것 같았다. 사체는 해초 더미 아래에도 끼어 있고 바위 아래 모래에도 반쯤 묻혀 있었다. 거의 다 어린 턱끈펭귄이었다. 사체를 하나씩 끌어낼 때마다 내 마음은 더 깊이 가라앉았다. 조사를 시작하고 2시간이 지났을 때 맷에게서 무전이 왔다. 사체가 너무 많은데 내가 있는 쪽도 그런지 물었다. 우리는 몇 시간에 걸쳐 계속 죽은 펭귄의 수를 셌다.

중간 지점에서 맷과 만나 합쳐보니 사체는 총 741구였다(그해에 태어난 새끼 턱끈펭귄은 모두 3,562마리였다). 불과 몇 개월 전에 부모가 둥지에 낳은 알에서 태어난 펭귄들이었다. 추운 겨울을 이겨낸 부모 펭귄이 바다와 둥지를 열심히 오가면서 거친 남극해에서 잡아 온 크릴을 먹이고, 부모 펭귄 둘이 번갈아 가며 둥지를 성실하게 몇 달씩 지킨 덕분에 잘 자라서 몸에 진짜 깃털도 나고 바다에서의 새로운 삶을 시작하기 위해 풍덩 뛰어들었을 741마리의 새끼들이었다. 그런 그들이 바다로 나가자마자 얼룩무늬물범에게 잡아 먹힌 것이다. 우리가 홀로서기를 떠나는 어린 턱끈펭귄 몸에 부착했던 위치 추적기 다섯 대 중 네 대에서는 이미 신호가 끊겼다. 펭귄이 죽어서 기기가 심해에 가라앉았다는 의미였다.

사체 조사를 마치고, 맷과 나는 도둑갈매기 오두막에 앉아 동위소 분석을 위해 채취해 온 턱끈펭귄의 깃털을 깨끗이 닦았다. 조금 전까지 본 무수한 펭귄 사체 생각에 공기가 무겁게 가라앉았다. 사체가 엄청나게 많았다는 사실 외에 우리를 놀라게 한 또 한 가지는 식별 밴드가 하나도 발견되지 않았다는 것이다. 1개도 없었다. 우리는 홀로서기를 시작한 어린 펭귄의 10퍼센트에 식별 밴드를 달았다. 모니터링 장소인 시레프곶의 펭귄 군집 주변 해안에서 발견된 사체가 20구밖에 없었다고 해도 밴드가 최소한 1개는 나와야 했다.

만약 우리가 본 사체가 시레프곶에서 관찰한 펭귄들이 아니라면, 그 많은 사체는 다 어디에서 왔고 여기까지 어떻게 왔을까?

　　우리는 샌디에이고에 있는 펭귄 연구팀 리더에게 서둘러 이 사실을 이메일로 알렸다. 놀랍고 궁금한 마음과 슬픈 감정이 교차하는 가운데 이틀이 지나고 사흘째까지 답변이 오기만을 기다렸다. 아직 샌디에이고에서 근무 중이던 마이크와 이메일을 몇 차례 주고받은 결과, 마이크는 리빙스턴섬 인근의 다른 펭귄 군집지 중 한 곳에서 사체가 떠내려온 것 같다고 추정했다. 바다로 흘러든 사체가 해류가 합류하는 지점에서 시레프곶 쪽으로 이동했으리라는 것이 마이크의 추측이었다. 사우스셰틀랜드 제도 주변에는 작은 섬들이 많은데, 전부 턱끈펭귄의 거대한 서식지였다. 시레프곶에서 동쪽으로 30킬로미터쯤 떨어진 제드섬에도 턱끈펭귄 2만 쌍이 사는 서식지가 있고, 45킬로미터 정도 떨어진 스토커섬에는 그보다 조금 적은 1만 5,000쌍의 턱끈펭귄이 산다. 해마다 시레프곶에서 번식하는 턱끈펭귄이 3,000쌍 정도이니 그에 비하면 엄청난 규모다. 아마도 그 섬들에는 절벽을 가득 메운 펭귄들이 이곳보다 수천 마리 더 많을 테니, 우리 섬까지 이렇게 많이 떠밀려 올 만큼 죽은 펭귄이 많아도 큰 변동은 없을 것이다. 하지만 해변에 쌓인 그 무수한 사체들의 광경은, 태어나 첫해에 펭귄들이 맞닥뜨리는 포식의 현실을 너무나 선명하게 보여주었다.

　　그래도 나는 살아남아 바다로 떠난 펭귄들을 향한 희망을 놓지 않았다. 홀로서기를 시작하는 어린 펭귄들을 비롯해 바다로 나가는 펭귄들은 '포식자 포만'이라 불리는 전략을 활용한다. 포식자가 감당하지 못할 만큼 대규모로 무리 지어 한꺼번에 이동하는 전략이다. 한 덩어리로 지나가면 포식자가 사냥할 수 있는 개체는 소수에 불과하다. 물론 그 소수도 무사히 함께 지나갔어야 마땅한 펭귄들이지만 말이다. 얼룩무늬물범은 펭귄의 미래가 열리는 문을 지키고 선 문지기이자 펭귄으로서 살고자 하는 펭귄이 반드시 넘어서야 하는 첫 번째 큰 시험이었다.

물개팀이 장비를 부착해둔 마지막 얼룩무늬물범이 펭귄 군집 근처 해변으로 돌아왔다는 소식에 모두가 그쪽으로 갔다. 들고 이동하기에 불편하기 짝이 없는 장비들을 챙겨 들고 바위투성이 땅 위로 솟아난 언덕 사이를 한 줄로 걸어가는 우리는 꼭 구불구불한 길을 따라 이동하는 개미 떼 같았다.

물범을 붙잡고, 넓적한 등에서 귀중한 데이터가 담겨 있을 장치를 떼어냈다. 더그가 물범을 다시 깨우는 약을 투여하기 전에, 샘과 휘트니, 맷, 나는 장갑을 벗고 물범의 옆구리에 난 상처와 살집이 두둑한 겨드랑이, 단단한 앞발의 울퉁불퉁한 부분을 만져보았다. 그리고 따뜻하고 벨벳처럼 부드러운 털도 가만히 쓸어보았다. 얼룩무늬물범을 만져본 사람은 몇이나 될까? 퀴퀴하고 짠 냄새가 나는 물범은 정말 부드러운 바다의 괴물이었다.

✳

젠투펭귄 새끼들은 솜털을 벗고 깃털이 완전히 자라자 해안으로 점점 가까이 다가와 물에 몸을 담그거나 조수 웅덩이에서 노는 시간이 길어졌다. 짧게나마 바다에 나갔다가 오기도 했다. 아직도 부모 펭귄에게서 먹이를 받아먹는 새끼들도 있었다. 새끼가 자기 먹이를 직접 사냥하는 기술을 익히고 자신감이 생기면 그런 호사스러운 생활도 곧 끝날 것이다. 턱끈펭귄 새끼들은 계속해서 군집에서 해안으로 나와 홀로서기를 위해 바다에 뛰어들었다. 턱끈펭귄 성체들도 털갈이를 준비하기 위해 바다로 나갔다.

날아다니는 새의 털갈이는 대부분 몸의 한 부분에서 깃털이 빠지고 이어서 다른 부분에서 털이 빠지기 시작하는 식으로 진행된다. 그래야 털이 교체되는 중에도 계속 날 수 있기 때문이다. 이와 달리 펭귄의 털갈이는 대대적으로, 즉 몸 전체 깃털이 한꺼번에 빠지고 교체된다. 듣기만 해도 극적이란 느낌이 들 텐데, 실제로 보면 정말로 극적이다. 털갈이 시기가 된 펭귄은 먼저 바다에서 며칠간 먹이를 사냥하며 몸을 키운다. 새로 나는 깃털이 바다 환경에 적합한 상태가 될 때까지는 먹이 사냥도 중단해야 하므로 펭귄으로서는 육지에서 털갈이가 되도록 빨리 끝날수록 좋다. 털갈이를 하기 위해 바다에서 막 나온 펭귄은 몸집이 엄청나서 단번에 알아볼 수 있다. 그렇게 나온 펭귄들은 둥실둥실한 몸에 비해 작은 머리로 뒤뚱뒤뚱 털갈이하러 걸어간다.

털갈이는 대략 2주가 걸린다. 털갈이가 진행 중인 펭귄은 몸의 일부가 바람에 날아가는 동안 구부정한 자세로 주변을 노려보면서 가만히 서 있다. 번식기 펭귄은 자기 둥지에서 털갈이를 하고, 번식기가 아닌 펭귄은 해변 근처의 바위 위에서 털갈이를 마친다.

가장 먼저 짧고 뭉툭한 꼬리털부터 빠지기 시작한다. 새 깃털은 원래 있던 깃털을 밀어내면서 자란다. 아직 원래 있던 털이 다 빠지지 않은 상태로 새로운 깃털이 자라고 있는 펭귄을 보면 몸이 한껏 부풀어서 꼭 복어처럼 보인다. 꼬리털이 다 빠져서 사라지고 나면 더더욱 동그래진다. 색이 희미해진 오래된 털은 뭉텅이로 떨어져 나와 주변 땅을 온통 뒤덮는다. 털갈이할 때가 되면 턱시도를 차려입은 것처럼 선명하던 털의 경계는 희미해지고 흰색 영역에 검은색 털이 삐죽삐죽 섞여 경계가 울퉁불퉁해진다.

털갈이가 끝날 때까지 쫄쫄 굶으면서 너무나 많은 에너지를 소비하느라, 새 깃털을 말쑥하게 차려입은 펭귄들은 이제 막 홀로서기에 나선 어린 펭귄들처럼 홀쭉하다. 털갈이를 마친 지 얼마 안 된 펭귄이 크릴을 먹으려고 바다로 다급히 뒤뚱뒤뚱 돌아갈 때 잘 살펴보면 반짝반짝 빛이 나는 새 깃털 아래로 툭 튀어나온 갈비뼈가 보일 정도다.

나는 털갈이가 한창인 펭귄 군집을 지나다가, 남극에 도착해 처음 펭귄 무리를 봤을 때 펭귄들이 전부 똑같아 보였던 기억이 떠올랐다. 몇 달간 매일 펭귄을 들여다본 지금은 홀로서기를 위해 바다에 나갈 때가 된 새끼도 구분할 수 있고, 체형이 마른 펭귄과 건강한 펭귄, 털갈이하러 군집에 돌아온 성체와 털갈이 중인 성체, 털갈이를 다 마치고 바다로 돌아가는 성체, 아직 번식할 나이가 안 된 청소년기에 군집으로 돌아와 어슬렁거리는 펭귄, 암컷과 수컷, 짝짓기 쌍, 내가 지나갈 때마다 다가와서 때리는 펭귄을 전부 구분할 수 있게 되었다. 시즌이 끝날 무렵이 되자 펭귄이 한 무리로 모여 있어도 저마다 특징과 성격이 미세하게 다른 집단으로 보였다. 펭귄 보는 법을 알게 된 것이다.

털갈이 중인 펭귄이 너무 많아서 하얀 털이 비 오듯 우수수 쏟아졌다. 빠진 깃털은 땅에 물이 고여 있는 낮은 곳으로 모여서 지면 곳곳에 새하얀 물줄기와 웅덩이가 생겼다. 바람이 불면 깃털이 공중을 날아다니다가 바위 위에 쌓였다. 군집지 전체에 펭귄이 생애 한 철을 보내고 남긴 흔적들이 가득 쌓였다.

시즌이 끝나가면서 우리 캠프도 털갈이를 시작했다. 내내 쌓아놓고 살던 잡동사니를 치우기 시작한 것이다. 제시는 큰 오두막을 열정적으로 치워나갔다. 시레프곶에 온 건 이번이 겨우 두 번째라 이곳에서 오랜 시간을 보낸 사람들처럼 감상에 젖을 일도 없었던 제시는 어둑한 구석에 치워둔 물품 가방 안에 수십 년간 그대로 보관된 쓰레기가 얼마나 많은지 발견하곤 기겁했다. 구식 기계들의 설명서가 잔뜩 담겨 있던 상자도 비우고, 파티용품으로 쟁여둔 잡동사니 플라스틱들도 다 버렸다. 쓰레기통은 곰팡이가 잔뜩 낀 물건들로 금세 가득 채워졌다.

제시의 열정적인 청소는 더그에게도 전염되었다. 어느 날 밤, 저녁 식사를 마치고 다들 뭉그적대고 있을 때 나는 혹시 고무줄 공을 본 사람 없냐고 물었다. 언젠가부터 그 공이 보이지 않았다. 그러자 더그가 "아, 그거 내가 버렸어요"라고 명랑하게 대답했다. 샘과 나는 너무 놀라 아무 말도 못 하고 더그의 얼굴만 빤히 쳐다보았다. 샘과 내가 그 공을 만들 때(우리가 고무줄에 새 생명을 불어넣었을 때라고 해야 하리라), 우리가 그걸 만들며 친해지는 동안 이곳에 없었던 더그는 그 공이 우리에게 어떤 의미이고 얼마나 소중한 물건인지 알 턱이 없었다. 뜻밖의 반응에 당혹스러운 얼굴로 우리를 바라보던 더그는 눈썹을 찌푸리며 당황한 목소리로 얼른 변명했다. "그게, 고무줄이 너무 약해서 자꾸 끊어지고 공이 사방으로 굴러다녀서 그랬어요. 탁자 위에 쓸모없는 고무줄이 쌓이기도 하고." 샘과 나는 "네, 알았어요. 괜찮아요"라고 대답했지만, 사실 기운이 빠졌다. 우리의 소중한 친구가 그렇게 쉽게 버려지다니. 더그는 어리벙벙한 얼굴로 사과했다. 하지만 자신이 해야 할 일을 했다고 생각하는 듯한 눈치였다.

그 후로 더그는 자기 눈엔 쓰레기처럼 보이지만 누군가 은밀히 감상적인 의미를 부여했을 가능성이 조금이라도 엿보이는 물건이면 버려도 되는지 반드시 확인했다. 이거 종이 클립인데, 버려도 괜찮을까요? 선반에 두 달 전부터 놓여 있던 1페니 동전은 혹시 누가 일부러 둔 건가요? 추상적인 낙서를 그려놓은 이 메모지, 필요한 사람 있어요? 이거 혹시 의미 있는 거예요?

맷과 나는 펭귄 군집지로 가서 도둑갈매기 오두막을 청소하고 물품 목록을 작성했다. 그리고 오두막의 월동 준비를 시작했다. 물기가 잘 마를 수 있도록 맑은 날을 골라서 바닥도 청소했다. 바닥에 표백제와 청소 세제, 모아둔 빗물을 붓고 박박 문지른 후 고무 걸레로 시꺼먼 물을 문밖으로 빼냈다. 그렇게 두 번을 청소하고 헹구고 나서도 여전히 뿌연 갈색 물이 나왔다. 사실 청소해도 크게 달라질 건 없었다. 그래도 처음으로 바닥 합판의 결이 드러나서 이런 모양이었냐며 감탄했다.

이후에는 며칠 동안 도둑갈매기 오두막 곳곳의 합판이 벌어진 곳을 찾아서 틈을 메우고, 물통을 닦고, 빗물받이도 치우고, 표면마다 표백제를 넉넉히 뿌려서 닦았다. 다 쓴 프로판가스통은 전용 틀에 넣어서 캠프로 가져다 놓고, 다음 시즌에 쓸 수 있도록 프로판가스를 꽉 채운 통을 새로 가져다 두었다. 펭귄 조사용 작업복은 큰 쓰레기 봉지에 담아 밀봉한 다음 캠프로 가져와서 쓰레기 더미에 던졌다. 도둑갈매기 오두막의 외부 바닥은 틈을 메워놓을 때마다 호기심이 왕성한 새끼 젠투펭귄들이 나타나 다 마르기 전에 자꾸 쪼아보고 뜯어내려고 해서 여러 번 다시 메워야 했다.

맷과 나는 캠프를 닫을 준비와 별도로 우리만의 마지막 의식을 준비했다. 이번 시즌 내내 우리는 문신 이야기를 했었다. 나는 시레프곶에 올 때 문신용 작은 잉크와 바늘 꾸러미를 챙겨 왔는데, 양말에 보관한 다음 계속 침대 머리맡에 두었다. 물개팀에도 맷과 나는 문신을 새길 계획이라고 알리고, 혹시 원하면 함께 하자고 했다. 원래 문신이 있던 휘트니는 남극 순환류 모양의 화살표 무늬 2개를 추가하고 싶다고 했다. 도둑갈매기 오두막의 월동 준비를 마치고 판자로 문과 창문을 완전히 막기 며칠 전에 맷과 휘트니는 그곳에서 내게 문신을 받기로 했다. 남극에서 문신 새겨주는 사람은 아마 내가 유일하지 않을까 싶었다.

　물개팀이 오두막에 들어서자 맷은 예의 바르게 웃어 보이곤 밖으로 나갔다. 한 공간에 네 명이 함께 있는 상황을 그는 여전히 힘겨워했다. 샘과 휘트니, 나는 긴장을 풀려고 와인을 따라 마셨다. 휘트니는 프로판 난로를 켜고, 탁자 위에 앉았다. 그동안 나는 필요한 도구를 전부 소독하고 새 바늘을 꺼냈다. 휘트니의 피부를 알코올 패드로 문지른 다음 바늘로 찌르기 시작했다. 샘은 옆에 의자를 놓고 앉아서 구경했다.

　나는 휘트니가 따끔거리는 느낌에만 몰두하지 않도록 가족에 관해 이것저것 물었다. 얼굴이 하얗게 질린 채로 이야기하던 휘트니가 갑자기 "나 기절할 것 같아"라고 말했다. 내가 손놀림을 멈추고 괜찮은지 살피는데, 휘트니가 앞으로 푹 고꾸라졌다. 내가 손쓸 새도 없이 샘이 얼른 휘트니를 붙잡더니 깃털처럼 가볍게 들어 올려서 공기를 쐴 수 있도록 밖으로 데리고 나갔다. 배를 반쯤 내놓고 앉아서 문신을 받다가 기절한 휘트니와 그 순간 그녀를 인형처럼 번쩍 들어 올려서 도둑갈매기 오두막 문을 열고 나가던 샘의 모습은 내게 영영 잊지 못할 기억으로 남았다. 휘트니는 성격이 워낙 강해서 체구가 정말 작은 사람임을 잊을 때가 많았다. 의식을 잃은 휘트니는 한 마리 작은 새 같았다.

　휘트니는 밖으로 나가자 몇 초 만에 깨어나서 숨을 여러 번 깊이 들이마셨다. 샘과 나는 휘트니 주변을 계속 서성였다(나는 캠프의 의료 책임자인 만큼 더더욱 불안해서 서성였다). 우리는 워낙 오두막 내부가 건조한 데다 사람들의 온기와 와인의 기운도 작용했을 것이고, 휘트니가 탁자 위에 앉아 있느라 위로 올라간 난로 연기를 더 많이 들이마시고 바늘로 찌르는 따끔한 통증까지 더해져서 이런 사달이 일어난 것 같다고 추측했다. 나는 프로판 난로를 끄고 창문을 전부 활짝 열어젖혔다. 그리고 휘트니의 물통에 물을 새로 채워준 다음 갈비뼈 위에 순환류 모양을 마저 새겨 넣었다. "아주 재밌었어요." 휘트니는 다 끝나고 작업복 단추를 다시 채우면서 환한 얼굴로 말했다. 오두막에서 나갈 때는 다시 우리가 잘 아는 휘트니로 돌아왔다. 잠시였지만 정말 기겁했던 샘과 나는 서로 안도의 시선을 주고받았다.

그런 일이 있었지만, 문신 새기는 일을 포기하진 않았다. 도둑갈매기 오두막을 닫기 며칠 전에 나는 맷과 내 몸에 바람을 상징하는 아즈텍족의 문양을 새겼다. 예전에 맷과 알래스카에서 일할 때, 우리가 머문 섬의 이름이 알류트어로 "바람"을 뜻하는 곳이라, 엄마가 그 문양을 작은 천에 직접 수놓아서 내게 보내줬었다. 맷도 정말 마음에 든다고 해서 엄마는 그의 것도 하나 더 만들어 보내주었다. 남극에 온 초반에 맷은 그 문양을 문신으로 새기면 멋지겠다고 했고, 나는 정말로 새기면 어떤 기분일지 느껴볼 수 있도록 그의 손목에 펜으로 문양을 두어 번 그려주었다. 맷은 일단 나부터 새겨보라고 했다.

문신 새기는 기술은 미드웨이 환초에서 일할 때 만나 좋은 친구가 된 동료에게 배웠다. 그때 생전 처음으로 그 친구의 팔뚝에 문신을 직접 새겨주었다. 붉은색 꼬리를 가진 열대새 두 마리가 구애하며 서로 둥글게 도는 모양이었다. 내 발에는 그 친구가 새겨준 앨버트로스 발자국이 길게 새겨져 있다. 그곳 섬 곳곳에서 볼 수 있던 자국이기도 하면서, 그 섬에서 우리와 함께 지낸 존재의 흔적이자 우리가 따라 걸어간 자국, 우리가 떠난 뒤에도 남을 자국이었다.

　우리가 새긴 문신이 눈에 띄기 시작하자 섬사람들이 찾아와서 혹시 새겨줄 수 있느냐고 물었다. 그리하여 나는 사람들의 피부를 우리와 함께 살아가는 새들의 모양으로 꾸며주는 미드웨이 환초의 상주 문신 기술자가 되었다. 섬 주민들은 남들에게 자랑하려고, 관광객들은 섬을 찾아온 기념으로 문신을 새겼다. 나중에는 필요한 도구를 탁자에 쫙 늘어놓은 뒤 손에는 고무장갑, 머리에는 헤드램프를 착용하고서 멸균된 바늘을 신속히 하나씩 뜯어내며 능수능란하게 작업했다. 그곳의 태국 사람들은 나를 '나이 박사님'이라고 부르기 시작했다.

　열대새, 앨버트로스, 제비갈매기, 팔 전체를 덮은 군함조 무리까지, 온갖 새들과 새 날개들을 얼마나 많이 새겼는지 모른다. 섬에 근무하는 다섯 명의 공군 소방관 중 네 명이 내게 문신을 받았고, 온몸이 문신으로 뒤덮인 사람도 와서 문신을 추가했다. 몸에 문신이 몇 개 없는 사람도 있었고, 처음 문신을 새긴 사람도 있었다. 평소에 나와 친하게 지내던 사람들도 왔고, 잘 모르는 사람들도 왔다.

　바늘로 새기고 또 새기면서, 나는 우리가 다른 생물의 어떤 면에 마음이 끌려서 몸에 새기고 싶다는 생각까지 하게 되는지 궁금했다. 새들의 특정한 몸짓이 사람들에게 그토록 큰 의미로 다가오는 이유는 무엇일까? 깃털 달린 새들에 둘러싸인 미드웨이 환초에서 새들의 존재는 사람들의 삶에 문신으로 영원히 새겨졌다. 우리가 온전한 존재가 되기 위해서는 다른 존재가 필요하다. 문신은 이런 사실을 물리적으로 표현하는 행위가 아닐까? 피부가 우리 내면의 캔버스이고, 문신은 그 캔버스 위에 우리가 느낀 것들을 그리는 일인지도 모른다.

인생의 10년을 외딴섬에서 바닷새들을 연구하며 살아온 맷에게, 바람은 새의 날갯짓으로 생겨나는 생명의 숨결이었다. 새가 날기 위해서는 바람이 반드시 있어야 한다. 바람은 우리가 연구하는 새들처럼 바다에서 왔다가 다시 바다로 간다. 내게 바람은 텅 비어있고 무엇으로도 이루어져 있지 않아 더욱 강력하게 다가왔다. 바람에는 변화가 담겨 있다. 바람이 지나간 세상은 달라진다. 그리고 바람은 계속 움직이지 않으면 사라진다. 우리 둘 다 시레프곶에서 지내는 동안 너무 많은 바람과 맞서야 했지만, 바람은 오지 생활의 엄청난 즐거움이자 우리가 함께 경험한 세상의 상징이기도 했다.

시레프곶을 마지막으로 연구 현장에 오랜 시간 머무르는 생활을 이제 정리하게 될 맷에게 그날 새긴 문신은 현장에서 보낸 긴 세월을 기념하는 마침표였다. 도둑갈매기 오두막에 앉아 문신을 새기면서 우리는 앞으로 어떻게 지낼 것인지 이야기를 나누었다. 맷은 안정적인 생활이 너무 절실하다고 했다. 한곳에 머물며 그곳에 뿌리내리고 지내는 기분을 느껴보고 싶다고도 했다. 그는 알래스카에서 쭉 지내왔다. 배 위에서 산 적도 있고 주인 없는 남의 집에 머물거나 작은 아파트에서 살기도 했다. 그러다 현장으로 떠날 때가 되면 짐을 싸 들고 목적지로 떠났다. 안정감을 느낄 만큼 한곳에 오래 머문 적은 한 번도 없었다.

맷도 나처럼 잠시도 가만히 있질 못하는 사람이었다. 하지만 우리 둘 다 여행에 대한 갈망, 바다 가장자리에 솟은 광활한 산을 오르고 싶은 마음, 이곳저곳 옮겨 다니고 싶은 마음과 더불어 다시 돌아올 수 있는 나만의 장소, 삶을 바라는 상반된 마음이 서로 팽팽하게 맞섰다.

우리는 종종 한곳에 뿌리를 내리고 사는 생활과 현장 연구자로 사는 생활 중 하나를 선택해야 한다고 느낄 때가 많다는 이야기도 나누었다. 현장 연구가 생활이 되면, 여행과 모험이 일상이 되고 일을 하면서도 다음에 할 일을 계속 생각해야 한다. 다음에 일할 자리에 지원서를 넣고, 일자리를 검색하고, 준비할 게 있는지 늘 신경 써야 한다. 흥미진진하지만 불확실하고 불안했다. 나는 맷에게 미드웨이 환초에서 만난 의사 보조의 이야기를 해주었다. 그는 1년 중 일정 기간만 그 외딴섬에서 일하고 나머지는 플로리다주에 있는 집에서 지냈다. 맷은 야생 응급구조 훈련을 받으면서 인체가 기능하는 다양한 방식과 퍼즐을 풀 듯 병을 진단하는 일이 매력적이라고 느꼈다. 지금부터 의학 공부를 시작하고 필요한 자격증을 따면, 1년 중 일부는 먼 곳에서 지내고 나머지 시간은 안정적인 삶을 누릴 수도 있을 것이다.

맷은 내게 저널리스트가 어울린다고 했다. 생태계의 새로운 사실을 밝혀내는 연구나 시레프곶처럼 세상과 동떨어진 곳으로 떠나는 일에 관한 글을 쓰고, 연구자들과 만나 인터뷰하는 일을 하면서 살면 어떨까. 저널리스트인 부모님을 보면서 자란 나는 부모님과 같은 일을 한다는 생각만으로도 꺼려졌다. 주로 다루는 분야가 생태학이라 해도 말이다. 그보다는 연구가 완료되고 논문이 나온 이후의 일들이 더 궁금했다. 연구에서 새로 밝혀진 사실들이 사회가 우리를 이미 감싸고 있는 생태계와 통합되는 일이나 더욱더 회복력을 갖춘 세상이 되는 일에 어떻게 활용되는지 알고 싶었다. 그런 세상이 된다면, 인간이 다른 생물과는 다르다고 여겨지거나 모두의 위에 군림하는 존재가 되지는 않을 것이다. 그런 세상이 온다면 우리가 살아가는 생태계가 우리 자신의 피와 살처럼 친근하게 느껴질 것이다.

16

3월 중순

시레프곶에 겨울이 더 바짝 다가왔다. 우리의 시간도 끝을 향했다.

새끼 물개들은 금방금방 자라서 자유롭고 독립적인 개체로 살아갈 준비를 했다. 보통 물개는 태어나 4개월간 어미 젖을 먹다가 거의 4월이 다 되어갈 즈음 젖을 뗀다. 3월이 되면 어미 물개들은 해안에 하루나 이틀 머물며 새끼들에게 젖을 먹이곤 다시 바다로 나가서 먹이를 먹는다. 그 무렵 새끼들 몸에서는 솜털이 빠지고 체온을 따뜻하게 유지해줄 매끈한 은빛 털이 새로 자란다. 새끼들은 번식할 나이가 될 때까지 바다에서 3년을 지낸다. 육지에 머무르던 수컷들은 번식기에 소진된 기력을 회복하려고 이미 오래전에 해변을 떠나 바다로 갔다.

새끼 물개들은 시레프곶 중심부의 산과 산 사이에 녹은 눈과 빗물이 고여 형성된 못에서 수영 연습을 했다. 꼭 어린이 전용 수영장 같은 그 연못에서는 새끼들이 풍덩 뛰어드는 소리, 꽥꽥 고함치는 소리, 으르렁대는 소리, 다른 곳에서 또 풍덩 뛰어드는 소리까지 아이들로 북적이는 공공 수영장에서 나는 것과 비슷한 소리가 가득했다. 친구들과 함께 있을 때 훨씬 담대해지는 것도 어린아이들과 꼬마 물개들의 공통점이었다. 나는 펭귄 군집에 다녀오는 길에 가끔 이 연못을 보려고 일부러 내륙으로 오는 길을 택했다. 내가 연못 끝에 서 있으면, 물에서 놀던 작은 물개들이 한가득 다가와서 내게 코를 대고 킁킁댔다. 수염이 삐죽 돋아난 축축한 코를 내 바지에 꾹 대고, 내가 들고 있는 스키 폴을 잘근잘근 씹기도 했다. 갑자기 나타난 낯선 존재에 대한 흥미가 떨어지면 다시 물속에 들어가 헤엄치고 공기 중으로 붕 날아오르는 연습을 했다. 가끔은 물 위에 누워 앞발을 자신의 흐릿한 베이지색 배 위에 올려놓고 둥둥 떠서 가만히 하늘을 응시했다.

그런 모습을 보고 있으면, 이 꼬맹이들이 몇 달 뒤에는 바다로 나가 수백 킬로미터를 이동하리라는 게 믿기지 않았다. 어느 날 저녁에는 새끼 한 마리가 우리 캠프 앞에 쌓아둔 나무 문짝 더미 위에 올라가서 떡하니 버티고 자기 영역인 양 지키기 시작했다. 다들 저녁 내내 그 모습을 구경했다. 물개는 문짝 위로 폴짝폴짝 뛰어서 올라가 최대한 넓은 공간을 차지하고 거기가 정말 편한 것처럼 누웠다. 다른 새끼들이 다가오면 마구 점프하고 으르렁대며 쫓아내곤, 자리를 비운 사이에 누가 차지하기라도 했을까 봐 얼른 원래 있던 곳으로 돌아왔다. 공중에 날아다니는 깃털에 홀려서 정신을 못 차리는 새끼 물개도 있었다. 너무 궁금했는지 깃털 하나를 먹어보더니, 정말 맛이 없다는 듯 자기 입을 마구 때리며 괴로워하다가 뱉어냈다. 우리는 전부 창문 앞에 모여서 손에 칵테일 잔을 들고 지켜보면서 깔깔 웃어댔다. 별것 아닌 일에도 재밌게 잘 노는 게 우리인지 물개들인지 알 수가 없었다.

시즌이 막바지로 향할수록 캠프 전체에 우리만의 버릇과 인용구, 아는 사람들만 웃을 수 있는 농담, 고유한 생활 방식이 점점 더 확실하게 자리를 잡았다. 다른 현장에서도 동료들과 몇 개월을 함께 생활하면 공통 경험이 공통 언어가 되곤 했었다. 시레프곶도 예외가 아니었다. 우리는 동물들에게 고유한 목소리와 성격을 부여했다. 우리에게 웨들해물범은 머릿속으로 오페라를 부르는 동물이었다. 코끼리물범은 머리를 아주 천천히 움직이고, 턱끈펭귄은 마음에 안 들면 찰싹찰싹 때리는 동물이 되었다.

어릴 때 이사가 워낙 잦아서 어딜 가나 이방인이었던 나는 새로운 곳에서 접하는 새로운 문화와 나 사이에 유리판 하나가 놓여 있고 그 너머로 내다보는 것 같다고 느끼며 살았다. 국제학교에는 나처럼 부모님의 직업 때문에 낯선 문화 속에 뚝 떨어진 비슷한 처지의 아이들이 있었다. 낯선 곳에서 함께 지내는 사람들끼리는 서로 금세 친해지고, 잘 모르는 세상을 함께 탐색하는 동안 끈끈하고 오래 지속되는 우정이 피어난다. 내게는 그런 우정이 고향에 온 것 같은 안락함을 주는 유일한 원천이었다. 때로는 내가 처음 본 도시의 부산한 거리든 남극의 황량한 풍경이든, 익숙하지 않은 세상의 생경함과 이겨내야 하는 곤란함이 있어야만 사람들과 친해지는 것 같다는 생각도 들었다.

남극의 섬에서 우리를 하나로 만든 건 그 섬에서 함께 지낸 다른 생물들이었다. 그 생물들은 우리 눈앞에 있던 유리를 깨뜨리고 벽을 무너뜨렸다. 덕분에 우리는 우리를 둘러쌌던 세상에서와 똑같이 이상하고 혼란스럽게 지낼 수 있었다. 새끼 물개의 축축한 코, 펭귄의 앞날개, 도둑갈매기가 시끄럽게 울어대는 소리는 우리를 하나로 연결하는 끈이 되었다. 우리의 남극 생활은 동물들을 통해서 서로 더욱 가까워질 수 있었다. 나는 샘이 물개의 습성과 괴짜 같은 특징을 기가 막히게 흉내 낼 줄 안다는 사실을 알게 되었다. 휘트니는 눈보라가 가장 거세게 몰아치는 날조차 낙관적인 시선과 명랑함을 뿜어내는 사람이었고, 나는 갈수록 그런 휘트니에게 더 많이 의지했다. 나와 모든 일상을 함께 나눈 맷은 동물을 포획해야 할 때는 침착하고, 데이터를 모을 때는 꼼꼼하고, 주변을 돌아다니는 펭귄들을 보면 항상 즐거워하는 사람이었다.

두 가지 상반된 감정이 내 마음속에 큰 소용돌이를 일으켰다. 이제 이곳에서의 일을 마무리하고 쉬고 싶기도 하고, 이 척박한 섬에 닻을 내리고 절대 떠나는 일 없이 영원히 살고 싶기도 했다. 새끼 물개들, 새끼 펭귄들이 유일하게 알고 있는 세상의 가장자리로 나와서 불확실하고 광활한 새로운 세상으로 풍덩 뛰어들 수 있다면, 우리를 태우고 갈 배가 왔을 때 나도 용기를 내어 배에 오를 수 있으리라. 그리고 내게 익숙한 곳, 캘리포니아 어느 숲속의 작은 집으로 떠날 수 있으리라.

　부모님은 내가 태어난 해에 샌타 바버라에서 30분 거리에 있는 국유림의 통나무집 한 채를 샀다. 대학생일 때는 현장 연구에서 돌아오면 학교로 갔지만, 졸업 후에는 현장에 다녀올 때마다 이 숲속 오두막을 찾았다. 그러곤 100년 묵은 오크 아래에서 지난 시즌을 정리하고 다음 현장을 준비했다. 내게는 일종의 중간 기착지인 그곳에 짧게는 며칠, 길게는 몇 달간 머물렀다. 근처에 이모들과 삼촌들도 살고 있어서, 그곳에서 지내는 동안에는 메마른 산쑥이 우거진 지대와 개울을 건너 친척들을 만나러 가곤 했다. 내가 찾아가면 이모들, 삼촌들, 사촌들이 먹을 걸 잔뜩 차려주고 내 이야기에 귀를 기울였다. 다음 현장으로 떠날 때는 공항이 있는 시내까지 차로 바래다주기도 했다. 나는 잠깐씩 머무르는 그 오두막을 정말 좋아했지만, 내 집처럼 느껴지진 않았다. 큰 여행 가방과 항공권을 들고 훌쩍 떠나는 게 여전히 행복했다.

　시레프곶에서의 시즌이 끝나면 이번에도 그 오두막으로 돌아가서 2주 정도 지낸 후 다시 떠날 예정이었다. 이곳에서의 첫 번째 시즌이 끝나고 두 번째 시즌이 시작되기 전까지 6개월 정도 시간이 있었다. 이곳에 있는 동안 통장에 돈이 어느 정도 모였을 테니, 나는 그 돈으로 그동안 가고 싶었던 곳에 여행을 다니고 여러 나라에 흩어져 살고 있는 그리운 친구들을 만나면 좋겠다는 생각에 푹 빠져서 지냈다. 현장 연구를 마치고 나면 보통 슬럼프가 찾아오는데, 여행을 다니면서 그런 마음을 어느 정도 털어낼 수 있을 것 같았다.

현장 연구를 처음 시작했을 때는 일상으로 돌아오는 게 힘들었다. 하지만 몇 년이 지나고 나니 생활의 이런 변화에도 익숙해졌다. 어떤 것들은 수월해지기도 했다. 더그는 오히려 갈수록 더 힘들게 느껴진다고 했다. 현장에서 오래 일할수록 어느 곳에도 소속감을 느끼지 못하게 된다.

메인주와 알래스카에서 처음 현장 연구를 경험하고, 섬을 떠나서 다시 고풍스러운 대학 도시로 돌아왔을 때, 생활하는 환경뿐만 아니라 내가 환경을 느끼는 방식도 전부 바뀌었다. 내가 일했던 섬들에서 경험한 일들, 갓 태어난 새끼의 작고 여린 몸, 번식기의 부산함, 포식 활동, 날씨를 이겨내고 살아남으려는 고투, 홀로서기에 나선 동물들의 마지막 카타르시스와 생존을 향한 희망은 생과 사가 오가는 가장 극적인 순간들을 체험한 것임을 깨달았다. 섬에서 느낀 생생한 감동은 내 상상력과 의욕에 엄청난 에너지를 불어넣었다. 학교로 돌아온 뒤에는 1년을 어떻게 보내고 무엇을 달성할지 계획과 아이디어가 넘쳐흘렀고, 기대감으로 가득했다. 세인트라자리아섬에 다녀온 후에는 매일 아침 6시 정각에 일어나 달리기를 하고 정치 이론서로 채워진 독서 목록을 하나씩 해치웠다. 세인트조지섬에서 돌아왔을 때는 학교 캠퍼스를 식용 작물을 키우는 텃밭으로 바꾸고 궁극적으로는 대학이 속한 도시 전체를 식량 작물의 천국으로 바꾸는 계획에 골몰했다. 현장 연구는 항상 내가 나와 더 가까워지게 해주었고, 내게 주어진 시간을 최대한 활용해야 한다는 필요성을 일깨워주었다.

하지만 몇 주간 학교생활을 하다 보면 그 불꽃 같은 열정은 사그라들었다. 섬에 있을 때부터 떠올린 계획을 실행하려면 얼마나 큰 에너지가 필요한지를 깨닫고, 새로운 계획을 세우느라 여념이 없을 때 불현듯 일어나는 일들 역시 내 인생임을 깨달았다(이건 할아버지가 자주 하시던 말이었다). 현장에 있을 때 불쑥 떠오른 영감을 붙들고 다급하게 세운 계획들이 생각처럼 그렇게 단순하지 않고 간단한 일이 아니라는 것도 깨달았다.

고상한 대학 도시로 돌아오고 나면 달라진 환경을 체감하면서 무감각해졌다. 해양 생태계의 거친 동요가 없는 곳에서는 나와 다른 생물들은 이질적으로 느껴져 유대감을 느끼기도 쉽지 않았다. 전체적으로 무엇도 잘 느껴지지 않았다. 내 주변에는 들꽃 대신 관상용으로 심어놓은 나무가 있고, 둥지를 튼 바닷새 대신 보도 한쪽에 놓인 벤치와 지나가는 자동차가 있었다. 마치 실존의 문이 쾅 하고 닫히고, 내 마음의 다양한 결 위에 콘크리트를 부어서 평평하게 덮어버린 기분이었다. 덮여버린 그곳이 내게는 미로의 중심이었다. 인간이 느낄 수 있는 모든 것을 온전하게 느끼려면 다른 형태의 생명들과 그 생명들에게서 발산되는 혼란스럽고 찬란한 아름다움이 꼭 필요하다는, 가장 기본적이고 자명한 생각이 바로 거기에 있었다.

나는 감정이 풍부했던 적이 없다. 고등학교 때는 '가장 현실적인 사람'을 뽑는 투표에서 가장 많은 표를 받은 적도 있다. 대학 시절에 장거리 연애를 한 적이 있었는데, 그때 마침 인터넷에서 유행

하던 바보 같은 테스트를 발견했다. 연애할 때 서로 감정을 소통하지 않는 사람을 가려낼 수 있다는 테스트였다. 한달음에 테스트를 마친 나는 한 친구에게 그 결과를 보여주고 마침내 내가 어떤 사람인지 알게 됐다고 말했다. 친구는 내게 이 테스트 조건에 들어맞는 사람이란 생각을 예전에도 해본 적이 있느냐고 물었다. 나는 테스트 문항들을 다시 읽어보았고, 마음이 차분해지면서 점점 확신이 들었다. 그게 나였다. 나는 늘 그런 사람이었다. 그때 내가 만나던 사람도 나와 비슷했다. 물론 그럼에도 우리가 서로 사귈 수 있었던 이유도 있었을 것이다.

내 감정의 에너지는 바닷속 가장 어둡고 깊은 층과 비슷하다. 눈에 보이지 않을 만큼 깊은 곳을 천천히 흐르는 심해의 차가운 물은 바다의 모든 해류를 끌어당긴다. 해저에서부터 솟아오른 섬들은 늘 내 마음의 가장 깊은 그곳까지 다가왔다. 대체로 냉정한 현실에 고립되어 살던 내가 감정에 완전히 사로잡히는 순간과 맞닥뜨렸을 때, 그 순간에 더 깊이 매료되는 것도 그래서인지 모른다. 나는 그런 순간들을 마음에 담아두고 손때 묻은 인형처럼 이리저리 뒤집어본다. 어떻게 작동하는지 알고 싶어서 이곳저곳 잡아당겨 보기도 한다. 그런 순간이 나를 움직이게 만든다.

*

시즌이 끝날 무렵부터 우리에게는 재고 정리라는 어마어마한 임무가 주어졌다. 꽁꽁 언 땅에서 5개월 동안 다섯 사람이 과학 연구를 하고 생활하려면 정말 많은 것들이 필요하다. 시즌이 끝날 때가 되면 그 물품들의 내역을 전부 정리해야 한다. 이런 단조로운 스프레드시트 작업은 사람을 미치게 만든다. 5개월간 주로 밖에서 일한 사람들에게는 더욱 그렇다. 맷과 나는 창고에 있는 모든 식품의 재고 정리를 맡아서 이틀 내내 이런 말만 중얼거렸다. "아몬드, 구운 것, 가염, 세 봉지… 아몬드, 구운 것, 무염, 다섯 봉지… 캐슈너트, 통째로 된 것, 생것, 세 봉지…" 제시와 더그는 공구를 보관해둔 헛간을 맡았다. "나사못, 아연 도금된 것, 2인치짜리, 100개… 나사못, 아연 도금된 것, 1인치짜리, 몇백 개…" 샘과 휘트니는 물개 실험실을 정리했다. "주사기, 10밀리리터, 24개… 주사기, 20밀리리터, 104개…"

맷과 내가 식료품 창고의 재고 정리를 끝낸 후에도 샘과 휘트니는 나사못과 주사기를 세고 있었다. 우리는 큰 오두막으로 가서 지붕과 천장 사이, 기어서 겨우 이동할 수 있을 정도의 공간에 꽉 채워진 아주 낡고 오래된 물건들의 재고 조사를 시작했다. 나는 배를 대고 납작 엎드려서 좁은 통로 2개를 지나 꿈틀꿈틀 조금씩 서까래 아래로 비집고 들어갔다. 그 안에 완전히 갇힌 상태로 쌓여 있는 물건들을 전부 뒤지고 다시 쌓으면서 맷이 받아 적을 수 있도록 품목을 고래고래 외쳤다. 맷은 천장에 난 구멍에 사다리를 걸치고 그 위에 상체만 천장과 지붕 사이로 올라오게 서 있었다. 그는 작업을 시작하기 전부터 이미 잔뜩 짜증이 난 상태로 내가 불러주는 숫자들을 받아썼다.

"여기 까만 가방이 있고 '장갑'이라고 적혀 있어요!"

"어딘데!"

"잠시만요! 서쪽 10번이요!"

"무슨 장갑인지 봐!"

"고무장갑 같아요! 몇 개인지 세야겠죠?"

"그래야지!"

"알겠어요, 잠깐만요! 중형 5개, 대형 10개, 소형 12개…" 이런 식으로 계속되었다.

하루가 끝나갈 무렵에는 뇌가 아예 멈춰버린 기분이었다. 저녁 식사 때는 다들 온종일 꾹 참으며 일한 스트레스를 풀기 위해 남은 와인을 모두 비웠다. 몇 시간이나 이어진 지루한 작업에 달달 볶이느라 무뎌졌던 인간다운 면모들이 다시 고개를 들기 시작했다. 대화는 재고 정리 버전으로 이루어졌다. "거기 레드, 쉼표, 와인, 쉼표, 맛있는 걸로, 쉼표, 좀 줄래? 근데 바다, 쉼표, 소금, 쉼표, 은 어딨지?"

오두막에 잡동사니가 너무 많다는 제시의 불만은 날로 커지고 무슨 말인지 종잡을 수가 없는 지경에 이르렀다. 더그는 알아듣기 힘든 영화 대사를 읊었고, 자신이 이야기하려는 영화를 혹시 본 사람 있냐고 더 이상 묻지 않았다. 맷은 칠레 캠프를 다 정리하고 우리 오두막으로 돌아와서 사람들 사이를 조용히 지나다니다가 일찌감치 잠자리에 들었다. 밤이 되면 샘과 나는 청소를 마치고 잠잘 준비를 하면서 소곤소곤 대화를 나누었다. 맷은 좀 어때? 휘트니는 어때? 내년 시즌은 어떨 것 같아? 요즘 기분은 어때?

3월 초의 어느 밤, 침대에 무릎을 꿇고 앉아서 내 물건들을 정리하느라 씨름하면서 깨끗한 양말이 얼마나 남았는지 확인했다. 침대 발치에 못으로 고정해둔 커다란 상자 안에 양말이 가득 담긴 가방이 있었다. 그 속을 열심히 뒤지던 중에, 작년 10월에 거기 넣어둔 피노누아 와인 한 병이 손에 잡혔다. 남극으로 떠나오기 직전에 오랜 친구가 캘리포니아에 와서 함께 와인 시음을 하러 갔을 때 사 온 것이었다. 지난 몇 달 동안 나는 세상과 단절된 기분으로 살았다. 이곳 외에 다른 세상은 존재하지도 않고 여기 오기 전의 삶은 없었던 것처럼 지냈다. 그런데 갑자기 남극과는 전혀 다른 따뜻한 기후에서 만들어진 와인 한 병이 내 손에 떡하니 들려 있었다. 내가 가봤던 곳이고 지금도 그 자리에 있을 현실의 장소에서 온 실제 물건이었다. 이 와인을 샀던 여름날 저녁에 그곳의 작은 동네를 걷던 시간이 몇 년 전 일처럼 아득하게 느껴졌다. 나는 와인을 발견한 그날 바로 개봉하기로 했다. 특별한 일은 없었지만 맛있는 와인 한 병이 생겼다는 게 기념할 만한 일이었다.

대학 시절에 친구 둘과 함께 와인 동아리를 운영했다. 우리는 학교 기금으로 고급 와인을 사서 월요일 밤마다 시음회를 열었다. 참석하고 싶은 사람은 적당히 예의를 갖춘 차림으로 와야 한다는 규칙을 정했다. 행사가 시작되면 우리가 앞에 나가서 그날 맛볼 와인을 거창하게 설명한 후 모두에게 조금씩 따라주고 어떤 맛을 찾아보면 좋을지 이야기했다. 우리 중에 소믈리에는 아무도 없었다. 사실 음식을 배우는 시간이라기보다는 행위예술에 더 가까운 행사였지만, 독한 술과 값싼 맥주를 마구 마셔대는 대학 음주 문화에 훌륭한 대안을 제시한 시도였다. 일요일에 시음회 참석자를 모집할 때마다 모집 인원이 단 몇 분 만에 채워졌다.

저녁 식사 전, 나는 와인 동아리 운영자 출신답게 동료들 앞에서 오늘 마실 와인을 극적이고 거창하게 소개한 후 코르크를 땄다. 모두 작은 잔으로 한 잔씩 나눠 마실 수 있는 양이었다. 자리에 앉아 입에 와인을 머금고 그 위로 공기를 들이켜서 향을 음미한 후, 눈을 감고 조금씩 천천히 목구멍으로 넘겼다. 믿기지 않을 만큼 맛있었다. 너무 오랫동안 박스 와인만 마셔서, 모든 와인이 씁쓸하고 밍밍하지 않다는 사실을 잊고 있었던 것이다. 추위와 습기, 통조림과 냉동식품, 제대로 씻지 못한 내 몸에서 나는 퀴퀴한 냄새에 모든 감각이 둔해졌는데, 그날 마신 와인은 내 뿌연 감각을 날카롭게 뚫고 들어와서 따뜻한 곳의 소식을 전하러 온 전령처럼 혀 위에서 춤을 추었다. 휘트니도 눈을 감고 기분 좋을 때 즐겨 부르는 콧노래를 흥얼거렸다. 휘트니는 미각이 정말 예리했다. 양조장, 음식과 관련된 여러 회사에서 일한 경력도 있어서 다른 사람이 만든 음식을 맛보면 무슨 재료가 들어갔는지 늘 정확하게 찾았다. 저녁 준비가 끝난 후에도 휘트니와 나는 생애 마지막 와인처럼 잔을 꼭 쥐고 있었다. 휘트니는 식탁에 앉아서도 다른 음식이 와인 맛을 해치는 건 상상도 할 수 없다는 듯 앞에 놓인 접시를 멀찍이 밀어냈다.

그날 밤 저녁 식사를 마치고 혼자 밖을 거닐었다. 오두막의 덱을 벗어나서 남극의 흙을 밟으며 바다를 바라보았다. 달과 그 뒤로 빛나는 구름도 응시했다. 눈이 가볍게 내리고, 바람은 어느 때보다 매서웠다. 돌아보니 네모난 황금빛 불빛이 보였다. 우리 오두막 창문에서 나오는 그 빛이 캄캄한 어둠 속에서 보이는 유일한 빛이었다. 온기와 음식, 사람들이 있는 그곳에서 동료들이 이야기를 나누며 웃고 있는 모습을 바라보았다. 그 뒤로 크리스마스 전등이 반짝이고 있었다.

그 모습을 보고 있으니 나를 지탱해온 세상 전체가 어둠 속에 둥둥 떠 있는 노란색 네모 하나로 축약된 것 같은 묘한 기분이 들었다. 저 얇은 벽 4개와 녹슨 프로판가스통 몇 개 덕분에 나는 지금껏 생존할 수 있었다. 손을 앞으로 뻗어 창문을 가리면 바람과 바다, 죽음만 남았다. 인간이 만든 이 작은 건물이 얼마나 고립된 곳인지, 이 허술한 집이 얼마나 포근한지를 생각하다가, 어떤 방해도 받지 않고 세상을 전부 집어삼킨 시꺼먼 어둠을 볼 수 있는 건 특권임을 깨달았다.

나는 이 모든 걸 만들어낸 과학적인 동기와 수십 년에 걸친 헌신, 저 네모난 노란 불빛 안에서 탄생해 세상에 전해지는 논문들을 생각했다. 과학의 방식은 언어의 문법 규칙처럼 구조가 명확하다. 정보를 체계화하고, 거기서 의미를 찾아낸다. 어쩌면 과학도 사랑의 언어와 같은 종류인지도 모른다. 예리한 분석력뿐만 아니라, 사랑을 전할 때처럼 마음 깊이 진심이 우러나야 한다. 하지만 과학이 내 사랑의 언어는 아니었다.

첫 현장 연구 이후, 그리고 생물학 교과서를 처음 공부한 후부터 나는 생태계에 관한 지식이 우리 자신과 우리가 살아가는 사회를 이해하는 데 영향을 주는 방식과 생물학이 문화와 생태학, 예술에 흘러 들어가는 방식에 마음이 끌렸다. 현장에 있을 때는 에머슨이나 소로의 시선으로 보려고 노력했다. 틀링깃족과 알류트족, 하와이 이야기꾼들의 눈으로 서구 문화가 생태계와 그 안에서 살아가는 사람들을 어떻게 개념화했는지를 이해하려고 노력했다.

그래서 남극은 정말 독특한 땅으로 다가왔다. 오두막에 쌓여 있던 책들을 통해 이 대륙의 역사를 공부하면서, 그리고 내가 이곳에서 한 경험을 개념화하면서 남극 대륙은 문화적으로 어떤 곳인지를 자주 생각했다. 고딕 소설들과 회화 작품들에서 남극이 어떤 곳으로 살아 숨 쉬고 있는지를 생각하고, 남극이 인간의 모든 정신을 떠받치고 있는 중심점으로 여겨지거나 머나먼 땅, 인간과 무관한 모든 것을 대표하는 땅으로 묘사되는 방식에 관해서도 생각했다. 남극을 맨 처음 찾아온 탐험가들이 인간이 생각하는 세상의 개념에 이 대륙을 어떻게 끼워 넣었는지도 생각했다. 남극 탐험 이야기와 칠흑같이 어두운 풍경이 담긴 그림들, 인간의 총체적 정신을 상징하는 풍경이 어떻게 생겨났는지도. 이 멀고 낯선 땅에 관해 축적된 이야기들, 예술이 대화를 끌어내는 방식이 문화와 정체성이 되고, 그것이 가치와 정치적 의지, 정책, 보호로 이어진다.

이곳에서 지낼 날은 얼마 남지 않았고 이런 관심이 내 삶을 정확히 어떤 길로 이끌지는 아직 알 수 없었다. 영원히 데이터 수집만 하면서 살 생각은 없었다. 남극에서 두 번째 시즌을 보낸 다음에는 무엇을 할지도 계획이 없었다. 막연히 과학의 영역에 머무르고 싶다, 과학과 가까운 일을 하고 싶다는 생각만 할 뿐이었다. 다음 시즌에 다시 이곳의 고립된 환경에서 고민을 거듭하다 보면 통찰이 생기고 내게 주어진 소명을 깨닫게 될지도 모른다. 아직 시간이 있다고 생각하면서도, 오래 지속될 만한 것을 붙들어야 한다는 생각이 종종 마음을 휘저었다.

✳

우리는 캠프를 정해진 일정보다 조금 일찍 정리하고 마지막 날 하루는 각자 원하는 대로 시간을 보내기 위해 부지런히 움직였다. 남극에서의 마지막 날은 아침부터 산들바람이 불고 화창한 하루가 될 조짐이 뚜렷했다. 우리는 그날 무엇을 하며 보낼지 함께 계획을 세웠다. 휘트니와 샘, 더그, 제시는 푼타오에스테로 갔다. 지난번에 맷과 내가 두 번째로 그곳을 다녀올 때 함께 가지 못해서 그 외딴곳의 아름다운 풍경을 다시 보고 싶다고 했다. 모두와 함께 떼를 지어 그곳에 다녀오기 혹은 혼자 있기 두 선택지 중에서 맷은 후자를 선택했다. 그러곤 섬 북쪽으로 가서 우리가 정말 많은 시간을 보냈던 펭귄 군집지에 다녀오고 싶다고 했다. 나는 맷과 함께 가기로 했다. 우리는 말없이, 각자의 생각에 잠긴 채 익숙한 길을 따라 마지막으로 그곳을 걸었다.

일주일쯤 전에 왔을 때와 거의 달라진 게 없었다. 조용히 털갈이 중인 턱끈펭귄들이 보이고, 깃털이 다 자란 어린 젠투펭귄들이 주변을 돌아다니고 있었다. 이미 홀로서기를 끝내고 바다로 나간 어린 턱끈펭귄들은 겨울에 총빙이 형성될 북쪽으로 나아가고 있었다.

　도둑갈매기 오두막은 겨울을 날 준비를 마치고 문과 창문이 판자로 덮여 있었다. 칠이 다 벗겨진 오두막을 지나다가, 맷이 다른 펭귄들보다 몸집이 좀 큰 펭귄 한 마리가 해변에 있는 걸 발견했다. 가까이 가보니 임금펭귄 한 마리가 바위 위에 곧게 서서 주위를 둘러보고 있었다. 가슴팍에 특유의 밝은 노란색 털이 햇빛을 받아 빛났다. 임금펭귄은 키가 1미터 가까이인 데다 몸통이 나무통처럼 두툼해서 주변을 지나는 젠투펭귄과 턱끈펭귄 사이에 우뚝 솟아 있는 듯 보였다. 대부분 남극 주변의 섬들에서 번식하는데, 시레프곶과 가장 가까운 서식지는 사우스조지아섬이었다. 남극해를 돌아다니다가 남쪽으로 멀리 내려와서 이렇게 시레프곶까지 오는 일이 종종 있었다. 아직 다 자라지 않은 수컷 물개가 다가와서 으르렁대며 덤비자, 임금펭귄은 목을 믿기 힘들 만큼 길게 뻗더니 길고 뾰족한 부리로 물개를 사납게 물었다. 물개가 뒤로 물러서자 펭귄은 목을 바로 하곤 널찍한 어깨에 머리를 파묻고 둥글고 까만 눈으로 우리를 응시했다. 엄청나게 큰 양 날개와 두툼한 가슴은 다른 무엇에도 견줄 수 없을 만큼 탄탄해 보였다. 저 날개에 맞으면 어떤 느낌일까 궁금할 정도였다.

　맷은 남극에 다시 올 수 없다는 사실을 받아들이려고 애썼다.

"턱끈펭귄들을 언제 또 볼 수 있을지 모르겠네." 우리가 연구한 펭귄들이 배설물로 뒤덮인 바위 위에 무리 지어 서 있고 몸에서 물이 떨어지듯 깃털이 쑥쑥 빠지는 모습을 바라보며 나직이 말했다.

"동물원에서 볼 수 있지 않을까요." 나는 별로 도움이 안 되는 의견을 내놓았다. "아마 다르긴 할 거예요, 그렇겠죠? 이렇진 않을 거예요."

"그럼." 맷은 앞만 바라보면서 대답했다.

나는 펭귄들에게 작별 인사를 하지 않았다. 새로운 시즌이 시작되면 다시 이곳에 와서 맷의 뒤를 이어 바닷새 조사팀의 리더로 일하고, 다음 연구자에게 일을 넘겨줄 것이다. 맷과 나는 펭귄 군집 근처 바위 위에 가만히 앉아서 생각에 잠겼다. 그리고 캠프로 내려오는 길을 마지막으로 걸었다.

배는 다음 날 아침에 오기로 되어 있었다. 우리가 마지막 밤을 보내는 데 필요한 물품과 캠프에 두고 갈 물건들, 커피포트와 일회용품들, 침구, 의자, 냉동 피자 2개를 제외한 모든 것이 짐 더미로 포장되거나 겨울을 날 준비를 마쳤다. 주방용품은 대부분 가방에 싸두었고 전자제품도 거의 다 분리해서 전용 창고에 보관해두었다. 개인 소지품도 모두 챙겼다. 다음 날 아침에는 남은 침구를 마저 정리하고, 매트리스를 보관 장소에 가져다 둔 다음 작업복을 마지막으로 입고, 그릇 몇 개를 씻고, 가져갈 것들을 전부 챙겨서 배에 오르면 된다.

다음 날 정오쯤 배가 수평선에 나타났다. 잠시 후 캠프에서 마지막까지 유일하게 작동하는 전자기기인 무전기로 호출이 왔다. 오후 1시쯤 고무보트가 해안에 도착했다. 휘트니와 더그, 나는 오두막에 남아 마지막 정리를 맡고 샘과 제시, 맷은 해변으로 가서 보트에 짐을 실었다.

캠프에서 우리가 해야 할 마지막 임무는 다음 시즌에 다시 왔을 때 헛간에 둔 사륜차를 꺼내서 곧바로 짐을 옮기고 캠프를 열 수 있도록 사륜차의 타이어를 눈길용으로 교체하는 일이었다. 마지막 남은 짐까지 모두 해변으로 옮긴 후, 휘트니는 사륜차를 몰고 와서 경사로 대신 걸쳐둔 휘청이는 나무판 2개를 따라 차를 오두막 덱 위로 올렸다. 맷과 휘트니는 그동안 가르쳐준 다른 무수한 일들처럼 샘과 내게 타이어를 눈길용으로 교체하는 방법을 가르쳐주면서 잘 기억해두라고 했다. 넷이 렌치를 들고 볼트와 볼 조인트를 풀고 조이며 씨름하는 동안 해변에 쌓여 있던 우리 물건들과 장비들은 손가락 사이로 흘러간 모래처럼 금세 눈앞에서 사라졌다. 캠프에서 보내는 시간도 정말 얼마 남지 않았다. 눈길용 타이어가 잘 장착되자, 휘트니는 다시 사륜차를 몰고 내려가서 양쪽에 남는 공간이 1인치 정도밖에 없는 비좁은 헛간에 주차했다.

나는 배에 오르기 전에 큰 오두막을 마지막으로 둘러보았다. 곰팡이가 슬지 않도록 모든 게 비닐에 꽁꽁 싸여 있었다. 전기 테이프에 덮인 전선들이 벽에 뻗어 있는 모습이 꼭 공기를 탐지하는 덩굴 같았다. 텅 빈 바닥은 말끔했다. 이층침대는 커버를 싹 벗겨내고 매트리스는 세워서 비닐에 싸두었다. 부엌에 있는 것들도 전부 비닐에 담겨 있었다. 처음 들어왔을 때 사람이 살 수 있는 곳 같지 않다는 느낌을 받았는데, 마지막 모습을 보면서도 같은 감정이 들었다.

나가기 전에 마지막으로 해놓고 갈 건 없는지 살펴보았다. 갑자기 눈앞에서 다른 차원이 펼쳐진 것처럼, 이 벽 안에서 살면서 쌓인 시간이 되살아났다. 샘이 들어와서는 둘러보고 있는 나를 보더니 꼭 안아주었다. 우리는 그곳에서 함께한 모든 것, 남겨두고 가는 모든 것들을 생각하며 서로를 꼭 껴안았다. 남극에 온 첫날, 캠프 곁을 지나던 젠투펭귄을 봤을 때가 떠올랐다. "저것 봐요! 펭귄이에요!" 남극이 처음이었던 샘과 나는 놀라움에 눈을 둥그렇게 뜨고 바라봤었다. 오두막 바깥에는 젠투펭귄 몇 마리가 캠프와 엘콘도르산을 잇는 펭귄 이동로를 따라 북쪽으로 가고 있었다. 우리는 첫날부터 이곳에 머문 모든 날에 펭귄을 보았다. 수십 년 전부터 늘 그랬듯, 앞으로 수십 년 후에도 펭귄들이 이곳에 그렇게 존재하기를 소망했다.

✳

1시간 뒤, 나는 고무보트에 올라 뿌연 해무에 가려 아무것도 보이지 않을 때까지 우리 캠프를 응시했다. 더 이상 보이지 않자 고개를 돌려서 바다 위에서 흔들리며 우리를 기다리는 오렌지색 배를 보았다. 배 옆면에 늘어진 밧줄 사다리를 타고 한 명씩 배 위로 올라갔다. 갑판에 첫발을 디딜 때 너울이 거세게 일었다. 갑판에서 나는 금속성 소리에 신경이 한껏 날카로워졌다가, 그 혼란 속에서 믿음직한 제시의 익숙한 얼굴을 보자 불안한 마음이 가라앉았다.

　말끔한 옷을 입고 얼굴도 말끔한 사람들 옆에 서니 내가 얼마나 꾀죄죄하고 후줄근한지가 극명하게 느껴졌다. 내 작업복에는 캠프에서 지낸 5개월간의 때가 쌓여 있고 손가락에는 사륜차를 만지다가 묻은 윤활유가 묻어 있었다. 몸을 많이 움직인 탓에 얼굴에는 기름기가 흘렀다. 낡은 머리끈 3개로 한데 묶은 머리에는 새끼 물개들에게 쓰고 남은 표백제로 탈색한 금발이 반쯤 남아 있었다. 뻣뻣한 양말을 두 겹으로 신은 발에서는 시체에서나 날 법한 냄새가 났다. 남자들은 희끗희끗한 턱수염이 덥수룩하게 자라서 조난자들 같았다.

　내 옷가지를 세탁기에 던져 넣은 후 배가 지나가는 리빙스턴섬 주변을 보려고 밖으로 나왔다. 우리가 탄 배는 섬 서쪽을 돌아서 남쪽으로 향하고 있었다. 멀리 리빙스턴섬의 산들이 새로운 각도로 보였다. 시레프곶은 툭 튀어나온 바위로 보일 정도로 작아졌다. 바다 위에서 육지를 보니 너무 낯설었다. 몸 밖으로 빠져나가 내 몸을 보는 기분이었다. 맷은 쌍안경을 들고 바다에 펭귄이 있는지 살펴보았다. 나는 해무 뒤로 아주 작고 네모난 점이 됐을 우리 오두막을 찾아보려고 했지만, 너무 멀어서 보이지 않았다. 이제는 시레프곶보다 어른거리며 눈앞에 나타나는 산들이 더 가까이에 있었다. 배가 서쪽으로 향할 때 얼음 모자를 쓴 리빙스턴섬 내륙의 산봉우리들이 보였다. 리빙스턴섬에서 시레프곶과 함께 눈에 덮이지 않는 또 다른 땅인 바이어스반도의 바위들과 그곳의 눈 내린 풍경도 보였다. 배는 이제 칠레를 향해 북쪽으로 꺾었다. 배와 리빙스턴섬, 남극 대륙 최북단 가까이에 빵 부스러기처럼 흩어진 사우스셰틀랜드 제도의 거리는 점점 멀어졌다.

우리와 멀어지고 있는 남극반도는 남쪽으로 휘어져 있었다. 해마의 툭 튀어나온 등뼈처럼 굽은 부분 양옆으로 벨링스하우젠해와 웨들해가 나뉜다. 남극반도의 동쪽 해안에서 뻗어 나온 라르센 빙붕이 반도의 휘어진 곡선을 감싸고, 남쪽으로 더 깊이 내려가면 남극 대륙의 거대한 땅덩어리가 남극 횡단 산맥을 기준으로 동쪽과 서쪽으로 나뉜다. 얼음과 눈에 덮인 그 외딴 산맥의 꼭대기에도 얼어붙은 남극 땅을 관찰하고 비밀을 풀기 위해 인간이 만든 시설이 몇 군데 있다.

배 위에서는 딱히 해야 할 일이 없어서 남극에서 겪은 일들에 관한 생각에 잠겨 들었다. 마치 시간의 중간 지대에 온 것 같았다. 바다 어딘가에서 깊은 곳까지 들어가 작은 갑각류를 사냥하고 있을 펭귄들 생각이 많이 났다. 배가 북쪽으로 나아갈수록 나는 상상조차 할 수 없는 펭귄들의 세상은 멀어지고 있었다. 턱끈펭귄 성체들은 10월에 번식기가 시작되어 시레프곶으로 돌아올 때까지 탁 트인 바다에서 살아갈 것이다. 그때 나도 리빙스턴섬으로 돌아와서 그들과 만나게 되리라. 군집에서 멀리 벗어나는 법이 없는 시레프곶의 젠투펭귄들은 물고기와 크릴을 사냥하면서 사우스셰틀랜드 제도의 어둑한 겨울을 보낼 것이다.

이번 시즌에 내가 수집한 데이터는 먹이사슬의 최상위 포식자가 일으킨 생태계의 변화를 추적하는 장기 연구의 한 부분이 될 것이다. 시레프곶에서 수십 년간 이어진 모니터링 데이터를 전부 합쳐도, 남극 전체 중 특정 지역의 상황을 들여다볼 수 있는 창구가 될 뿐이다. 따라서 시레프곶의 데이터는 남극의 다른 지역에 나온 결과들과 함께 통합적으로 해석된다. 제퍼슨과 더그, 마이크가 다른 과학자들과 함께 바로 그 일을 맡고 있다. 종합된 데이터는 CCAMLR의 과학 위원회에 제출된다.

CCAMLR은 남극해의 어업을 규제하기 위해 만들어진 조직이지만, 마이크는 기후 변화로 생기는 모든 영향에 비하면 크릴 어업의 영향은 미미하다는 말을 한 적이 있다. 기후 변화로 남극반도 서쪽에서는 극적인 변화가 뚜렷하게 나타나고 있지만, 나머지 남극 대륙에서는 영향이 그만큼 명확하지 않다. 빙하가 줄어드는 게 아니라 늘어나고 있는 곳도 있다. 남극반도의 동쪽은 얼음이 엄청나게 많기로 유명한 웨들해 부근에 빙하가 안정적으로 유지되고 있으며 그만큼 그 지역에 서식하는 아델리펭귄의 개체군도 안정적이다. 얼음이 너무 많은 곳은 피하는 턱끈펭귄은 그쪽에 둥지를 틀지 않는다. 기후 변화로 남극해에서 나타나는 복잡한 반응을 파악하려면 아직 연구하고 확인해야 할 것들이 아주 많다.

남극에서 생활하고 남극에 관해 더 많이 알게 될수록, 내 삶의 범위 바깥에 있던 이 대륙의 길고 느린 리듬이 내 인식 속으로 더 깊이 파고들었다. 극 지역에서 생활하는 동안 시간 개념도 달라졌다. 그곳에서는 1년 동안 일어나는 일들이 별 의미가 없다. 수십 년간 축적된 데이터와 대륙 전체의 주기적인 리듬을 함께 봐야만 한 시즌에 나타나는 역학 관계를 이해할 수 있고, 그러한 동적 관계는 다양한 시간 척도에서 동시에 나타난다. 몇 년 주기로 바뀌는 기압 전선은 남극 대륙 전체의 날씨에 영향을 준다. 크릴의 개체 수는 환경 조건과 크릴의 번식 주기가 정확히 맞아떨어지는 5년마다 최대치에 이른다. 위도 남쪽에 살아가는 모든 해양 생물은 매년 얼음이 생기고 다시 녹는 패턴에 따라 적응하고 의존하며 성장한다. 계절이 바뀌면 어떤 생물은 육지로 와서 번식하고 다시 바다로 돌아간다. 태양은 세찬 바람이 쓸고 간 남극의 풍경을 매일 내리쬐다 사라진다. 파도는 매 순간 생겨나서 조수와 함께 시커먼 바위가 가득한 해안으로 밀려왔다가 사라진다.

내 인식의 범위가 크게 확장됐다고 느낀 건 시간만이 아니었다. 맑은 날 시레프곶에서 산 정상에 오르면 초목 없이 헐벗은 섬 전체와 멀리 펼쳐진 바다를 훤히 볼 수 있었다. 내 시야에 들어오지 않는 건 지구가 둥글게 굽어지는 경계 너머뿐이었다. 정상에서 보면 섬의 거대함과 장구한 역사, 안정감, 인내심이 느껴져서 내 마음속에서 소용돌이치던 생각들은 다 작아지고 잠잠해졌다.

남극이 특별한 대륙인 이유는 무수히 많지만, 무엇보다 남극은 인간이 생각하는 틀을 넓히고 익숙해진 관점을 훌쩍 뛰어넘게 만든다. 사방이 물에 둘러싸인 이 대륙은 인간이 늘 새롭고 전체

론적인 방식으로 어업을 관리할 방안을 떠올리도록 영감을 준다. CCAMLR은 생물들이 서로 간에, 그리고 서식하는 환경과 어떤 관계를 맺는지 파악하고 이를 토대로 남극 생태계를 이해해야 하는 임무를 수행하고 있다. 그 결과 남극해는 전 세계에서 가장 잘 관리되는 어장으로 꼽힌다.

남극 조약 체계는 국제 사회가 환경을 보존하기 위해 협력한 독특한 사례다. 물론 CCAMLR이 앞으로 해결해야 할 과제는 많지만, 무력한 상황만은 아니다. 이윤과 개발을 중시하는 분위기가 팽배한 세계화된 문화 속에서 지구의 광활한 면적을 차지하는 남극 생태계를 보호하고 존중하기 위해, 그리고 복잡한 특성을 그대로 지키기 위해 국제기구가 존재한다는 건 놀라운 일이다. CCAMLR은 남극해에서 가장 민감한 생태계를 보호하려고 노력해왔고, 앞으로도 그러한 일들을 계속 수행할 것이다. 남극반도 주변에 해양 보호구역을 지정하는 규정이 조속히 통과되기를 소망한다.

우리는 남극을 통해 기후 변화의 영향을 줄이려면 어떤 노력이 필요한지 많은 걸 배울 수 있다. 기후 변화도 먼 과거부터 먼 미래까지 길게 보고 인간의 생활 경계를 넘어선 곳까지 두루 살펴야 하는 문제다. 인간이 만든 체계와 서로서로 연결된 지구 생태계의 각 부분을 전부 면밀히 들여다봐야 한다. 그리고 기후 변화 또한 남극처럼, 인간은 국가와 통치권의 범위를 넘어 지구상에 존재하는 수많은 생물 중 하나이고 지구는 우리가 생활하고, 숨 쉬고, 느끼며 살아가는 우리의 집이라는 통합적인 시각으로 세상을 보게 한다.

3월 20일, 바다 위에서 잠들었다가 내가 깨어보니 배는 육지에서 정박해 있었다.

목적지에 도착했다.

부두 밖으로 나갈 때 꼭 다른 세상으로 가는 문을 통과하는 기분이 들었다. 배를 밧줄로 고정하는 사람들, 물건을 끌고 가는 사람들, 걸어가는 사람들, 사람들, 사람들 또 사람들. 샘, 휘트니, 맷과 나는 부두를 빠져나와 인도를 따라 걸었다. 제시와 더그는 처리할 일이 있어서 다른 쪽으로 갔다. 나뭇잎 한 장 보지 못하고 여러 달을 보내고 나니 나무가 보이는 게 너무 놀라웠다. 바람에 시달려 초라한 모습이긴 했지만, 나무들은 포장된 도로 사이사이에 남겨둔 흙에서 거기에 땅이 있다고 폭로하듯 우뚝 솟아 있었다. 우리 넷은 눈을 크게 뜨고 서로 가까이 붙어서 인도를 따라 걸으며 시멘트와 자동차, 낯선 사람들의 얼굴과 마주하며 살던 때를 기억해내고 다시 적응하려고 노력했다. 나는 동료들 가까이에 붙어서 다시 돌아온 세상을 조심스레 바라보았다. 낯선 얼굴들과 마주하면 괜히 움츠러들었다. 금방 떠나온, 내겐 익숙한 곳이 된 남쪽 세상의 흔적을 찾으려고 두리번거렸다.

현장 연구를 하면 장소가 어디든 그곳에 완전히 푹 빠져서 살게 된다. 하지만 시레프곶만큼 그런 사실을 절실히 깨달은 곳은 없었다. 내게 주어진 임무는 모니터링과 관찰이었고, 나는 펭귄이 조약돌을 모을 때부터 알이 태어나고, 새끼가 깨어나고, 홀로서기하고, 고요한 공기 중에 펭귄의 몸에서 우수수 떨어진 깃털이 흩날릴 때까지 섬에 머무르며 번식기의 모든 과정을 관찰했다. 그 몇 달 동안 연구지는 내 세계의 전부였다. 그곳에 있을 때는 달리 갈 수 있는 곳도 없었고, 해변 너머는 내가 닿을 수 없는 곳이었다. 그래서인지 내가 있는 곳에 더 깊이 빠져 살았고, 더 깊이 친해지려고 했다.

하지만 모든 현장 연구는 반드시 끝이 난다. 배가 오고, 모두가 배에 올랐다. 우리 중 절반은 섬과 영원히 작별했다.

나는 시레프곶의 황량하고 절제된 풍경을 마지막 인상으로 안고 떠나왔다. 펭귄의 목을 마사지해서 크릴을 토하게 만드는 법부터 우리 배설물이 가득 담긴 양동이를 바다로 가져가서 무사히 버리는 정교한 기술, 태어난 지 겨우 24시간 된 새끼 물개의 꼼지락거리는 몸에서 수염 하나를 뽑는 법, 얼룩무늬물범을 방수포 위에 눕히는 요령, 금세 쑥쑥 자라나는 도둑갈매기 새끼를 잡기 위한 심리 작전, 꽁꽁 언 나비형 너트를 풀기 위해 가해야 할 힘의 적절한 정도까지 과연 앞으로 살면서 또 쓸 일이 있을까 싶은 기술들을 터득했다(내 두 번째 시즌은 제외하고). 다음 시즌이 돌아오면 내가 펭귄 연구를 주도할 일이 기대되기도 했다. 괜찮은 연구자들이 새로 왔으면 좋겠다는 생각도 했다. 자연 속에서 현장 연구에 뛰어드는 사람들에게 흔히 나타나는 특징이 있다. 얼른 유머 감각과 자기 자신을 별로 심각하게 생각하지 않는 성향, 강철처럼 단단한 의지, 불편함을 굉장히 잘 참는 성격, 안정적이고 확실한 자아, 창의성, 무엇보다 자기 일을 사랑한다는 점이다.

비행기를 타고 푼타아레나스를 떠날 때 끝없이 광활하게 펼쳐진 바다를 위에서 내려다보니 저 멀리 반대쪽에 있을 외딴 자연이 내 마음 깊은 곳에서 묵직하게 느껴졌다. 절대 피할 수 없는 바람을 싣고 슬그머니 나타나는 돌풍처럼 슬픔이 몰아쳤다. 내 힘으로는 막을 수도 없고 피할 수도 없었다. 하지만 시레프곶에서 숱하게 만난 눈보라처럼, 이 또한 지나갈 것이다. 내가 할 수 있는 건 그저 머리를 푹 숙이고 견디는 것뿐이다. 흠뻑 젖겠지만 언젠가는 다시 마를 것이다.

너무 익숙해서 집처럼 편안하기까지 한 비행기 좌석에 몸을 구겨 넣고 의자 모양대로 자리를 잡았다. 아래에 펼쳐진 바다는 잔물결만이 일렁이며 잔잔했다. 10월에 두 번째 시즌을 위해 다시 푼타아레나스로 올 때까지 6개월간 바쁘게 돌아다니며 여행할 계획을 잔뜩 세워두었다. 기대되는 일들이 정말 많았다. 비행기가 하늘을 가르며 위로 날아갈 때 나는 창문에 머리를 가만히 대고 눈을 감았다.

에필로그

다시 남극으로 떠나기 전에 허락된 6개월의 시간 동안 여행을 다녔다. 어디든 가보고 싶었고 뭐든 다 해보고 싶었다. 푼타아레나스를 떠난 후에는 시레프곶에서 약속한 대로 칠레 산티아고로 가서 레나토와 며칠간 만났다. 그런 다음 동생을 만나러 아르헨티나 부에노스아이레스로 갔다. 그곳에서 어린 시절을 추억하면서 일주일을 보낸 후, 다시 칠레로 가서 산 페드로 데 아카타마에서 맷과 만났다. 우리는 2주 동안 사막을 건너 볼리비아까지 함께 여행했다. 내륙에 둘러싸인 그곳에서도 우리는 티티카카호 중앙에 있는 섬을 찾아냈다. 이 여행을 마친 다음에는 캘리포니아로 가서 친척들과 만났다. 하지만 금세 다시 여행길에 올라 하와이, 말레이시아, 태국, 라오스, 싱가포르로 갔다. 인도에서는 아쉬람에 머물면서 대학 동창 두 명과 한 달 동안 철학을 공부했다. 그리고 터키로 가서 커다랗고 하얀 배에 올라 보스포루스 해협을 건너고 바삭하고 시큼한 길거리 음식들을 즐겼다. 이어 스페인으로 가서 사촌들과 할머니를 만난 후 산티아고 순례길을 걸으며 전국을 횡단했다. 그런 다음 부모님이 계신 뉴욕으로 갔다가 캘리포니아로 돌아왔다. 어느새 남극에서 두 번째 시즌이 시작될 때가 되어 다시 칠레 남부로 향했다.

두 번째 시즌은 예상했던 대로 처음과는 달랐다. 책임자가 된 샘과 나는 우리가 배운 것들을 기억해내서 우리 뒤를 이을 다음 연구자들에게 가르쳐주고 각종 팁을 전수하려고 노력했다. 새로운 얼굴들, 새로운 기술과 함께했고 연구 계획도 바뀌었다. 나는 큰 변화가 오고 있음을 감지했다. 현장 연구에는 카메라가 더 많이 활용됐고 드론도 투입되었다. 펭귄 군집을 직접 돌아다니면서 밧줄로 구획을 나누지 않아도 드론으로 개체 수를 셀 수 있게 되었다. 더그와 제퍼슨은 기존 방식으로 펭귄을 셀 때와 드론으로 셀 때의 결과를 비교하는 연구를 진행했다. 그 결과 드론이 펭귄의 생활을 방해하는 수준이 우리가 직접 셀 때처럼 미미한 수준임을 확인했다. 이 연구를 위해 나는 새로 온 바닷새 연구자와 함께 원래 하던 대로 펭귄의 개체 수를 셌고, 더그와 제퍼슨은 군집지에 설치한 녹음기로 우리가 돌아다닐 때 펭귄들이 내는 소리와 머리 위로 드론이 날아다닐 때 펭귄들이 내는 소리를 각각 녹음해서 비교했다.

기술을 활용한다는 건 시간도 오래 걸리고 고생스러운 펭귄 모니터링의 여러 업무 중 하나가 사라진다는 것을 의미했다. 펭귄을 덜 방해하면서도 필요한 정보를 얻을 수 있다면 더 낫다는 생각이 들면서도, 앞으로 시레프곶에 올 연구자들은 턱끈펭귄들 사이사이에 밝은색 밧줄을 설치해서 구역을 10여 개로 나누고 펭귄들이 밧줄을 부리로 잡아당기거나 장화 신은 인간의 발 위로 돌아다니는 동안 구역마다 펭귄의 수를 일일이 세보는 일을 경험하지 못하리라는 점이 안타깝기도 했다.

제퍼슨과 더그는 트럼프 행정부가 NOAA의 예산을 삭감하자 동물을 덜 방해하면서 같은 정보를 더 효율적으로 얻을 방안을 모색했다. 그렇다고 현장에서 쓰는 기술의 비중을 갑자기 늘릴 수도 없었다. 예산 삭감으로 연구 기간 중 두 달을 줄여야 했기 때문이다. 5개월간 진행된 현장 연구는 내 두 번째 시즌이었던 2017~2018년이 마지막이었다. 2018~2019년과 2019~2020년에는 현장 캠프가 주산기 포획과 부모가 된 동물들이 새끼를 돌보는 기간에 모니터링 장비를 부착하는 시기에 맞춰 12월부터 3월까지만 운영되었다. 한 해 전에 설치해둔 여러 대의 카메라로 펭귄의 알 낳기와 부화 데이터를 충분히 확보할 수 있게 됐고, 펭귄 식생활 연구는 동물 실험 윤리위원회가 펭귄에게서 표본을 얻는 방식이 지나치게 침습적이므로 더 이상 허용하지 않는다는 결정을 내렸다. 제퍼슨은 펭귄의 식생활 데이터를 얻을 수 있는 다른 방법을 계속 탐색하고 있다. 부모 펭귄이 새끼를 먹이려고 먹이를 토해낼 때를 기다렸다가, 먹이가 새끼 입에 들어가려는 순간에 새끼를 옆으로 옮겨서 먹이가 땅에 떨어지도록 한 후 수거하는 방법도 그중 하나다. 아, 그리고 또 한 가지 변화는 이제 NOAA가 운영하는 현장 캠프에서는 술을 마실 수 없게 됐다는 것이다. 연구 기간이 3개월로 줄어든 게 오히려 다행일지도 모른다.

현장 연구진의 구성도 달라졌다. 필요한 데이터를 카메라로 수집하게 되면서 바닷새와 기각류 전담 인력을 두 명씩 둘 필요가 없어졌다. 이제는 연중 내내 일할 인력 세 명을 3년 계약직으로 선발해서 해마다 3개월은 현장에 나가고 나머지 기간은 샌디에이고에서 모니터링 프로그램의 다른 업무를 수행한다. 2019년에 이런 구조로 연구 프로그램이 변경됐고, 2020년에는 신규 연구자 채용이 마무리되었다. 하지만 코로나19 대유행 사태로 해외여행 제한 및 검역 요건이 강화되어 물류 운송이 불가능해지자, 결국 현장 연구는 중단되었다. 다행히 미국 국립 과학재단의 직원들이 상시 운영되는 파머 기지를 거쳐 시레프곶으로 가서 펭귄 군집지와 물개 번식지에 설치해둔 카메라 배터리와 메모리카드를 교체했다. 그래서 연구에 기본 뼈대가 되는 데이터는 계속 수집되었다. 코로나19로 세계 곳곳에서 오랜 세월 진행되던 모든 생태 모니터링 연구에 지장이 생겼다. 우리 프로그램은 2022년에 겨우 팀 하나를 시레프곶에 보낼 수 있었지만, 캘리포니아와 칠레에서 엄청나게 긴 격리 기간을 보내느라 현장에 머무를 수 있는 시간은 고작 몇 주였다. 그 시간은 필요한 장비를 배치하고 개체 수를 집계하면서 정신없이 빠르게 지나갔다. 샘은 시레프곶의 모니터링 데이터를 관리하는 과학자로 일하고 있다. 그와 더그가 속한 팀에서 시레프곶에 직접 가본 사람은 그 둘뿐이라고 한다.

　여러 면에서 나는 이 모니터링 사업이 처음 시작됐을 때부터 이어진 방식대로 현장 연구를 경험한 마지막 사람이었다. 그곳에 머물 때 내게는 집이었던 우리 캠프의 오두막도 마찬가지였다.

2022년에 NOAA의 남극 생태계 연구 분과에서는 시레프곶에 새로운 캠프를 짓는다는 결정을 내렸다. 예전 시설은 해체될 예정이다. 그곳에 다시 갈 일은 없겠지만, 그래도 소식을 들으니 씁쓸했다. 새로운 현장 연구자들이 좀 더 나은 환경에서 생활하게 됐다는 건 좋은 일이지만, 오랜 세월을 견딘 합판 벽들이 무너진다고 생각하면 아쉬운 마음을 누를 수가 없었다. 오랜 역사가 스며 있는 오두막을 통째로 비행기에 실어서 박물관에 두었으면 좋겠다는 생각이 들 정도다.

2021년 온라인으로 열린 CCAMLR 회의에서 해양 보호구역으로 제안된 남극 세 지역의 보호구역 지정 여부를 정하는 투표가 진행되었다. 동남극 연안과 웨들해, 남극반도 주변이었다. CCAMLR의 마흔 번째 회의이자 남극 조약이 체결된 지 60주년을 맞이한 해에 진행된 이 투표에서 해양 보호구역 지정에 동의한 국가는 이전보다 늘어났지만, 중국과 러시아의 지지를 얻지 못해 결국 또 무산되었다.

마이크는 이제 은퇴하고 새로운 모험을 떠났다. 휘트니는 모두의 예상대로 수의사 공부를 시작했고 지금도 한창 공부 중이다. 맷은 알래스카의 어느 작은 도시에서 의료 기술자로 일하며 자연 보호구역 한가운데에 있는 언덕 위 통나무집에서 살고 있다. 발코니 아래로 가끔 곰이 돌아다니고 무스가 나타나서 열매를 따 먹는 곳이다. 더그와 제퍼슨은 모니터링 프로그램에 계속 몸담고 있고, 샘도 그 팀에 정규직으로 합류했다. 레나토는 칠레 남극 연구소에서 킹조지섬의 연구 현장으로 과학자들을 안내하는 과학 코디네이터로 일하고 있다.

　나는 뉴질랜드 웰링턴에서 이 책을 쓰고 있다. 시레프곶에서 두 시즌에 걸쳐 현장 연구를 마친 후에도 이 일을 계속하고 싶어서 다른 현장에 몇 번 더 다녀왔다. 캘리포니아 연안의 어느 섬에도 갔었고, 미국령 사모아의 자그마한 화산섬에서도 지냈다. 알래스카 노스슬로프에서 현장 연구를 마친 후에는 대학원에 지원서를 넣기 전 6개월간 맷의 통나무집에서 지내며 여름부터 겨울까지 시내 빵집에서 일했다. 뉴질랜드에서 보존 생물학 석사 과정을 시작하기 전 사회에서 얼마간 시간을 보내고 싶었다. 이 책은 내가 이 모든 변화를 헤쳐 나갈 수 있었던 원동력이었다.

✻

시레프곶에서의 두 번째 시즌이 절반쯤 남았을 무렵, 바닷새 연구팀의 선임 연구자인 제퍼슨이 현장에 합류했다. 제퍼슨은 소형 카메라 두 대를 가지고 와서 펭귄 몸에 부착했다. 기술이 발전해서 펭귄 몸에 달아도 될 만큼 작은 카메라가 나온 것이다. 우리는 태어난 지 4주 된 새끼가 있는 덩치 큰 턱끈펭귄 암컷을 카메라를 설치할 대상으로 선정했다. 나는 다른 장비를 설치할 때와 같은 방식으로 펭귄의 등 중앙, 척추 바로 위에 카메라를 부착했다. 영상은 최대 8시간 분량까지 촬영할 수 있으므로 카메라는 24시간만 부착해두기로 했다.

나는 우리가 영상으로 보게 될 기록이 수심 몇 미터에서 촬영됐는지 알 수 있도록 카메라와 함께 소형 수심 기록계도 함께 달자고 제안했다. 다음 날 펭귄 군집으로 가보니 카메라를 붙여둔 펭귄이 둥지로 돌아와 있었다. 카메라도 아무 이상 없이 그대로 있었다. 그 시즌에 새로 온 펭귄 연구자와 나는 작업복을 갈아입으러 정신없이 달려갔다. 카메라를 회수했을 때 얼마나 들떴는지 말로 다 표현할 수가 없다. 시레프곶에서 처음으로 펭귄 몸에 카메라를 달고 영상 기록을 얻은 것이다. 그날 오후, 제퍼슨은 서둘러 컴퓨터를 켜고 필요한 장비를 다 연결한 후 영상을 다운로드했다. 무엇을 보게 될지 아무것도 짐작할 수 없었지만, 이 세상 그 누구도 본 적 없는 광경이 펼쳐지리라는 확신이 들었다. 펭귄에게서 카메라를 회수하고 컴퓨터에 연결할 때의 흥분감은 어떤 말로도 설명할 수가 없다.

제퍼슨이 첫 번째 영상을 열자, 일렁이는 바닷물과 함께 펭귄의 뒷머리가 화면에 나타났다. 수면에 떠 있는 펭귄의 목덜미를 타고 바닷물이 방울방울 흘러내렸다. 그러다 펭귄은 순식간에 바닷속으로 들어갔다. 해수면 바로 아래에서 수영을 시작하자 곧 다른 턱끈펭귄들이 화면에 나타났다. 물속을 날아다니는 펭귄들의 뒷모습은 공기 역학적으로 정교하게 설계된, 매끈하고 끝이 뾰족한 타원형의 공들 같았다. 나는 턱끈펭귄들이 크릴 떼를 찾아 이렇게 함께 이동하고 함께 사냥한다는 사실을 처음 알았다.

펭귄들만 아는 어느 지점에 이르자, 모두 일제히 더 깊은 바다

에필로그

로 들어가기 시작했다. 잠시 후 갑자기 화면에 크릴이 나타났다. 펭귄은 크릴이 무수히 떠다니는 물속을 돌아다니면서 머리를 이리저리 휘두르며 열심히 먹었다. 크릴 떼 안에서 돌아다니는 다른 턱끈펭귄들도 보였다. 펭귄은 다시 해수면을 향해 올라갔다. 수면 위로 고개를 쑥 내밀고 머리를 세차게 흔들며 물기를 털곤 목을 뒤로 뻗어 등에 있는 털을 다듬었다. 펭귄이 바라보는 하늘, 펭귄이 바라보는 바다, 그리고 펭귄 눈에 보이는 크릴 떼를 우리도 볼 수 있었다. 주변에서 먹이 사냥 중인 펭귄들 속에 우리가 식별 밴드를 달아놓은 펭귄도 보였다. 그날 저녁에 우리는 영사기로 이 펭귄 영상을 틀어놓고 다 함께 보면서 애플파이를 먹었다. 펭귄이 크릴을 잡을 때마다 모두 칵테일 잔을 들고 환호했다.

영상 기록으로 정말 많은 정보를 얻을 수 있었다. 펭귄들이 먹이 사냥에 함께 다닌다는 사실과 더불어 먹이 사냥의 성공률, 분당 섭취하는 크릴의 양, 크릴 떼의 밀도도 알게 되었다. 과학 연구의 관점에서 보면 펭귄 몸에 부착한 카메라로 번식기에 턱끈펭귄의 먹이 사냥 패턴이 더 심층적으로 밝혀질 가능성이 크게 열렸다.

하지만 더 중요한 게 있다. 오랜 시간 펭귄들 곁에서 그들의 세상을 관찰한 우리에게 그 영상이 얼마나 마법처럼 느껴지는지는 형용하기 힘들다. 몇 달 동안 육지에 있을 때의 모습만 보면서 이 펭귄들은 바다에서 어떻게 지낼까 상상만 했었는데, 카메라에 담긴 영상 덕분에 턱끈펭귄이 바라본 몇 시간을 나도 함께 볼 수 있게 된 것이다. 사냥할 때의 리듬과 물에 젖지 않는 깃털 위로 미끄러지며 만들어지는 바닷물의 무늬는 물론, 둥지로 돌아왔을 때 새끼가 얼마나 귀찮게 구는지도 부모 펭귄의 시선으로 볼 수 있었다. 차가운 바다에서 크릴을 사냥하는 펭귄 곁에 함께 있는 것만 같았다. 다른 턱끈펭귄들과 짙은 바닷속을 돌아다니며 크릴을 잔뜩 먹고 잠시 수면 위로 올라와 구름 낀 드넓은 하늘과 저 멀리 수평선으로 해가 흐릿한 노란빛을 남기고 서서히 저무는 광경을 지켜보며 휴식할 때, 나도 곁에 함께 있는 기분이었다.

파도 속에서 그렇게 펭귄이 보고 느끼는 세상을 함께 보고 느낄 때, 익숙한 경이로움이 밀려오던 순간을 기억한다. 펭귄들의 세상은 내가 사는 세상이다.

감사의 말

시레프곶에서 함께했던 동료들, 특히 이 책에 등장한 분들에게 가장 깊이 감사드린다. 함께하는 기쁨을 누릴 수 있어서, 그리고 이렇게 글로 쓸 수 있어서 감사했다. 모니터링 프로그램을 성실하고 지혜롭게 이끈 더글러스 크라우제와 마이클 괴벨, 제퍼슨 힌케, 그리고 NOAA 남극 생태계 연구 분과 전체가 해낸 소중한 일들에 고마울 따름이다.

내가 인생을 헤쳐 나갈 수 있도록 맷이 가르쳐준 모든 것, 함께할 수 있도록 허락해준 모든 것에 감사한다. 그가 없었다면 어땠을지 상상도 할 수 없다. 남극에서 두 시즌을 같이 보낸 샘은 책에 필요한 데이터를 찾아주었다. 지칠 줄 모르고 물개를 흉내 내는 샘 같은 현명하고 사려 깊은 친구가 있어서 정말 감사하다.

함께 있으면 늘 즐거운 사람, 니나 카르노프스키는 현장 연구의 세계를 열어주고 가르쳐주었다. 수사나 차베스 실버먼은 내게 작가가 될 수 있다는 믿음을 처음 심어준 사람이다.

내 훌륭한 에이전트, 루시 V. 클리랜드는 수년 전 내가 엉망진

창으로 처음 보낸 초고에서 이 책의 가능성을 보고 지금까지 모든 과정을 이끌어주었다. 내게는 너무도 영광스러운 시간이었다. 이 책을 맡아준 세라 골드버그, 그리고 지혜와 호기심을 발휘해 능수능란하게 다듬어준 샐리 하우, 내 원고가 책이 될 수 있도록 도와준 스크리브너 출판사의 모든 분께 감사드린다. 이보다 더 훌륭한 팀은 없을 것 같다.

긴 시간 동안 내가 거쳐온 모든 과정을 곁에서 지켜봐준 내 가장 친한 친구 개비의 솔직하고 통찰력 있는 조언은 글쓰기에 이루 말할 수 없을 만큼 큰 도움이 되었다. 그리고 흔들림 없이 절대적으로 나를 믿어준 카이는 내가 나를 믿지 못하고 비틀거릴 때 얼마나 큰 힘이 됐는지 모른다. 내 첫 번째 문신을 함께 한 킬리에게도 이 책의 일부가 되어주어서 고맙다는 인사를 전하고 싶다.

마우리시오, 스트레스가 심했던 순간마다 힘과 영감을 주고 (격렬한 춤과 함께) 불안을 잠재워줘서 정말 고마웠어. 우리 꼬마 마녀들, 이사와 마이테는 나를 있는 그대로 사랑해준 사람들이다. 남극의 기압 전선을 인내심 있게 설명해준 케빈은 핫초콜릿 잔을 앞에 놓고 나와 긴 수다를 떨어주고 가장 필요할 때 산으로 끌고 가주었다. 뉴질랜드 칠카 스트리트에서 만난 동료들에게도 나를 챙겨주고, 책의 마지막 몇 단계에 기꺼이 큰 도움을 줘서 고마웠다는 인사를 전하고 싶다.

여러 해에 걸쳐 이 책을 쓰는 동안 일일이 이름을 다 말할 수 없을 만큼 많은 분들이 도와주셨다. 다들 누구인지 알고 있으리라 생각하며, 감사의 마음을 전한다.

정말 사랑스럽고 조용할 날이 없는 우리 가족에게도 늘 응원해 줘서 고마웠다고 말하고 싶다. 내가 불쑥 나타날 때마다 받아주고 불쑥 떠나도 그러려니, 해주는 사람들. 특히 내 인생의 모든 시작점인 수지는 내게 잘 해낼 수 있다는 믿음을 주었다.

마지막으로, 글쓰기를 가르쳐주시고 이렇게 글로 남기고픈 인생을 주신 내 멋진 부모님께 감사드린다.

옮긴이 제효영

성균관대학교 유전공학과를 졸업하고, 성균관대학교 번역대학원을 졸업했다. 옮긴 책으로는 《우울에서 벗어나는 46가지 방법》,《과학이 사랑에 대해 말해줄 수 있는 모든 것》, 《과학은 어떻게 세상을 구했는가》,《몸은 기억한다》,《메스를 잡다》 외 다수가 있다.

펭귄들의
세상은
내가 사는 세상이다

첫판 1쇄 펴낸날 2023년 10월 30일

지은이 나이라 데 그라시아
옮긴이 제효영
발행인 김혜경
편집인 김수진
책임편집 김유진
편집기획 김교석 조한나 유승연 곽세라 전하연
디자인 한승연 성윤정
경영지원국 안정숙
마케팅 문창운 백윤진 박희원
회계 임옥희 양여진 김주연

펴낸곳 (주)도서출판 푸른숲
출판등록 2003년 12월 17일 제2003-000032호
주소 서울특별시 마포구 토정로 35-1 2층, 우편번호 04083
전화 02)6392-7871, 2(마케팅부), 02)6392-7873(편집부)
팩스 02)6392-7875
홈페이지 www.prunsoop.co.kr
페이스북 www.facebook.com/prunsoop   **인스타그램** @prunsoop

ⓒ푸른숲, 2023
ISBN 979-11-5675-436-7 (03400)

* 잘못된 책은 구입하신 서점에서 바꾸어 드립니다.
* 본서의 반품 기한은 2028년 10월 31일까지입니다.